本教材由山东省高等教育本科教改项目（M2、东省高校基层党建突破项目（0003490103）、德州学院重点教研课题（2018005）和德州学院教材出版基金资助出版

食品生物化学实验指导

主　编：曹际云　曾强成

辽宁大学出版社
Liaoning University Press

图书在版编目（CIP）数据

食品生物化学实验指导/曹际云，曾强成主编. —沈阳：辽宁大学出版社，2020.9
食品质量与安全专业实验育人系列教材
ISBN 978-7-5698-0130-9

Ⅰ.①食… Ⅱ.①曹…②曾… Ⅲ.①食品化学－生物化学－化学实验－高等学校－教材 Ⅳ.①TS201.2-33

中国版本图书馆 CIP 数据核字（2020）第 179328 号

食品生物化学实验指导
SHIPIN SHENGWU HUAXUE SHIYAN ZHIDAO

出 版 者：	辽宁大学出版社有限责任公司
	（地址：沈阳市皇姑区崇山中路 66 号 邮政编码：110036）
印 刷 者：	大连金华光彩色印刷有限公司
发 行 者：	辽宁大学出版社有限责任公司
幅面尺寸：	170mm×240mm
印 张：	17.75
字 数：	330 千字
出版时间：	2020 年 9 月第 1 版
印刷时间：	2023 年 6 月第 2 次印刷
责任编辑：	冯 蕾
封面设计：	孙红涛 韩 实
责任校对：	齐 悦

书 号：	ISBN 978-7-5698-0130-9
定 价：	50.00 元

联系电话：024-86864613
邮购热线：024-86830665
网　　址：http://press.lnu.edu.cn
电子邮件：lnupress@vip.163.com

《食品生物化学实验指导》编写人员

主　　编：曹际云　曾强成
编写人员：刘云利　曹际云　崔培培　张兴丽
　　　　　张　红　王丽燕　周海霞　李天骄
　　　　　何　庆　谢兆辉　魏振林　赵　静

前 言

近年来,国家在高等学校中大力推进"四个回归",把人才培养的质量和效果作为检验一切工作的根本标准。而人才培养是育人和育才相统一的过程。参照教育部颁发的《高等学校课程思政建设指导纲要》,把思想政治教育贯穿人才培养体系,从价值塑造、知识传授和能力培养等维度,深化实验教学改革,充分将专业知识教育与思想政治教育相结合,着力培养有家国情怀、使命担当和社会责任的,具有创新精神的社会主义合格建设者和接班人。

食品生物化学是食品科学与工程、食品质量与安全等专业重要的基础课,在专业课程体系中起着重要的桥梁作用。实验教学是训练学生对理论知识与实践技能综合运用的重要途径,具有直观性与综合性。实验课与理论课在食品生物化学的教学中具有同等重要的地位。实验课程对提高学生解决问题的能力,增强勇于创新的精神,引领学生建立正确的价值观具有重要意义。目前,现有食品生物化学实验教材能较好地起到理论知识的传授、学生实践技能训练的作用,但是在价值塑造和分析问题、解决问题能力的培养方面亟须加强。为此,本教材根据食品科学与工程、食品质量与安全等专业的培养目标,以立德树人为根本任务,按照价值塑造、知识传授和能力培养的总体要求,深化实验课程教学改革,充分发挥课程育人作用,精选实验内容,合理设计实验难易程度,提高实验可操作性,在教学过程中将核心价值体系结合课程专业特征融入到教育教学的全过程和课程建设要素中,从而通过价值引领实现思想政治教育潜移默化的效果。

本教材结合自身教学特点,在满足专业知识传授基础上,侧重价值塑造,一方面注重知识传递中的能力培养,提高学生认识问题、分析问题和解决问题的能力,另一方面凝聚知识底蕴,实现价值引领,培养学生家国情怀、使命担当和社会责任感。教材内容包括实验室基础知识、基础性实验、综合性实验和设计性实验四部分,共62个实验项目。第一部分重点介绍实验室基础知识,培养学生的责任意识和安全意识,加强科学伦理教育。第二部分是基础性实验,涉及食品原料中的糖、脂、蛋白质、核酸、维生素等共42个实验项目。实验周期较短,重点强调实验的操作步骤与规范,培养学生认识问题、分析问题的能力，引导学生构建科学的思维。第三部分以综合性实验为主，整合了部分基础实验内容，将部分科研成果转化为实验教学内容，培养学生努力奋斗、勇攀科学高峰的使命感。第四部分以设计性实验为主，是综合实验的拓展和延伸，采用开放式教学方式，培养学生自主查阅文献资料、设计实验方案、实施研究过程、分析实验结果、撰写研究论文、展示研究成果等多方面的综合科研素质，强化学生的科学思维的训练，培养学生精益求精的大国精神。

  本教材由德州学院生命科学学院相关教师编写，全书由曹际云负责具体编写、修改和统稿。编写过程中参阅了国内外相关的教材、专著、文献资料及网络资料，在此对相关兄弟院校的同行、专家表示诚挚的谢意。本实验指导内容不求全，力求其可靠性和方法性。在编写过程中，力求做到原理简单明了，通俗易懂，方法操作具体详尽，实用性强，可供高等院校食品科学、生物科学、生物技术以及相关专业的本、专科学生使用，也可供从事与食品、生物有关的科研工作者参考。

  由于我们的经验和水平有限，书中难免出现不妥甚至错漏，真诚地恳请广大读者在参阅和使用过程中提出宝贵意见，以期逐渐完善。

  本教材在编写过程中得到了山东省高等教育本科教改项目、德州学院教学改革项目和德州学院教材出版基金等的资助，并得到了辽宁大学出版社的支持与帮助，在此深表衷心的谢意。

编者

2020 年 2 月

目 录

第一部分 实验室基础知识

第一章 实验室安全与防护知识 ··· 2

第二章 实验记录及实验报告撰写规范与要求 ····································· 5

第三章 实验室基础操作 ·· 8

第四章 实验常用研究技术与原理 ··· 16

第五章 实验室中常规仪器的使用 ··· 25

第二部分 基础实验

第一章 糖类 ·· 35

实验 1 糖的颜色和还原性鉴定 ··· 35

实验 2 食品中还原性糖含量的快速测定 ······································ 38

实验 3 食品中蔗糖含量的测定——酶-比色法 ······························· 42

实验 4 食品中可溶性多糖总量的测定——蒽酮比色法 ··················· 45

实验 5 食品中淀粉含量的测定 ··· 47

实验 6 食品中还原糖和总糖含量的测定——DNS 法 ····················· 49

第二章 脂类 ·· 52

实验 7 食品中粗脂肪的提取和测定 ··· 52

实验 8 动植物油脂酸价的测定 ··· 54

实验 9 油脂过氧化值的测定 ·· 56

实验 10 油脂中皂化值的测定 ··· 57

实验 11 油脂中磷脂的测定——钼蓝比色法 ·································· 59

实验 12 血清中胆固醇的测定 ··· 62

I

第三章　蛋白质 ··· 65

实验 13　氨基酸的分离与鉴定——纸层析法 ····························· 65

实验 14　蛋白质的两性反应和等电点的测定 ····························· 68

实验 15　蛋白质的沉淀反应 ··· 70

实验 16　紫外分光光度法测定蛋白质含量 ································ 73

实验 17　双缩脲法测定蛋白质含量 ·· 75

实验 18　Bradford 法测定蛋白质的含量 ···································· 77

实验 19　等电点沉淀法制备酪蛋白 ·· 79

实验 20　蛋白质的分离纯化——凝胶柱层析法 ·························· 82

实验 21　醋酸纤维薄膜电泳法分离血清蛋白质 ·························· 85

第四章　核　酸 ·· 90

实验 22　CTAB 法快速提取植物 DNA ····································· 90

实验 23　肝脏中核酸的提取——浓盐法 ···································· 92

实验 24　核酸的定量测定——紫外分光光度法 ·························· 94

实验 25　二苯胺显色法测定 DNA 含量 ···································· 96

实验 26　DNA 的琼脂糖凝胶电泳 ·· 98

第五章　酶 ·· 102

实验 27　过氧化氢酶 K_m 的快速测定 ······································ 102

实验 28　温度、pH 及激活剂和抑制剂等对酶促反应速度的影响 ········ 104

实验 29　琥珀酸脱氢酶的作用及竞争性抑制作用 ······················ 107

实验 30　硫酸铵分级沉淀分离苯丙氨酸解氨酶 ·························· 110

实验 31　糖化酶的凝胶过滤分离纯化 ······································· 113

实验 32　液化型淀粉酶活力的测定——滴定法 ·························· 116

实验 33　碱性蛋白酶活力的测定——Folin-酚法 ······················· 118

实验 34　食品中脲酶活性的测定 ··· 121

第六章　维生素与辅酶 ··· 124

实验 35　还原性维生素 C 的定量测定 ······································ 124

实验 36　荧光法测定维生素 B_2 含量 127
实验 37　紫外分光光度法测定维生素 A 的含量 129
实验 38　柱层析法分离果蔬中的胡萝卜素 131

第七章　物质代谢 134

实验 39　糖酵解中间产物的鉴定 134
实验 40　饥饿与饱食对肝糖原含量的影响 137
实验 41　脂肪酸 β-氧化实验 139
实验 42　水平型纸层析法鉴定转氨酶的转氨基作用 143

第三部分　综合性实验

实验 43　硅胶 G 薄层层析法纯化可溶性糖 149
实验 44　肝糖原的提取和定量测定 151
实验 45　蛋黄中卵磷脂的提取、纯化与鉴定 153
实验 46　蛋白质分子量的测定——SDS-PAGE 法 156
实验 47　葡聚糖凝胶层析脱盐纯化蛋白质 159
实验 48　蛋白质印迹分析（Western Blotting） 162
实验 49　植物组织中原花色素的提取、纯化与测定 166
实验 50　正交法测定几种因素对蔗糖酶活性的影响 170
实验 51　脲酶的分离纯化和活性测定 175
实验 52　果蔬中 SOD 酶的提取及比活力测定——NBT 法 180
实验 53　碱性磷酸酶米氏常数和酶活力的测定 183
实验 54　小麦萌发前后淀粉酶活力的比较 186
实验 55　酵母 RNA 的提取、鉴定和纯度测定 189
实验 56　质粒 DNA 的微量快速提取与鉴定 192
实验 57　多聚酶链式反应（PCR）技术 195
实验 58　质粒 DNA 的提取、酶切和鉴定 197

第四部分　设计性实验

实验 59　多糖的分离纯化及性质研究 203
实验 60　脂的分离纯化及性质研究 203
实验 61　蛋白质的分离纯化及性质研究 204
实验 62　核酸的分离提取及性质研究 205
设计性实验案例一：植物多糖分离纯化与性质鉴定 205
设计性实验案例二：活性干酵母蔗糖酶的提取、纯化及性质研究 210
设计性实验案例三：植物黄酮的提取及应用 228

附　录

附录 A　常用缓冲液的配置 245
附录 B　硫酸铵饱和度计算表 255
附录 C　部分 Sephadex G 型葡聚糖凝胶应用参数特性 257
附录 D　食品生物化学实验问答 258

参考文献

第一部分
实验室基础知识

本部分主要讲解实验室基础知识，分为实验室安全与防护、实验基础操作以及各种实验仪器的工作原理和使用方法。

思政触点1：实验室基础知识——培养学生的责任意识和安全意识，加强科学伦理教育。

关注实验细节，如试剂配制、仪器使用、实验过程实施及其实验废弃物处理等。培养学生的环境保护意识，教育学生保护环境不仅仅是口号，要从自身做起、从现在做起。同时，教育学生要实事求是地记录实验过程和实验结果。尊重事实，按照实际过程中得到的结果完成实验报告，并用相关原理分析所得结果，认真分析成功或失败的原因，坚决杜绝伪造或者修改实验数据、抄袭实验报告行为，以培养学生的诚信精神和责任意识。

第一章 实验室安全与防护知识

一、实验室安全知识

在食品生物化学实验室中,实验人员常与毒性强,具有腐蚀性、易燃性和爆炸性的化学药品直接接触,经常使用易碎玻璃制品和瓷质器皿以及在煤气、水、电等高温电热设备的环境下进行紧张而细致的工作,因此必须十分重视实验室安全工作。

(1)进入实验室前应了解电开关、水开关、煤气开关等。离开实验室时,一定要将室内检查一遍,应将水、电、煤气的开关关好,门窗锁好。出入实验室流程如图1-1所示。

进入准备室 → 换实验服 → 登记实验信息 → 检查室内水、电、气、窗

关闭室内水、电、气、窗 → 登记仪器设备使用信息 → 换实验服 → 离开实验室

图1-1 出入实验室流程图

(2)给试管加热时,不要把拇指按在短柄上;切不可使试管口对着自己或旁人;液体的体积一般不要超过试管容积的1/3。用火时,应做到火着人在,人走火灭。

(3)浓酸、浓碱使用时必须小心,防止溅出。用移液管量取这些试剂时,必须使用橡皮球,绝对不能用口吸取。若不慎溅在实验台或地面上,必须及时用湿抹布擦洗干净。如果触及皮肤应立即治疗。

(4)使用可燃物,特别是易燃物(如乙醚、丙酮、乙醇、苯、金属钠等)时,应特别小心。不要将其大量放在桌上,更不要放在靠近火焰处。只有远离火源时,或将火焰熄灭后,才可大量倾倒易燃液体。低沸点的有机溶剂不能在火上直接加热,只能在水浴上利用回流冷凝管加热或蒸馏。

(5)使用电器设备(如烘箱、恒温水浴、离心机、微波炉、电炉等)时,严防触电;绝不可用湿手或在眼睛旁视时开关电闸和电器开关。凡是漏电的,一律不能使用。

(6)用油浴操作时,应小心加热,不断用温度计测量,不要使温度超过油的燃

烧温度。

（7）易燃和易爆炸物质的残渣（如金属钠、白磷、火柴头）不得倒入污物桶或水槽中，应收集在指定的容器内。

（8）废液，特别是强酸和强碱不能直接倒在水槽中，应先稀释，再收集倒入废液桶。废液桶定期由专业人员进行收集处理。

（9）凡是会产生烟雾、有毒气体和有臭味气体的实验，均应在通风橱内进行。橱门应紧闭，非必要时不能打开。

二、实验室内急救知识

（1）皮肤割伤或机械损伤：首先必须检查伤口内有无玻璃或金属等物的碎片，然后用硼酸水洗净，再擦碘酒或紫药水，必要时用纱布包扎。若因伤口较大或过深而导致大量出血，应迅速在伤口上部和下部扎紧血管止血，并立即去医院诊治。

（2）烫伤：一般用浓度为90%～95%的酒精消毒后，涂上苦味酸软膏。如果伤处红痛或红肿（一级灼伤），可用橄榄油或用棉花沾酒精敷盖伤处；若皮肤起泡（二级灼伤），不要弄破水泡，防止感染；若伤处皮肤呈棕色或黑色（三级灼伤），应用干燥而无菌的消毒纱布轻轻包扎好，急送医院治疗。

（3）强碱（如氢氧化钠、氢氧化钾）、钠、钾等触及皮肤而引起灼伤时，要先用大量自来水冲洗，再用5%乙酸溶液或2%乙酸溶液涂洗。

（4）强酸、溴等触及皮肤而致灼伤时，应立即用大量自来水冲洗，再以5%碳酸氢钠溶液或5%氢氧化铵溶液洗涤。

（5）如酚触及皮肤引起灼伤，应该用大量的水清洗，并用肥皂和水洗涤，忌用乙醇。

（6）水银容易由呼吸道进入人体，也可以经皮肤直接吸收而引起积累性中毒。严重中毒的征象是口中有金属气味，呼出气体也有气味，流唾液，牙床及嘴唇上有硫化汞的黑色，淋巴腺及唾液腺肿大。若不慎中毒，应送医院急救。急性中毒时，通常用呕吐剂彻底洗胃，或者食入蛋白（如1 L牛奶加3个鸡蛋清）或蓖麻油解毒并使之呕吐。

（7）若煤气中毒时，应迅速到室外呼吸新鲜空气，若严重时应立即到医院诊治。

（8）触电：触电时可按下述方法之一切断电路。

①关闭电源。

②用干木棍使导线与被害者分开。

③使被害者和土地分离，进行急救时急救者必须做好防止触电的安全措施，手或脚必须绝缘。

三、实验室灭火知识

实验中一旦发生火灾切不可惊慌失措，应保持镇静。首先，立即切断室内一切火源和电源；然后，根据具体情况（采用灭火毯、灭火器或打119等）正确地进行抢救和灭火。常用的方法包括以下几种。

（1）当可燃液体燃着时，应立即拿开着火区域内的一切可燃物质，关闭通风器，防止扩大燃烧。若着火面积较小，可用湿布、沙土或灭火毯覆盖，隔绝空气使之熄灭。但覆盖时要轻，避免碰坏或打翻盛有易燃溶剂的玻璃器皿，导致更多的溶剂流出而再着火。

（2）酒精及其他可溶于水的液体着火时，可用水灭火。

（3）汽油、乙醚、甲苯等有机溶剂着火时，应用石棉布或砂土扑灭。绝对不能用水，否则会扩大燃烧面积。

（4）金属钠着火时，可把砂子倒在它的上面。

（5）导线着火时不能用水及二氧化碳灭火器，应切断电源或用 CO_2 干粉灭火器。

（6）衣服烧着时切忌奔走，可用衣服、大衣等包裹身体或躺在地上滚动，以灭火。

（7）发生火灾时应注意保护现场，较大的着火事故应立即拨打119报警。

第二章　实验记录及实验报告撰写规范与要求

每次实验要做到课前认真预习，实验操作中仔细观察并如实记录实验现象与数据，课后及时完成实验报告。

一、实验记录

从实验课开始就要培养严谨科学的作风，养成良好习惯。仔细记录实验条件下观察到的现象，实验中观测的每个结果和数据都应及时如实地直接记在记录本上，记录时必须使用钢笔或圆珠笔，并做到原始记录准确、简练、详尽、清楚。例如，所称量的试材样品的重量、滴定管的读数、分光光度计的读数等，都应准确填入提前设计好的表格中，并根据仪器的精确度准确记录有效数字。例如，光密度值为 0.050，不应写成 0.05。每一个结果至少要重复观测两次以上，当符合实验要求并确知仪器工作正常后再将结果写在记录本上。另外，实验中使用仪器的类型、编号以及试剂的规格、化学式、分子量、准确的浓度等，都应记录清楚，以便总结实验完成报告时进行核对和作为查找成败原因的参考依据。如果发现记录的结果有错误、遗漏、丢失等情况，都必须重做实验。

实验记录是在科学研究过程中，用于记录实验过程、结果或者进行分析的资料，根据实际情况可以直接记录数据或者记录分析后形成的数据、文字或图片等，可作为不同时期深入进行某项研究的基础资料和原始凭证，具有完整性和可阅读性（图 1-2）。实验记录必须手写。

_____实验记录单

实验名称:
实验设计(方案):
实验日期:
使用试剂: 名称、厂家、等级
使用仪器: 名称、型号、状态
实验地点:
实验过程: 详细记录
实验结果: 观察到的现象、出现问题、数据、图表、照片
总结分析:

图1-2 实验记录单格式规范

二、实验报告

实验报告是对实验的总结和整理。撰写实验报告可以分析归纳实验的经验,对各种数据进行处理和筛选,加深对食品生物化学实验项目原理和技术的理解。撰写实验报告也是撰写科学研究论文的基础过程。每个实验项目都有一份实验报告,格式如图1-3所示。

(1) 实验项目名称
(2) 实验目的和要求
(3) 实验原理
(4) 实验试剂与器材
(5) 操作步骤
(6) 实验数据记录及处理
(7) 结论与分析
(8) 总结: 实验心得与体会等

图1-3 实验报告格式规范

实验报告可分为定性实验报告和定量实验报告。定性实验报告中的实验名称和目的要求是针对该次实验课的全部内容而必须达到的目的和要求。在完成实验报告时,可以按照实验内容分别写原理、操作方法、结果与讨论等。原理部分应简述实验的基本原理,操作方法(或步骤)可以用流程简图的方式或自行设计的表格表示,结果与

讨论包括实验结果及观察现象的小结、对实验课遇到的问题和思考题的探讨以及对实验的改进意见等。

定量实验报告中对目的和要求、原理以及操作方法的叙述应简单扼要，但是必须写清楚实验条件（试剂配制及仪器）和操作的关键环节。对于实验结果部分，应根据实验课的要求对一定实验条件下获得的实验结果和原始数据进行认真记录、整理、归纳、分析和对比，并尽量总结成各种图表，如原始数据及其处理的表格、标准曲线图以及比较实验组与对照组实验结果的图表等。另外，还应针对实验结果进行必要的说明和分析。讨论部分可以包括关于实验方法（或操作技术）和有关实验的一些问题，如对实验的正常结果和异常现象以及思考题的探讨，对实验设计的认识、体会和建议，对实验课的改进意见，等等。

第三章 实验室基础操作

一、玻璃仪器的清洗

实验中所使用的玻璃仪器清洁与否，直接影响实验结果。仪器不清洁或被污染会造成较大的实验误差，甚至会导致相反的实验结果。因此，玻璃仪器的洗涤清洁工作是非常重要的。

（一）器皿清洁

（1）新购买的玻璃仪器表面常附着有游离的碱性物质，可先用洗涤灵稀释液、肥皂水或去污粉等洗刷后再用自来水洗净，然后浸泡在1%～2%盐酸溶液中过夜（不少于4小时），再用自来水冲洗，最后用蒸馏水冲洗2～3次，在80℃～100℃烘箱内烤干备用。

（2）使用过的玻璃仪器的清洁。

①一般玻璃仪器：如烧杯、锥形瓶等（包括量筒），先用自来水洗刷至无污物，再选用大小合适的毛刷沾取洗涤灵稀释液或将其浸入洗涤灵稀释液内，将器皿内外（特别是内壁）细心刷洗，用自来水冲洗干净后，用蒸馏水冲洗2～3次，烤干或倒置在清洁处，干后备用。凡洗净的玻璃器皿的器壁上不应带有水珠，否则表示尚未洗干净，应再按上述方法重新洗涤。若发现内壁有难以去掉的污迹，应用相应的洗涤剂予以清除，再重新冲洗。

②量器：如移液管、滴定管、量瓶等。使用后应立即浸泡于凉水中，勿使物质干涸。工作完毕后用流水冲洗，去除附着的试剂、蛋白质等物质，晾干后浸泡在铬酸洗液中4～6小时（或过夜），再用自来水充分冲洗，最后用水冲洗2～4次，风干备用。

③比色杯：用毕立即用自来水反复冲洗干净，如不干净时可用HCl或适当溶剂冲洗（避免用较强的碱液或强氧化剂清洗），再用自来水冲洗干净。切忌用试管刷或粗糙的布或纸擦洗，以保护比色杯透光性，冲洗后倒置晾干备用。

④其他：具有传染性样品的容器，如被病毒、传染病患者的血清等沾污过的容器，

应先进行高压（或其他方法）消毒后再进行清洗。盛过各种有毒药品，特别是剧毒药品和放射性等物质的容器，必须经过专门处理，确定没有残余毒物存在方可进行清洗。

（二）器皿干燥

洗净的仪器要放在架上或干净纱布上晾干，可自然干燥，也可在适宜温度下烘干。不能用抹布擦拭，更不能用抹布擦拭仪器的内壁。挪动干净器皿时，勿使手指接触仪器内部。

（三）器皿保存

带玻璃塞的仪器和玻璃瓶等，如果暂时不使用，要用纸条把瓶塞和瓶口隔开。带有磨口玻璃塞的量瓶等仪器的塞子，不要盖错。大多数器皿清洗干燥后常规保存即可。

二、溶液的处置

（一）溶液的混匀

样品与试剂的混匀是保证化学反应充分进行的一种有效措施。为使反应体系内各物质迅速地互相接触，必须借助外加的机械作用。混匀时须防止容器内液体溅出或被污染，严禁用手指直接堵塞试管口或锥形瓶口振摇。溶液稀释时也须混匀。混匀的方法通常有以下几种。

（1）搅动混匀法：适用于烧杯内溶液的混匀，如固体试剂的溶解和混匀。搅拌使用的玻璃棒必须两头都圆滑，棒的粗、细、长、短必须与容器的大小和所配制的溶液的多少呈适当的比例关系。搅拌时必须使搅棒沿着器壁运动，以免搅入空气或使溶液溅出。倾入液体时必须沿着器壁慢慢倾入，以免产生大量气体，倾倒表面张力低的液体更要缓慢仔细。研磨配制胶体溶液时，搅棒沿着研钵的一个方向研磨，不要来回研磨。

（2）旋转混匀法、适用于锥形瓶、大试管内溶液的混匀。手持容器以手腕、肘或肩作轴离心旋转溶液。

（3）指弹混匀法：适用于离心管或小试管内溶液的混匀。左手持试管上端，右手指轻轻弹动试管下部，或用一只手的大拇指和食指持管的上端，用其余三个手指弹动离心管，使管内的液体做旋涡运动。

（4）振荡混匀法：适用于振荡器使多个试管同时混匀，或将试管置于试管架上，双手持试管架轻轻振荡，达到混匀的目的。

（5）倒转混匀法：适用于有塞量筒和容量瓶及试管内容物的混匀。

（6）吸量管混匀法：用吸量管将溶液反复吸放数次，使溶液混匀。

（7）甩动混匀法：右手持试管上部，轻轻甩动振荡即可混匀。

（8）电磁搅拌混匀法：在电磁搅拌机上放上烧杯，在烧杯内放入封闭于玻璃或塑料管中的小铁棒，利用磁力使小铁棒旋转以达到混匀杯中液体的目的，适用于酸碱自动滴定、pH 梯度滴定等。

（二）过滤法

过滤法是分离沉淀和滤液的一种方法，可用于收集滤液，收集或洗涤沉淀，可用漏斗及滤纸或吸滤法。操作时应注意以下几点。

（1）在制备血滤液等实验中，要用干滤纸，不可用水把滤纸先弄湿，因为湿滤纸会影响血液稀释的体积。

（2）折叠滤纸的角度应与漏斗相合，使滤纸上缘能与漏斗壁完全吻合，不留缝隙。一般采用平折法（即对折后再对折）。

（3）向漏斗中加溶液时，应使溶液沿玻璃棒慢慢流下；玻璃棒不能在漏斗中搅动。倒入速度不要太快，以防损失，不得使液面超过滤纸上缘。

（4）较粗的过滤可用脱脂棉或纱布代替滤纸，有时也可用离心沉淀法代替过滤法。

（三）加热法

可直接用火（电炉）或水浴加热，使用水浴时防止浴中容器倾倒。使用酒精灯时应注意：①禁止头碰头点燃。②使用完毕先用盖子盖一下，火焰熄灭后再拿下重盖一下，以防止里面形成真空，盖子无法打开。③加热时管口不要对着人。④加热时管夹夹住试管的上 1/3 部分，后均匀加热，再固定管底加热。

（四）烤干法

烤干试管时，应将管口向下倾斜约 45° 角，由上往下，先烤管底，最后将管口的水分烤干。烤干时须经常移动试管以免其炸裂。试管等普通玻璃器材，也可在烘箱内烘烤干。

三、量器类的使用

量器是指对液体体积进行计量的玻璃器皿，如滴定管、容量瓶、量筒、吸量管、刻度离心管及自动加液管等。

（一）滴定管

滴定管分为常量与微量滴定管。常量滴定管又分为酸式与碱式两种，各有白色、棕色之分。酸式滴定管用于盛装酸性、氧化性以及盐类的稀溶液。碱式滴定管用来盛装碱性溶液。棕色滴定管用于盛装见光易分解的溶液。常量滴定管的容积有 20 mL、25 mL、50 mL、100 mL 四种规格。微量滴定管分为一般微量滴定管和自动微量滴定管，容积有 5 mL、10 mL 等规格，刻度精度因规格不同而异。

滴定管主要用于容量分析。它能准确读取试液用量，操作比较方便。操作方法一般是左手握塞，右手持瓶；左手滴液体，右手摇动。在滴定台上衬以白纸或者白磁板，以便观察锥形瓶内的颜色。滴定速度以 10 mL/min，即每秒 3～4 滴为宜。接近终点时，滴速要慢，甚至可以降低到每秒半滴或 1/4 滴，以免过量。达到终点后稍停 1～2 min，等内壁挂有的溶液完全流下时再读取刻度数。正确读取容积刻度是减少容量分析实验误差的重要措施。滴定管的读数方法，可依个人习惯的不同而不同。但是，在同一实验中读取容积刻度时，必须以液面的同一特征标志为准，以保证其系统误差。

一般读数方法：（1）普通滴定管读取数据，双眼与液面同水平读数。（2）有色液读取数据，即读取溶液弯月面两侧最高点连线与刻度线重合点处的数据。（3）无色液读取数据，即读取溶液弯月面最低点水平线与刻度线重合点处的数据。

（二）容量瓶

容量瓶用于配制一定浓度的标准溶液或试样溶液。其颈上刻有标线，表示在 20 ℃，溶液装至标线的容积。有 10 mL、25 mL、50 mL、100 mL、250 mL、500 mL、1 000 mL、2 000 mL 几种规格，并有白色、棕色两种颜色。

使用前应先检查容量瓶的瓶塞是否漏水，瓶塞应系在瓶颈上，不得任意更换。瓶内壁不得挂有水珠，所称量的任何固体物质都必须先在小烧杯中溶解或加热溶解，冷却至室温后，才能转移到容量瓶中。

（三）量筒

量筒是用来量取要求不太严格的溶液体积的仪器。当配制对浓度要求不太严格的溶液浓度时，使用量筒比较方便。它有 5～2 000 mL 十余种规格。用量筒量取液体体积是一种粗略的计量法，所以在使用中必须选用合适规格的量筒，不要用大量筒计量小体积，也不要用小量筒多次量取大体积的溶液。读取刻度的方法与容量瓶和滴定管相同。

（四）吸量管

吸量管可准确地量取溶液的体积。常用的吸量管分为三类。①奥氏吸量管：适用于准确量取 0.5 mL、1 mL、2 mL 液体。每根吸量管上只有一个刻度，放液时必须吹出残留在吸量管尖端的液体，主要用于量取粘滞系数大的液体。②移液管：适用于准确量取 5 mL、10 mL、25 mL 等较大体积的液体。每根吸量管上只有一个刻度，放出液体后，将吸量管尖端放在容器内壁上继续停留 15 s，注意不要吹出尖端最后的部分。③刻度吸量管：适用于量取 10 mL 以下任意体积的液体，分全流出式与不完全流出式。全流出式刻度吸量管一般包括尖端部分，欲将所量取液体全部放出时，须将残留管尖的液体吹出。此类吸量管的上端常标有"吹"字。不完全流出式刻度吸量管上端未标有"吹"字，残留管尖的液体不必吹出。其刻度不包括吸量管的最后一部分。

（五）移液操作

准确的分析方法对食品生物化学实验的成功极为重要，在各种生物化学分析技术中，首先要熟练掌握的就是准确的移液技术。常用的移液器主要包括滴管、移液管、移液枪和微量进样器等。

1. 滴管

滴管可用于半定量移液，其移液量为 1～5 mL，常用 2 mL，可换不同大小的滴头。使用滴管时要垂直、悬空滴入液体，不能深入或贴着试管（烧杯）。

2. 移液管（刻度吸量管）

移液管是用来准确移取一定体积溶液的量器。移液管是一种量出式仪器，只用来测量它所放出溶液的体积（图 1-4）。移液管分为两种，一种是无分度的，称为大肚移液管，精确度较高，其相对误差 A 级为 0.7%～0.8%，B 级为 1.5%～0.16%，液体自标线流至口端（留有残液），A 级等待 15 s，B 级等待 3 s。另一种移液管为分度移液管，管身为一粗细均匀的玻璃管，上面均匀刻有表示容积的分度线，其准确度低于大肚移液管，相对误差 A 级为 0.8%～0.2%，B 级为 1.6%～0.4%，A 级、B 级在移液管身上有"A""B"字样，有"快"字则为快流式，有"吹"字则为吹出式，无"吹"字的移液管不可将管尖的残留液吹出。吸、放溶液前要用吸水纸擦拭管尖。

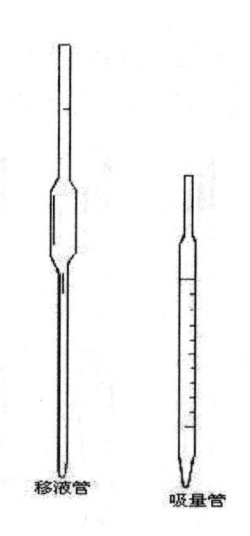

图 1-4　移液管和吸量管

3. 移液枪（自动取液器）

移液枪（自动取液器）大量用于食品生化实验中，主要用于多次重复快速定量移液，可以只用一只手操作，如图 1-5 所示。移液的准确度（即容量误差）为 ±（0.5%～1.5%），移液的精密度（即重复性误差）更小些，为 ≤ 0.5%。

图 1-5　移液枪（100-1000μL）

移液枪可分为两种。一种是固定容量的，常用的有 100 μL 等多种规格。每种移液枪都有其专用的聚丙烯塑料吸头，吸头通常是一次性使用，当然也可以超声清洗后重复使用，而且此种吸头可以进行 120℃ 高压灭菌；另一种是可调容量的取液器，常用的规格有 200 μL、500 μL 和 1 000 μL 等几种。

用拇指和食指旋转移液枪上部的旋钮，使数字窗口出现所需容量体积的数字，在移液枪下端插上一个塑料吸头，并旋紧以保证气密性，然后四指并拢握住移液枪上部，用拇指按住柱塞杆顶端的按钮，向下按到第一停点，将移液枪的吸头插入待取的溶液中，缓慢松开按钮，吸上液体，并停留 1～2 秒（黏性大的溶液可加长停留时间），将吸头沿器壁滑出容器，用吸水纸擦去吸头表面可能附着的液体。排液时吸头接触倾斜的器壁，先将按钮按到第一停点，停留 1 s（黏性大的液体要延长停留时间),再按压到第二停点,吹出吸头尖部的剩余溶液。如果不便于用手取下吸头,则可按下除吸头推杆,将吸头推入废物缸,如图1-6所示。

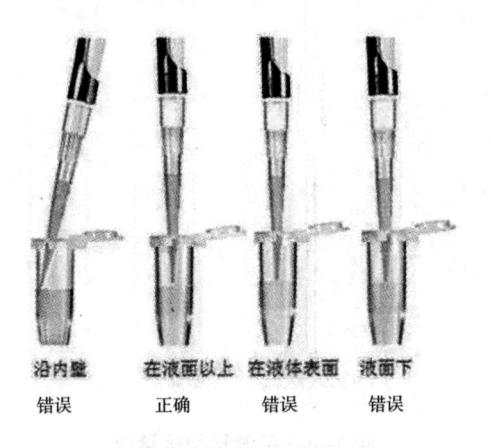

沿内壁　　在液面以上　　在液体表面　　液面下
错误　　　正确　　　　错误　　　　错误

图1-6　移液枪操作示意图

4. 微量进样器

微量进样器(图1-7)常用作气相和液相色谱仪的进样器,在食品生化实验中主要用作电泳实验的加样器,通常可分为无存液和有存液两种。

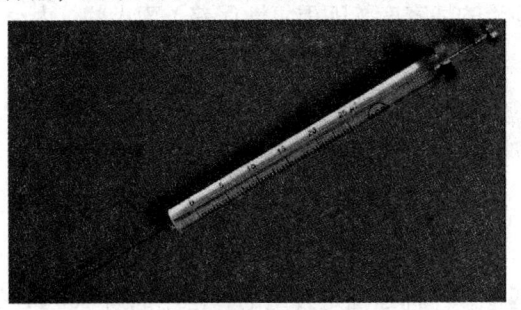

图1-7　微量进样器(10 μL)

(1) 10 μL以下的极微量液体进样可以采用无存液微量进样器,将进样器的不锈钢芯子直接通到针尖端处,不会出现存液。

(2) 10 μL～100 μL有存液微量进样器的不锈钢的针尖管部分是空管,进样器的柱塞不能到达,因而管内会存有空气或液体。其使用注意事项如下。①不可吸取浓碱溶液,以免腐蚀玻璃和不锈钢零件。②因为进校器内有存液,所以吸液时要来回多拉几次,将针尖管内的气泡全部排尽。③针尖管内孔极小,使用后尤其是吸取过蛋白质溶液后,必须立即清洗针尖管,防止堵塞。若遇针尖管堵塞,不可用火烧,只能用直径 0.1 mm 的不锈钢丝耐心串通。④进样器未润湿时不可来回干拉芯子，以免磨损而漏气。⑤若进样器内发黑，有不锈钢氧化物，可用芯子蘸少量肥皂水，来回拉几次即可除之。

四、食品生物化学实验中样品的制备

在食品生物化学实验中，无论分析组织中各种物质的含量，还是探索组织中的物质代谢过程，都需要利用预先处理过的特定生物样品。掌握此种实验样品的正确处理与制备方法是做好食品生物化学实验的先决条件。常常利用离体组织研究各种物质代谢的突击功能与酶系的作用，也可以从组织中提取各种代谢物质或酶进行研究。

生物组织离体过久，其所含物质的含量和生物活性都将发生变化。因此，将离体组织作为提取材料或代谢研究材料时应在冰冷条件下迅速取出所需要的组织，并尽快提取或测定。

（1）组织糜：将组织用剪刀迅速剪碎，或用绞肉机绞成糜状即可。

（2）组织匀浆：向剪碎的新鲜组织中加入适量的冰冷的匀浆制备液，用高速电动匀浆机或玻璃匀浆器制成匀浆。

（3）组织浸出液：将上述制成的组织匀浆加以离心，其上清液即为组织浸出液。

第四章 实验常用研究技术与原理

一、离心分离技术

离心机是利用离心力把溶液中的粒子进行分离的一种仪器。所谓离心力是指物体做圆周运动时形成的一种使物体脱离圆周运动中心的力。离心力的单位为 g，即重力加速度（980.6 cm/s²），其相对离心力 (Relative centrifugal force，KCF) 的大小可根据离心时的旋转速度 v（r/min，每分钟转速）和物体离旋轴中心的距离 r（cm），按公式（1-1）计算：

$$KCF = r \times v^2 \times 1.118 \times 10^{-5} \qquad (1-1)$$

按公式（1-2）计算所需要的转速：

$$V = \sqrt[2]{KCF \times 89455 / r} \qquad (1-2)$$

（一）分离方法

分离方法主要有两种，一种是分级离心法，另一种是密度梯度离心法。

（1）分级离心法：非均一的粒子悬浮液在离心机中离心时，各种粒子以各自的沉降速度移向离心管底部，逐渐在底部形成一层沉淀物质。这层沉淀物质含有各种组分，但是最多的是那些沉降得最快的组分。为了分离出某些特定的组分，通常需要进行一系列离心。通常先选择一个离心速度和离心时间，进行第一次离心，使大部分不需要的大粒子沉降并去掉。这时需要的组分大部分仍留在上清液内。然后将收集到的上清液用更高的转速离心，把需要的粒子沉积下来。离心时间要选择得当，以使大部分不需要的小粒子仍留在上清液中。倾去上清液，再把沉淀悬浮起来，用较低转速离心。如此反复，直至达到所需纯度。

（2）密度梯度离心法具有很好的分辨能力。可同时使样品中几个或全部组分分离。在一个密度梯度介质中将样品粒子离心，这个介质由一合适的小分子和样品粒子可在其中悬浮的溶剂组成。离心时离轴心愈远，介质密度愈大。

第一部分　实验室基础知识

（二）离心机的使用方法

欲使沉淀和母液分开，过滤和离心都可达到目的，但当沉淀黏稠，或颗粒过小能通过滤纸，总容量太少又需要定量测定时，使用离心沉淀法比过滤法要好。使用方法如下。

（1）应先将离心机放在稳定的台面上，放平、放稳，检查离心机转动状态是否平稳，以确定离心机的性能。

（2）检查套管与离心管大小是否匹配，保证离心管能在套管内自由转动；套管软垫（用棉花或橡皮）是否铺好；套管底部是否有碎玻璃片或漏孔（玻璃片必须取出，漏孔经修补好后才能使用）。

（3）检查合格后，将一对离心管分别放入一对套管中，然后连同套管一起分别置于天平两侧，向两侧的离心管内加入溶液，用滴管向较轻的一侧离心管与套管之间加水，直至天平两侧平衡。将各对已平衡的套管连同内容物放置于离心机内，两个等重的管必须放在对称位置，严禁在两侧对称离心管套中，仅一侧放置离心管。离心时离心机内不得留有离心管套。

（4）将离心管放好后，应先盖好离心机盖，检查所需电源电压的大小，再按要求将电源接通。打通电源开关，逐步旋转转速旋钮，速度调节应缓慢，增加离心机转速直至所需的转速。

（5）离心机转动时，如果机身不稳或声音不均匀，应立即停止离心，重新检查重量是否对称和离心机是否放平稳。离心时，玻璃管、套管若被打碎应立即清除，重新配平后再离心。

（6）离心达规定时间后，将转速旋钮逐步回转到零，再关闭电源。不可以用手强制使其停止转动，因这样既损伤离心机，又可能使沉淀物被搅动浮起，待离心机停稳后，取出离心管及管套，最后将电源插头拨下。

注意事项：在配平时，勿使离心管套外部沾水，否则会影响结果。

二、电泳技术

（一）电泳的基本原理

带电荷的质点，在一定条件的电场作用下，可向一极移动，若带电荷的质点移向负极，则称为电泳。许多生物分子都带有电荷，其电荷的多少取决于分子性质及其所在介质的pH和组成，由于混合物中各组分所带电荷性质、电荷数量以及分子量、颗粒形状不同，在同一电场的作用下，各组分泳动的方向和速度也各异，因而在一定时间内，会因各组分移动距离的不同，而达到分离鉴定各组分的目的。

（二）影响电泳的主要因素

1. 电泳介质的 pH

当介质的 pH 等于其两性物质的等电点时，该物质处于等电状态，即不向正极或负极移动。当介质 pH 小于其等电点时，则呈正离子状态，移向负极；当介质 pH 大于其等电点时，则呈负离子状态，移向正极。因此，任何一种两性物质均受介质 pH 的影响，即决定两性物质的带电状态及其量。为了保持介质 pH 的稳定性，常使用一定 pH 的缓冲液。

2. 缓冲液的离子强度

离子强度对电泳的影响包括以下方面：离子强度低、电泳速度快、分离区带不易清晰；离子强度高、电泳速度慢，但区带分离清晰；离子强度低、缓冲液的缓冲量小、不易维持 pH 的恒定；离子强度过高，则会降低蛋白质的带电量（压缩双电层），使电泳速度减慢。所以，常用的离子强度为 0.02～0.2。

溶液离子强度的计算公式如下：

$$I = 1/2 \sum C_i Z_i^2 \qquad (1-3)$$

式中：I 表示离子强度，Ci 为克分子浓度（对离子而言），Zi 表示离子的价数。

3. 电场强度

电场强度和电泳速度成正比。电场强度以每厘米的电势差计算，也称电势梯度。电场强度越大，带电粒子的移动越快。电压增加，相应电流也增大，电流过大时易产生热效应，可使蛋白变性而不能分离。

4. 电渗作用

在电场中，液体对固体支持物的相对移动，称为电渗。如果滤纸中含有表面带负电荷的羧基，则溶液向负极移动。由于电渗现象与电泳同时存在，电泳的粒子移动距离也受电渗影响。如果纸上电泳蛋白移动的方向与电渗现象相反，则实际上蛋白泳动的距离等于电泳移动距离减去电渗距离。如果电泳方向和电渗方向一致，则其蛋白质移动距离等于二者相加。可将不带电的有色染料或有色葡聚糖点放在支持物的中间观察电渗方向和距离。

其他因素，如滤纸、缓冲溶液的黏度以及电泳时的温度变化等因素也会影响泳动速度。

（三）区带电泳分类

按支持物物理性状不同，可分为如下类型：

①滤纸及其他纤维素膜，如乙酸纤维素膜、玻璃纤维膜、聚胺纤维膜电泳。

②粉末电泳，如纤维素粉、淀粉、玻璃粉电泳。

③凝胶电泳，如琼脂糖、硅胶、淀粉胶、聚丙烯酰胺电泳。

④丝线电泳，如尼龙丝、人造丝电泳。

按支持物的装置形式不同，可分为如下类型：

①平板式电泳，支持物水平放置，是最常见的电泳方式。

②垂直板式电泳。

③连缓—流动电泳，首先应用于纸电泳，将滤纸垂直竖立，两边各放一电极，缓冲液和样品自顶端下流，与电泳方向垂直。可分离较大量的蛋白质，也可用淀粉、纤维素粉、玻璃粉等代替滤纸，分离效果更好。

按 pH 的连续性不同，可分为如下类型：

①连续 pH 电泳。电泳的全部过程中缓冲液的 pH 保持不变，如纸电泳、乙酸纤维膜电泳。

②非连续 pH 电泳。缓冲液和支持物间有不同的 pH，如聚丙烯酰胺凝胶圆盘电泳、等电聚焦电泳、等速电泳等，能使分离物质的区带更加清晰，并可对极微量物质进行分离。

（四）电泳技术的应用

电泳技术是目前生物化学研究的重要手段。它可分离各种有机物（如氨基酸、多肽、蛋白质、酶、酯类、核苷、核酸等）和无机盐，并可用于某种物质的纯度及分子量的测定。电泳技术与层析技术结合的指纹图可用于分析蛋白质结构。电泳技术结合免疫原理产生了免疫电泳，其提高了对蛋白质的鉴别能力；电泳技术与酶方法结合发现了同功酶。电泳技术是目前应用极广的分离物质的一种很好的方法，也是医学科学中的重要研究技术。

三、光度分析技术

许多物质的溶液是具有颜色的，如高锰酸钾显紫红色、硫酸铜溶液显蓝色，这些溶液的颜色深浅和溶液的浓度有关。在一定浓度范围内，溶液的浓度越大，溶液的颜色越深，因此可以通过比较溶液颜色的深浅测定所含有色物质的含量，这种方法被称为比色分析法，简称比色法。

光是一种电磁波，具有一定的波长范围。波长为 400～700 nm 的电磁波为可见光。自然界的白光是一种混合的光，由七种颜色的光按一定的比例混合而成。将两种适当的光按一定的强度比例混合也可得到白光，这两种颜色被称为互补色（图 1-8）。

图 1-8 互补色光示意图

溶液对可见光区的各色光几乎都吸收，则溶液呈黑色。如果溶液对各种不同波长的可见光有不同的吸收能力，则溶液呈现出被它吸收色光的补色。例如，白色光照射 $KMnO_4$ 溶液，溶液将其中的绿色光大部分吸收，而其他各色光透过溶液，通过溶液的光除紫色外其他颜色的光都两两互补成白色光，所以看到的是透过 $KMnO_4$ 溶液的紫色。由此可知，有色溶液显现的颜色实质上是它所选择吸收光的互补色。

（一）比色法

比色法主要有目视比色法、光电比色法和分光光度法，它们的基本原理是相同的。

光电比色法、分光光度法被用来测定溶液中存在的光吸收物质的浓度，其理论依据是朗伯比尔定律：

$$\lg(I/I_0) = -KCL \tag{1-4}$$

如果将通过溶液后的光线强度 I 和入射光 I_0 的比值称为透光度 T，将 $-\lg(I/I_0)$ 用光密度 A 表示，则它们之间的关系如下：

$$A = -\lg(I/I_0) = -\lg T = KCL \tag{1-5}$$

其中，K 为常数，称为消光系数（E），表示物质对光线吸收的本领，受物质种类和光线波长的影响。从公式（1-4）可知，对于相同物质和相同波长的单色光（消光系数不变）来说，溶液的光密度和溶液的浓度呈正比。

$$A_1/A_2 = C_1/C_2 \text{ 或写作 } C_1 = (A_1/A_2) \times C_2 \tag{1-6}$$

如果 C_2 为标准溶液的浓度，则可根据光密度值，按公式（1-6）求得待测液的浓度。

（二）光电比色计和分光光度计的基本结构

无论是光度计、比色计还是分光光度计，其基本结构和原理是相似的，都由光源、单色光器、狭缝、比色杯和检测器系统等部分组成（图 1-9）。

光源　　　　单色光器　　狭缝　　比色杯　　　受光器　　　检测器系统

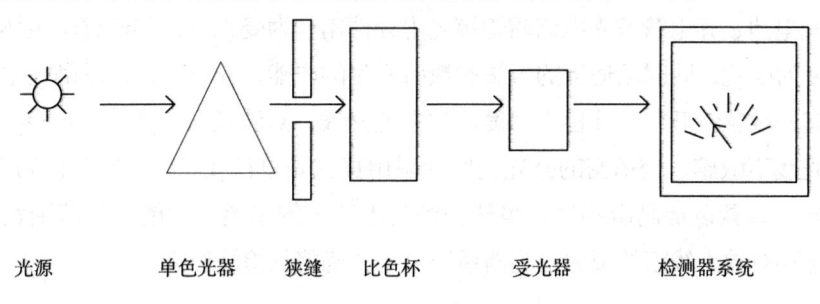

图 1-9　比色分析仪基本结构示意图

1. 光源

一个良好的光源要求具备发光强度大、光亮稳定、光谱范围较宽和使用寿命长等特点。一般的光度计采用稳控的钨灯作为光源，适用于波长为 340～900 nm 的光源，更先进的分光光度计带有稳压调控的氢灯，适宜作为波长为 200～360 nm 的紫外分光分析光源。

2. 单色光器

单色光器的作用在于可以根据需要选择一定波长的单色光。所谓单色光是指某特定波长有最大发射，而在相邻较长和较短波长的发射能量较少。最简单的单色光器是光电比色上所采用的滤光片（一定颜色的玻璃片），由于通过光线的光谱范围较宽，所以光电比色分辨效果较差。

棱镜和光栅是较好的单色光器，它们能在较宽的光谱范围内分离出相对纯的光线，因此分光光度计有较好的分辨效果。

3. 狭缝

通过单色光器的光线的发射强度可能过强，也可能过弱，不适于检测。狭缝是由一对隔板在光通路上形成的缝隙，通过调节缝隙的大小可调节入射单色光的强度，使入射光形成平行光线，以适应检测器系统的需要。光电比色计的狭缝是固定的，而光度计和分光光度计的缝隙大小是可调的。

4. 比色杯

比色杯又叫吸收杯、样品杯，是光度测量系统中最重要的部件之一，在可见光范围内测量时应选用光学玻璃比色杯，在紫外线范围内测量时要选用石英比色杯。保护好比色杯是取得良好分析结果的重要条件之一，不得用粗糙坚硬物质接触比色杯，不能用手指拿取比色杯的光学面，用后要及时洗涤比色杯，不得残留测定液。

5. 检测器系统

硒光电池、光电管或光电倍增管等光电元件常作为受光器，将通过比色杯的光线能量转变为电能，同时用适当的方法测量所产生的电能。光电比色计以硒光电池为受光器，其光敏感性低，不能检出强度非常弱的光线，对波长在 270 nm 以下和 700 nm 以上的光线不敏感。较精密的分光光度计采用真空光电管或光电倍增管作为受光器，并应用放大装置以提高敏感度，虽然光谱范围狭窄的单色光的能量比范围宽的弱得多，但这种有放大线路的灵敏检测器系统仍可准确将其检测出来。

表 1-1　　　　　常用待测介质颜色所对应的应使用的波长表

选择波长 /nm	波长对应颜色	待测介质颜色
400～435	青紫	黄绿
435～480	蓝	黄
480～490	蓝绿	桔黄
490～500	绿蓝	红
500～560	暗绿	深紫
560～580	绿黄	蓝紫
580～595	黄	蓝
595～610	桔黄	蓝绿
610～750	红	绿蓝

四、层析技术

层析法又称色谱法、色层法和层离法，是一种应用广泛的生物化学技术。层析法利用混合物各组分物理化学性质（如溶解度、吸附能力、电荷和分子量等）的差别，使各组分在支持物上集中分布在不同区域，借此将各组分分离。层析法利用两个相，一个相被称为固定相，另一个相被称为流动相。各组分受固定相的阻力和受流动相的推力影响不同，各组分移动速度各异，从而使各组得到分离。层析法有多种类型，以液体作为流动相的称为液相层析,以气体作为流动相称为气相层析。

按层析机理的不同,层析法可以分为下列几种类型。

吸附层析:利用吸附剂表面对不同物质吸附性能的差异进行分离。

分配层析:利用不同物质在流动相和固定相之间的分配系数和溶解度不同,使物质分离。

离子交换层析:利用不同物质对离子交换剂亲和力不同进行分离。

凝胶层析:利用某些凝胶对不同分子量的物质阻滞作用不同进行分离,亦称分子筛层析。

亲和层析:利用某些蛋白质能与配体分子特异而非共价的结合进行分离。

(一) 吸附层析

氧化铝、硅胶等物质具有吸附其他物质的性质,而且对各种被吸附物质的吸附能力不同。吸附力的强弱,除与吸附剂本身的性质有关外,也与被附物质的性质有关。

1. 柱层析法

柱层析法是用一根玻璃管,管内加吸附剂粉末,用溶剂湿润后,即成为吸附柱,然后在柱顶部加入要分离的样品溶液。假如样品内含两种成分A与B,则二者被吸附在柱上端,形成色圈。样品溶液全部流入吸附柱之后,加入合适的溶剂洗脱,A与B也就随着溶剂向下流动而移动,最后达到分离。在洗脱过程中,管内连续发生溶解、吸附、再溶解、再吸附的现象。例如,被吸附的A粒子被溶解随溶剂下移,但遇新的吸附剂,又将A吸附,随后新溶剂又使A溶解下移,由于溶剂与吸附剂对A与B的溶解力与吸附力不完全相同,A与B移动的距离也不同。连续加入溶剂、连续分段收集洗脱液,各成分即可顺序洗出。最常用的吸附剂是硅胶和氧化铝,硅胶的吸附能力与含水量关系极大,硅胶吸水后,吸附能力下降。分离甘油酯、磷脂、胆固醇等非极性的与极性不强的有机物,用这种方法效果较好。

2. 薄层层析法

薄层层析法是将吸附剂在玻璃板上或其他薄膜上均匀地铺成薄层,把要分析的样品加到薄层上,然后用合适的溶剂展开,而达到分离鉴定的目的。其优点是设备简单、操作容易、层析展开时间短、分离效率高,并可采用腐蚀性显色剂,而且可以在高温下显色。

(二) 分配层析

溶质在两种不相混的溶剂中溶解分配是逐步达到平衡的,平衡后,溶质在两种溶剂中的浓度取决于分配系数。分配层析即利用物质在两种溶剂中的分配平衡。溶剂之一通常是水，它保持在固定的支持相（用淀粉、纤维素粉、滤纸等惰性材料制成）之中；另一溶剂是移动相，由以水饱和过的有机溶剂组成，如果被分离的物质彼此之间的分配系数相差较大，就容易被分离出来。

（三）离子交换层析

离子交换层析是利用离子交换剂上的可交换离子与周围介质中被分离的各离子的亲和力的不同，经过交换达到平衡的一种柱层析法。

目前大多数实验中采用合成的离子交换剂，如以苯乙烯与二乙烯交联聚合的树脂为母体的离子交换树脂，其对分离小分子物质（如氨基酸、核苷、核苷酸等）是理想的，但对大分子物质（如蛋白质）是不合适的。因为它不能扩散到树脂的链状结构中，所以分离大分子物质常选用葡聚糖凝胶进行分子筛层析。

（四）凝胶层析

凝胶层析即分子筛层析，是选用孔径大小一定的凝胶，将混合液中的小分子物质"筛"出来的一种分离方法。当一混合的蛋白质溶液通过凝胶柱时，分子直径小于凝胶孔隙的可以进入胶粒内部，分子直径大于孔隙的不能进入。因此，小分子蛋白质在前进路上通过胶粒时遇到的阻力大，所以流速慢。相反，大分子蛋白质不会进入胶粒内部，可以比较顺利地通过胶粒的空隙而流出，所以阻力小，流速快。按照流速不同，可以把分子大小不同的蛋白质分开。因为凝胶具有这种性能，所以把它称为"分子筛"。

凝胶颗粒是多孔性的网络结构。凝胶作为一种层析介质，是不带电荷的物质。在层析时一般不换洗脱液，凝胶颗粒只起过滤作用，故该方法又被称为凝胶过滤。

用于生物材料分离的凝胶主要有以下几类：交联葡聚糖、聚丙烯酰胺胶、琼脂糖凝胶和交联琼脂糖。

（五）亲和层析

亲和层析是一种分离蛋白质极为有效的方法。它经常只须经过一种处理即可使某种待提纯的蛋白质从很复杂的蛋白质混合物中分离出来，并且纯度很高。这种方法是根据某些蛋白质具有的生物学性质，与另一种称为配体的分子能特异而非共价地结合，如某些酶可以通过其共价键与其特异的辅酶牢固结合。亲合层析的基本原理是先把待提纯的某一蛋白的配体，通过适当的化学反应共价地连接到如琼脂一类的多糖颗粒表面的功能团上，构成层析体。这种多糖材料在性能上允许其他蛋白质自由通过，但能与配体结合的蛋白质会保留在柱内，然后改变洗脱条件，使蛋白质和配体分离，即可将蛋白质纯化。

第五章　实验室中常规仪器的使用

一、真空干燥箱（DZF-1B 型）

（一）使用方法

（1）将干燥物放于箱内，关上箱门并旋紧手柄，拔掉真空泵上的抽气阀。

（2）接通真空泵电源，将真空阀开关打至"开"处，此时进入抽气状态，当真空表指示值超过红线（0.085 Mpa）时，先将真空阀开关打至"关"处，然后切断真空泵电源，此时箱内处于真空状态。

（3）接通真空箱电源，打开电源开关。设定温度：按住 SET 键，PV 屏显示 "50"，SV 屏数值闪烁，用▲▼键设置本次温度，（移位键）可快速在各位数上移动，调动数值。温度设置完毕，按一下 SET 键即可。此时，PV 屏显示箱内实际温度，SV 屏显示设定温度。

（4）干燥结束后，先关闭电源开关，旋动机箱上的"放气阀"，解除箱内真空，打开箱门，取出物品，若长期不用就拔下插头，做好清洁并登记。

（二）注意事项

（1）本仪器控温范围为 50℃～250℃，温度波动 ±1℃

（2）本仪器不需要连续抽气使用时，应先关闭真空阀，再关闭真空泵电源，以免真空泵中的油倒灌至箱内。

（3）取出被处理物品时，如果处理的是易氧化物品，则必须待温度冷却到室温后才能放入空气中，以免发生氧化反应。

（4）请勿放易燃易爆物品入内。

二、数字式酸度计（pH211 型）

酸度计是实验室配置溶液必备的仪器。本实验室的酸度计为台式微电脑酸碱度计和温度计（Hanna），测量 pH 范围为 0.00～14.00；温度为 0.0℃～100.0℃。

（一）使用方法

（1）将 pH 电极和温度探头与主机连接，主机与电源连接。

（2）取出电极保护套，若出现结晶盐，则是电极常见现象，浸入水后就会消失。如果薄膜玻璃或透析膜发干，可在 HI170300 电极保存液中浸泡 1 h。

（3）pH 校准。将 pH 电极和温度探棒浸泡在所选的标准缓冲液内 4 cm（建议用 pH6.86、7.01），缓冲液值可通过"D℃"或"Ñ℃"键调节。按"CAL"键，仪器将显示"CAL"和"BUF"符号及"7.01"数据。当读数不稳定时，屏幕会显示"NOT READY"；当读数稳定时，屏幕会显示"READY"和"CFM"，按"CFM"键确认校准值。确认第一校准点后，将 pH 电极与温度探棒浸泡在标准缓冲液内 4 cm（建议用 pH4.01、9.18、10.01）；再按"CAL"键，仪器将显示"CAL"和"BUF"符号及"4.01"数据。按"CFM"键确认校正值。

（4）pH 测量。校准完毕后，仪器自动进入 pH 测量状态，将电极与温度探棒浸泡在待测溶液约 4 cm，停几分钟让电极读数稳定。

（二）注意事项

（1）由于 pH211 酸度计内装有可充电电池，在刚购买或长时间放置后，再使用时，待通电校正测量完毕后，可将电源继续插入电源插座，只须关闭开关，这样可以保证电池充电，使校正值得以储存，下次测量时无须校正即可进入精确测量。

（2）不可用蒸馏水、去离子水和纯水浸泡电极。如果读数偏差太大（pH 偏差 ±1），则是由于没有校正或电极变干。为避免电极受损，在关机前要将 pH 电极从溶液中拿出。当处于关机状态时，在电极浸入电极保存液前，电极要与机器分开。

（3）若仪器已测过几种不同的样品溶液，请用自来水清洗，或在插入样品溶液前，用待测样品清洗电极。

（4）温度会影响 pH 的读数，为测量准确的 pH 值，温度要在适合的范围内进行自动温度补偿，将 HI7669/2W 温度探棒浸入样品中，紧靠电极并停几分钟，如果被测溶液的温度已知或测量是在相同温度下进行的，只需动手补偿，那么此时温度探棒不用连接，屏幕上会显示温度读数并伴有℃信号闪烁。温度可通过"Ñ℃"或"D℃"键调节。

三、手持糖度计（30P）

（一）使用方法

1. 零刻度校准

（1）装好电池，将糖度计放在水平的操作台面上。

（2）按"ESP"键打开开关。

（3）用吸管滴几滴蒸馏水到检测槽中，按"CAL"键，仪器自动校正。

（4）假如仪器测量偏差大于0.000 5，按"ESC"键退出，并用RO水清洗检测槽，重复（3）直到测量值小于0.000 5。

（5）当测量偏差小于0.000 5时，按"↑"或"↓"键，屏幕显示"yes"时，再按"ok"键，校正完毕，并用面巾纸吸干检测槽。

2. 样品测定

（1）用滴管移取3滴常温样品于检测槽中。

（2）按"measure"键读数，重复检测2～3次，其稳定值即样品的检测结果。

（3）用RO水清洗样品槽，并用面巾纸吸干水待用。

（二）注意事项

（1）每次测量时要读数字稳定的值。

（2）每4 h进行一次"0"刻度校正。

四、阿贝折射仪（2WA-J）

（一）使用方法

1. 准备工作

在开始测定前，必须先用标准试样校对读数。对折射棱镜的抛光面加1～2滴溴代萘，再贴上标准的抛光面，调节手轮，当折射率读数恰为标准样已知的折射率值时，要观察望远镜内明暗分界线是否在十字线中间，若有偏差则用螺丝刀微量旋转小孔内的螺钉，带动物镜偏摆，使分界线象位移至十字线中心。通过反复地观察与校正，使示值的起始误差降至最小（包括操作者的瞄准误差）。校正完毕后，在以后的测定过程中不允许随意再动此部位。

每次测定工作之前及进行示值校准时必须对进光棱镜的毛面、折射棱镜的抛光面及标准试样的抛光面，用无水酒精与乙醚（1:4）的混合液和脱脂棉花轻拭干净，以免留有其他物质，影响成像清晰度和测量精度。

2. 测定工作

（1）测定透明、半透明液体。将被测液体用干净的滴管加在折射棱镜表面，并将进光棱镜盖上，用手轮锁紧，要求液层均匀，充满视场，无气泡。打开遮光板，合上反射镜，调节目镜视度，使十字线成像清晰。此时旋转手轮，并在目镜视场中找到明暗分界线的位置，再旋转手轮使分界线不带任何色彩，微调手轮，使分界线位于十字线的中心，再适当转动聚光镜，此时目镜视场下方显示的示值即被测液体的折射率。

（2）测定透明固体。被测物体上需有一个平整的抛光面。把进光棱镜打开，在折射棱镜的抛光面上加1～2滴溴代萘，并将被测物体的抛光面擦干净放上去，使其接触良好，此时便可在目镜视场中寻找分界线，瞄准和读数的方法如前所述。

（3）测定半透明固体。测量时将固体的抛光面用溴代萘粘在折射棱镜上，打开反射镜并调整角度，利用反射光束测量，具体操作方法同上。

（4）测量蔗糖内糖量浓度。操作与测量液体折射率时相同，此时读数可直接从视场中示值上半部读出，即蔗糖溶液含糖量浓度的百分数。

（二）注意事项

（1）仪器应置放于干燥、空气流通的室内，以免光学零件受潮后生霉。

（2）测试腐蚀性液体时应及时做好清洗工作（包括光学零件、金属零件以及油漆表面），防止侵蚀损坏仪器，使用完毕后必须做好清洁工作。

（3）被测试样中不应有硬性杂质，当测试固体试样时，应防止把折射棱镜表面拉毛或产生压痕。

（4）经常保持仪器清洁，严禁油手或汗手触及光学零件。若光学零件表面有灰尘，可用长纤维的脱脂棉轻擦后用皮吹风吹去。如光学零件表面粘上了油垢，应及时用酒精乙醚混合液擦干净。

（5）仪器应避免强烈振动或撞击，以防止光学零件损伤及影响精度。

五、分光光度计（S22PC）

（一）使用方法

（1）预热：打开电源，预热20 min。

（2）调零：使用前或是改变波长时都需进行调零。

①预置要测定的内容（即测定透射比、吸光度、浓度因子、浓度直读），选定波长，并将空白样放入样品室第一试样槽中。

②调零，打开试样盖，按0%键，即进行自动调零。

③调100%，盖下试样盖，按100%键，即进行自动调零。若没到零点则可进行多次调整，直到零位为止。并且在测试过程中要多注意调零。

（3）样品测定。

①将所要测定的样品置入样品室第二、三、四光路试样槽中，拉动拉杆，改变试样槽位置让不同光路进入。

②每拉动一次，读出数据。

（二）注意事项

（1）清洁仪器外表时，宜用温水擦拭，勿使用乙醇、乙醚、丙酮等有机溶剂，不使用时请加防尘罩。

（2）比色皿每次使用后就用石油醚清洗，并用镜头纸轻拭干净，存于比色皿盒中备用。

六、高速冷冻离心机（gL-20G-Ⅱ型）

（一）使用方法

（1）插上电源，待机指示灯亮。打开电源开关，调速与定时系统的数码管显示的闪烁数字为机器工作转速的出厂设定，温控系统的数码管显示此时离心腔的温度。

（2）设定机器的工作参数，如工作温度、运转时间、工作转速等。

（3）将预先平衡好的样品放置于转头样品架上，关闭机盖。

（4）按控制面板的运转键，离心机开始运转。在预先设定的加速时间内，其运速升至预先设定的值。

（5）在预先设定的运转时间内（不包括减速时间），离心机开始减速，其转速在预先设定的减速时间内降至零。

（6）按控制面板上的停止键，数码管显示 dedT，数秒钟后即显示闪烁的转速值，这时机器已准备好下一次工作。

（二）注意事项

（1）开机前应检查转头安装是否牢固，机腔中有无异物掉入。

（2）样品应预先平衡，使用离心筒离心时，离心筒与样品应同时平衡。

（3）挥发性或腐蚀性液体离心时，应使用带盖的离心管，并确保液体不外漏，以免腐蚀机腔或造成事故。

（4）除工作温度、运转速度和运转时间外，不要随意更改机器的工作参数，以免影响机器性能。转速设定不得超过最高转速，以确保机器安全运转。

七、电泳仪（DYY-12型）

（一）使用方法

（1）按电源开关，显示屏出现"欢迎使用 DYY-12 型电脑三恒多用电泳仪……"

等字样后，同时系统初始化，蜂鸣4声，设置常设值。屏幕转成参数设置状态，如下：

U:	0 V	U=	100 V	ǀ	Mode：	STD
I:	0 mA	I=	50 mA	ǀ		
P:	0 W	P=	50 W	ǀ		
T:	00:00	T=	01:00	ǀ		

其中，左侧大写 U、I、P、T、为电泳时实际值；中间部分显示程序的常设值（预置值）。Mode（模式）：STD（标准）；TIME（定时）；VH（伏时）；STEP（分步）。

（2）设置工作程序。用键盘输入新的工作程序。例如，要求工作电压 U=1 000 V，电流 I 限制在 200 mA 以内，功率 W 限制在 100 W 以内，时间 T 为 3 h 20 min，并且到时间自动关掉输出。则操作步骤如下：

①按"模式"键，将工作模式由标准（STD）转为定时（TIME）模式。每按一下模式键，其工作方式按下列顺序改变：STD→TIME→VH→STEP→STD。

②先设置电压 U，按"选择"键，先将其反显，然后输入数字键即可设置该参数的数值。按数字 1 000，则电压即设置完成。

③设置电流 I，按"选择"键，先使 I 反显，然后输入数字 200。

④设置功率 P，按"选择"键，先使 P 反显，然后输入数字 100。

⑤设置时间 T，按"选择"键，先使 T 反显，然后输入数字 320。如果输入错误，可以按"清除"键，再重新输入。

⑥确认各参数无误后，按"启动"键，启动电泳仪输出程序。在显示屏状态栏中显示"Start"并蜂鸣4声，提醒操作者电泳仪将输出高电压，注意安全。之后逐渐将输出电压加至设置值。同时，在状态栏中显示"Run"，并有两个不断闪烁的高压符号，表示端口已有电压输出。在状态栏最下方，显示实际的工作时间（精确到秒）。

⑦每次启动输出时，仪器自动将此时的设置数值存入"M0"号存储单元。以后需要调用时可以按"读取"键，再按"0"键，按"确定"键，即可将上次设置的工作程序取出执行。

⑧电泳结束，仪器显示"END"，并连续蜂鸣提醒。此时按任一键可止鸣。

（二）注意事项

（1）U、I、P 三个参数的有效输入范围：U 为 5～3 000 V；I 为 4～400 mA；P 为 4～400 W。

（2）一般情况下，当出现"No Load"时，首先应关机检查电极导线与电泳槽之间是否有接触不良的地方，可以用万用表的欧姆档逐段测量。

（3）如果输出端接多个电泳槽，则仪器显示的电流数值为各槽电流之和，此时应选择稳压输出，以减小各槽之间的相互影响。

（4）注意保持仪器的清洁，不要遮挡仪器后方的进风通道。严禁将电泳槽放在仪器顶部，避免缓冲液洒进仪器内部。

（5）本仪器输出电压较高，使用中应避免接触输出回路及电泳槽内部，以免发生危险。

（6）长期不用仪器，应放置在干燥通风的清洁环境中保存。

八、凝胶成像系统

（1）打开电脑，启动凝胶分析软件，进入用户界面。

（2）打开采集凝胶图像的暗箱装置电源开关，放入凝胶，打开紫外光源或白光光源，将采集装置与电脑上的采集卡相连，然后选择"文件"菜单中的"图像采集"或工具栏的"图像采集"按钮，出现图像窗口，如"开始采集""停止采集""采集图像"等。如果图像不清晰，则可以调节暗箱上的变焦镜，使之清晰。可直接将图像保存起来，也可通过"图像处理"对图像进行旋转、裁剪、滤波、调节对比度等方面的处理。

（3）对读入的电泳凝胶图像，可以启动电泳凝胶分析系统。在"功能选择"菜单中选择"电泳凝胶"或工具栏上的"电泳凝胶"工具，将出现泳道分析工具栏，并在"图像显示"子窗口中出现一个红色的矩形框。还可进入"条带分析"系统，对条带进行编号，对两条以上的条带进行比较。

（4）采集图像结束后，关闭暗箱电源开关，从暗箱中取出凝胶，并将玻璃板清洗干净，晾干。

第二部分
基础实验

本部分主要是训练学生掌握从事食品行业工作和科研应该必备的基础知识和基本实验技能,涵盖了样品的提取制备、定量分析和鉴定技术等,实验周期较短,重点强调实验的操作步骤与规范,通过训练和学习,巩固和加深学生对生物化学基本理论知识与概念的理解,培养学生的动手能力和科研兴趣。

思政触点2:蛋白质的含量测定(实验16、17、18)——培养学生诚实守信,激发学生提升全民族身体素质的责任感。

凯氏定氮法是生物化学中常用的蛋白质含量测定方法。有一些不法之徒,将氮素含量高但对婴幼儿生长发育具有毒性作用的三聚氰胺掺入奶粉,利用凯氏定氮法的缺陷,冒充蛋白质,结果导致出现"大头娃娃"的悲剧案例。这个事件引导学生不仅要诚实守信,坚守道德的底线,更要遵守国家法律,维护法治的权威。

思政触点3:温度、pH及激活剂和抑制剂等对酶促反应速度的影响(实验28)——培养学生努力奋斗、勇攀科学高峰的使命感。

酶促反应速度受到pH、激活剂和抑制剂等多个因素的影响。其中,温度对酶促反应速度也有显著的影响。大多数酶的本质是蛋白质,因此也会发生变性。酶在低温下不能变性，只有温度上升到一定程度之后，才能发生变性过程。这可以启示学生，学习需要日积月累，事业需要淬炼积淀，需要不懈努力奋斗的科学精神。

思政触点4：物质代谢实验（实验39、40、41）——培养团队协作的精神和注重大局的意识。

从食品中摄取的物质在机体内有种类繁多的代谢过程，这些代谢过程必须受到严格的调控，生命方能得以存在。这些被严格调控的代谢过程可以启示学生：个体作为社会的一个基本单位，必然受到约束，在崇尚自由的同时，更要遵守国家的规章制度，这样才能建设和谐社会和富强国家。

与此同时，糖原和脂肪酸等在氧化分解释放能量的过程中，必须首先提供给这些物质以能量，糖原和脂肪酸等物质才能释放更多的能量，供人体生命活动所用，这几乎代表了机体内物质分解供能的一般规律。这些可以培养学生，只有付出方能收获，想要索取必先奉献的伟大品格和奉献精神。同时物质代谢是相互依存的一体化过程，启迪学生要具有团队协作的精神和注重大局的意识，培养学生热爱集体，热爱祖国的家国情怀。

第一章 糖类

实验1 糖的颜色和还原性鉴定

一、目的与要求

（1）掌握某些糖的颜色反应原理。
（2）学习应用糖的颜色反应鉴别糖类的方法。
（3）学习常用的鉴定糖类还原性的方法及其原理。

二、实验原理

（一）颜色反应

1. α-萘酚反应（Molisch反应）

糖在浓无机酸作用下，脱水生成糠醛及糠醛衍生物，后者能与α-萘酚生成紫红色物质（图2-1）。因为糠醛及糠醛衍生物对此反应均呈阳性，故此反应不是糖的特异反应，不能鉴别多聚糖，如淀粉、纤维素等。

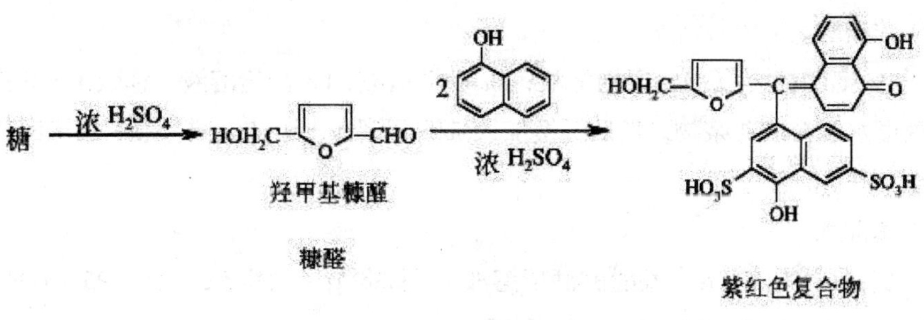

图2-1 Molish反应示意图

2.间苯二酚反应（Seliwanoff 反应）

在酸作用下，己酮糖脱水生成羟甲基糠醛。后者与间苯二酚结合生成鲜红色的化合物，反应迅速，仅需 20～30 s。在同样条件下，醛糖形成羟甲基糠醛较慢。只有糖浓度较高时或需要较长时间的煮沸，才给出微弱的阳性反应。所以，该反应是鉴定酮糖的特殊反应，但蔗糖被盐酸水解生成的果糖也能给出阳性反应。酮基本身并没有还原性，只有在变为烯醇式后，才显示还原作用。

（二）还原反应

1.Fehling（斐林）反应

Fehling 试剂是含有硫酸铜和酒石酸钾钠的氢氧化钠溶液。硫酸铜与碱溶液混合加热，则生成黑色的氧化铜沉淀。若同时有还原糖存在，则产生黄色或砖红色的氧化亚铜沉淀。为防止铜离子和碱反应生成氢氧化铜或碱性碳酸铜沉淀，Fehling 试剂中加入酒石酸钾钠，它与 Cu^{2+} 形成的酒石酸钾钠络合铜离子是可溶性的络离子，该反应是可逆的。平衡后溶液内保持一定浓度的氢氧化铜。Fehling 试剂是一种弱的氧化剂，它不与酮和芳香醛发生反应。

2.Benedict（班氏）试验

Benedict 试剂是 Fehling 试剂的改良。Benedict 试剂利用柠檬酸作为 Cu^{2+} 的络合剂。柠檬酸钠和 Cu^{2+} 生成络离子，此络离子与糖中的醛基反应生成红黄色沉淀。Benedict 试剂的碱性较 Fehling 试剂弱，灵敏度高、干扰因素少，可以存放备用，避免了 Fehling 试剂必须现用现配的缺点。

三、试剂与器材

（一）试剂

（1）浓硫酸。

（2）1% 葡萄糖溶液；1% 果糖溶液；1% 蔗糖溶液；1% 淀粉溶液（称取 1 g 淀粉与少量冷蒸馏水混合成薄浆物，然后缓慢加入沸的蒸馏水，边加边搅，最后用沸的蒸馏水稀释至 100 mL）。

（3）蒸馏水。

（4）莫氏试剂（5% α-萘酚的酒精溶液）。称取 α-萘酚 5 g，溶于 95% 酒精中，总体积达 100 mL，贮于棕色瓶中，用前配置。

（5）塞氏试剂（0.05% 间苯二酚-盐酸溶液）。称取间苯二酚 0.05 g 溶于 30 mL 浓盐酸中，再用蒸馏水稀释至 100 mL。

（6）斐林试剂。试剂 A：称取 6.9 g 硫酸铜溶于 100 mL 蒸馏水中。试剂 B：称取 25 g 氢氧化钠 和 27.4 g 酒石酸钾钠溶于 100 mL 蒸馏水中，贮存于具橡皮塞的玻璃瓶中。临用前，将试剂 A 和 B 等量混合。

（7）班氏试剂。称取柠檬酸钠 17.3 g 和碳酸钠 10 g 加入 60 mL 蒸馏水中，加热使其溶解，冷却，稀释至 85 mL。称取 1.74 g 硫酸铜溶解于 10 mL 热蒸馏水中，冷却，稀释至 15 mL。最后，将硫酸铜溶液徐徐加入柠檬酸－碳酸钠溶液中，边加边搅拌，混匀，如有沉淀，过滤后贮存于试剂瓶中可长期使用。

（二）仪器

电子天平、水浴锅、试管架、滴管、竹式管夹、电炉、1.5cm×10 cm 试管、1 mL 移液管、2 mL 移液管、烧杯、玻棒等。

（三）材料

滤纸。

四、操作步骤

（一）颜色反应

1. α－萘酚反应

取 4 支试管对应做好标记，分别加入 1% 葡萄糖溶液、1% 果糖溶液、1% 蔗糖溶液、1% 淀粉溶液各 1 mL 和少量纤维素（滤纸浸入 1 mL 水中），然后各加入莫氏试剂 2 滴，勿使试剂接触试管壁，摇匀后将试管倾斜，沿试管壁慢慢加入 1.5 mL 浓硫酸（切勿振摇），慢慢立起试管。浓硫酸在试液下形成两层。观察硫酸与糖溶液的液面交界处，有无紫红色环出现。

2. 间苯二酚反应

取 3 支试管，分别加入 1% 葡萄糖溶液、1% 果糖溶液、1% 蔗糖溶液各 0.5 mL。再向各试管加入塞氏试剂 5 mL，混匀。将 3 支试管同时放入沸水浴中，注意观察，记录各试管颜色的变换及变化时间。

（二）还原反应

1. 斐林反应

取 4 支试管，编号，各加入 Fehling 试剂甲和乙各 1 mL。摇匀后，分别加入 4 种待测糖溶液各 1 mL，置沸水浴中加热数分钟（约 5 min），取出，冷却，观察沉淀和颜色变化。

2. 班氏反应

取 4 支试管，编号，分别加入 2 mL Benedict 试剂和各 1 mL 待测糖溶液，并以蒸馏水作为阴性对照，沸水浴中加热 5 min，取出后冷却，观察各管中的颜色变化，和 Fehling 反应结果比较。

五、实验结果

实验结果记录（表 2-1）。

表 2-1　　　　　　　　　糖的颜色反应和还原性鉴定实验记录

试剂	1% 葡萄糖溶液	1% 果糖溶液	1% 蔗糖溶液	1% 淀粉溶液
莫氏试剂				
塞氏试剂				
斐林试剂				
班氏试剂				

六、注意事项

（1）取每种糖溶液时，用不同的移液管。
（2）试管中加入各种糖后，做好标记，并按顺序放到水浴锅中。

七、思考题

运用本实验的方法，设计一个鉴定未知糖的方案。

实验 2　食品中还原性糖含量的快速测定

一、实验目的与要求

（1）学习直接滴定法测定还原糖的原理，并掌握其测定的方法。
（2）掌握食品中还原糖的测定操作技能。
（3）学会控制反应条件，掌握提高还原糖测定精密度的方法。

二、实验原理

参照 GB/T 5009.7-2016。等量的碱性酒石酸铜甲液、乙液混合时，立即生成天蓝色的氢氧化铜沉淀，这种沉淀立即与酒石酸钾钠反应，生成深蓝色的可溶性酒石酸钾钠铜络合物。此络合物与还原糖共热时，二价铜即被还原糖还原为一价的氧化亚铜沉淀，氧化亚铜与亚铁氰化钾反应，生成可溶性化合物，达到终点时，稍微过量的还原糖将蓝色的次甲基蓝还原成无色，溶液呈浅黄色则指示滴定终点。根据还原糖标准溶液标定碱性酒石酸铜溶液相当于还原糖的质量，以及测定样品液所消耗的体积，计算还原糖含量。

三、试剂与器材

（一）试剂

（1）碱性酒石酸铜甲液：称取 7.5 g 硫酸铜（$CuSO_4 \cdot 5H_2O$）及 0.025 g 次甲基蓝，溶于水中并稀释至 500 mL。

（2）碱性酒石酸铜乙液：称取 25 g 酒石酸钾钠与 37.5 g 氢氧化钠，溶于水中，再加入 2 g 亚铁氰化钾，完全溶解后，用水稀释至 500 mL，贮存于橡胶塞玻璃瓶内。

（3）盐酸溶液（1+1）：量取 50 mL 盐酸加水稀释至 100 mL。

（4）40 g/L 氢氧化钠溶液：称取 4 g 氢氧化钠，加水溶解并稀释至 100 mL。

（5）转化糖标准溶液：准确称取 1.052 6 g 蔗糖，用 100 mL 水溶解，置具塞三角瓶中，加 5 mL 盐酸（1+1），在 68℃～70℃水浴中加热 15 min，放置至室温，转移到 1 000 mL 容量瓶中并定容至 1 000 m。每毫升标准相当于 1.0 mg 转化糖。

（6）澄清剂：中性醋酸铅溶液：粗称醋酸铅 20 g，加新煮沸放冷的蒸馏水溶解，再滴加醋酸使溶液澄清，再加水至 200 mL。往醋酸铅溶液里加入两滴酚酞指示剂，再用氢氧化钠溶液调至微红。

（7）指示剂：次甲基蓝。

（8）蜂蜜。

（二）器材

酸式滴定管、容量瓶、电炉、坩埚钳、150 mL 锥形瓶、不同规格的胶塞等。

四、操作方法

（一）样品预处理

称取 35～40 g 蜂蜜，加 50 mL 水稀释并放入 250 mL 容量瓶中，摇匀后慢慢加入少量中性醋酸铅溶液，加水至刻度，摇匀，静止 30 min。用干燥滤纸过滤，弃初滤液，滤液备用。

（二）碱性酒石酸铜溶液的标定

1. 预测

吸取碱性酒石酸铜甲液及乙液各 5.0 mL，置于 150 mL 锥形瓶中（注意：甲液与乙液混合可生成氧化亚铜沉淀，应将甲液加入乙液，使开始生成的氧化亚铜沉淀重溶），加水 10 mL，加入玻璃珠 3 粒。从滴定管滴加约 9 mL 转化糖标准溶液于上述的锥形瓶内（此过程在定糖法中叫作"预加糖"）。置锥形瓶于火源加热，控制在 2 min 内加热至沸，准确沸腾 30 s，趁沸以 2 s/滴速度继续滴加转化糖标准溶液，直至溶液蓝色刚好褪去，记录消耗的转化糖标准溶液总体积，此数据为滴定的 V_1。

2. 标定

吸取碱性酒石酸铜甲液及乙液各 5.0 mL，将甲液加入乙液，置于 150 mL 锥形瓶中（注意：甲液与乙液混合可生成氧化亚铜沉淀，应使开始生成的氧化亚铜沉淀重溶），加水 10 mL，加入玻璃珠 3 粒。从滴定管滴比 V_1 少 1 mL 的转化糖标准溶液于上述的锥形瓶内，加热使其在 2 min 内沸腾，准确沸腾 30 s，趁热以 2 s/滴速度滴加葡萄糖标准溶液，直至溶液的蓝色刚好褪去。记录消耗转化糖标准液的总体积 V_2，平行操作 3 次，取其平均值，计算每 10 mL（甲、乙液各 5 mL）碱性酒石酸铜溶液相当于转化糖的质量 m_1（mg）。

$$m_1 = \frac{p}{V_2}$$

式中：m_1 为转化糖的质量，mg；p 为转化糖标准溶液的浓度，mg/mL；V_2 为标定时消耗转化糖标准溶液的体积，mL。

（三）样品溶液预测

吸取 5.0 mL 碱性酒石酸铜甲液及 5.0 mL 乙液，置于 150 mL 锥形瓶中，加水 10 mL，加入玻璃珠 3 粒，加热控制在 2 min 内至沸，准确沸腾 30 s，趁沸以先快后慢的速度从滴定管中滴加样品液，并保持溶液沸腾状态。待溶液颜色变浅时以 2 s/滴速度滴定，直至蓝色刚好褪去。记录消耗样液的总体积 V_3。

（四）样品溶液测定

吸取 5.0 mL 碱性酒石酸铜甲液及 5.0 mL 乙液，置于 150 mL 锥形瓶中，加水 10 mL，加入玻璃珠 3 粒，再从滴定管中滴加样品溶液，加入的量比预测时样品溶液消耗总体积少 1 mL，加热控制在 2 min 内加热至沸，准确沸腾 30 s，然后趁沸继续以 2 s/ 滴速度滴定，直至蓝色刚好褪去。记录消耗样液的总体积，同法平行操作三份，得出平均消耗体积 V_a。

五、结果计算

$$X = \frac{m_1}{m_2 \times \frac{V_a}{250} \times 1000} \times 100\%$$

式中：X 为样品中还原糖含量（以转化糖计），%；m_1 为 10 mL 碱性酒石酸铜溶液相当于还原糖（以转化糖计）质量，mg；m_2 为样品质量（或体积），g（mL）；V_a 为测定时平均消耗样品溶液体积，mL。

六、注意事项

（1）实验中的加热温度、时间及滴定时间对测定结果有很大影响，在进行碱性酒石酸铜溶液标定和样品滴定时，应严格遵守实验条件，力求一致。

（2）加热温度应使溶液在 2 min 内沸腾，若煮沸的时间过长会导致耗糖量增加。滴定过程滴定装置不能离开热源，使上升的蒸汽阻止空气进入溶液，以免影响滴定终点的判断。

（3）预加糖液的量应使继续滴定时耗糖量在 0.5～1.0 mL 以内。

（4）为了提高测定的准确度，要根据待测样品中所含还原糖的主要成分来确定糖的标准溶液。例如，用乳糖表示就用乳糖标准溶液标定碱性酒石酸铜溶液。

七、思考题

（1）实验中滴定速度对实验结果有什么影响？

（2）实验中为什么必须保持溶液沸腾状态？

实验3　食品中蔗糖含量的测定——酶－比色法

一、实验目的与要求

掌握食品中蔗糖含量测定的原理和方法。

二、实验原理

在 β-D-果糖苷酶催化下，蔗糖被酶解为葡萄糖和果糖。葡萄糖氧化酶在有氧条件下，催化 β-D-葡萄糖氧化，生成 D-葡萄糖酸内脂和过氧化氢。经过氧化物酶催化，过氧化氢与4-氨基安替吡啉和苯酚生成红色醌亚胺。后者在 505 nm 处有吸收峰，测其吸光值，即可求出蔗糖含量。本法适用于各类食品中蔗糖的测定，由于 β-D-果糖苷酶具有专一性，只能催化蔗糖水解，不受其他糖干扰，因此比盐酸水解法准确，最低检出限量为 0.04 μg/mL。

三、试剂与器材

（一）试剂

（1）0.085 mol/L 亚铁氰化钾溶液：称取 3.7 g 亚铁氰化钾溶于水并定容至 100 mL。

（2）0.25 mol/L 硫酸锌溶液：称取 7.7 g 硫酸锌（$ZnSO_4 \cdot 7H_2O$）溶于水并定容至 100 mL。

（3）0.1 mol/L 氢氧化钠溶液：称取 0.4 g 氢氧化钠加水溶解并定容至 100 mL。

（4）蔗糖标准溶液：称取经（100±2）℃加热的蔗糖 0.4 g，加水溶解定容至 100 mL。

（5）组合试剂：1号瓶内含 β-D-果糖苷酶 400 U（活力单位）、柠檬酸、柠檬酸三钠；2号瓶内含 0.2 mol/L 磷酸盐缓冲液（pH7.0）100 mL，其中含4-氨基安替吡啉 0.001 54 mol/L；3号瓶内含 0.022 mol/L 苯酚溶液 200 mL。；4号瓶内含葡萄糖氧化酶 800 U（活力单位）、过氧化物酶 2 000 U（活力单位）。1～4号瓶须在 4℃ 左右保存。

（6）酶试剂溶液。

①将1号瓶中的物质用重蒸馏水溶解，使其体积为 66 mL，轻轻摇动，使酶完全

溶解，此溶液即为 β-D 果糖苷酶试剂，其中柠檬酸（缓冲溶液）浓度为 0.1 mol/L，pH=4.6，在 4℃左右保存，有效期 1 个月。

②将 2 号瓶与 3 号瓶中的溶液充分混合。

③将 4 号瓶中的酶溶解在上述混合液中，轻轻摇动（勿剧烈摇动），使酶完全溶解，即为葡萄糖氧化酶过氧化物酶试剂溶液，在 4℃左右保存，有效期 1 个月。

（7）蔗糖标准溶液：称取经（100±2）℃烘烤 2 h 的蔗糖 0.400 0 g，溶于重蒸馏水中，定容至 100 mL，摇匀。将此溶液 10 mL 用重蒸馏水稀释至 100 mL，即为 400 g/mL 蔗糖标准溶液。

（二）器材

分析筛、研钵或粉碎机、组织捣碎机、恒温水浴锅、可见光分光光度计、微量移液管等。

四、操作方法

（一）样品处理

（1）乳类、乳制品及含蛋白质的食品：称取约 0.5～2 g 固体样品（吸取 2～10 mL 液体样品），置于 250 mL 容量瓶中，加 50 mL 水，摇匀。加入 10 mL 碱性酒石酸铜甲液及 4 mL 1 mol/L 氢氧化钠溶液，加水至刻度，混匀。静置 30 min，用干燥滤纸过滤，弃去初滤液，滤液备用。

（2）酒精性饮料：吸取 100 mL 样品，置于蒸发皿中，用 1 mol/L 氢氧化钠溶液中和至中性，在水浴上蒸发至原体积 1/4 后，移入 250 mL 容量瓶中。加 50 mL 水，混匀。

（3）含多量淀粉的食品：称取 2～10 g 样品，置于 250 mL 容量瓶中，加 200 mL 水，在 45℃水浴中加热 1 h，并时时振摇。（注意：此步骤是使还原糖溶于水中，切忌温度过高，因为淀粉在高温条件下可糊化、水解，影响检测结果。）冷却后加水至刻度，混匀，静置。吸取 200 mL 上清液于另一 250 mL 容量瓶中吸取 200 mL 上清液于另一 250 mL 容量瓶中，用蒸馏水定容。摇匀后用快速滤纸过滤，弃去初滤液，滤液备用。

（4）汽水等含有二氧化碳的饮料：吸取 100 mL 样品置于蒸发皿中，在水浴上除去二氧化碳后，移入 250 mL 容量瓶中，并用水洗涤蒸发皿，洗液并入容量瓶中，再加水至刻度，混匀后，备用。

（二）标准曲线的绘制

用微量移液管取 0 mL、0.20 mL、0.40 mL、0.60 mL、0.80 mL、1.00 mL 蔗糖

标准溶液,分别置于10 mL比色管中,各加入1 mL β-D果糖苷酶试剂溶液,摇匀,在(36±1)℃的水浴锅中恒温20 min,取出后加入3 mL葡萄糖氧化酶-过氧化物酶试剂溶液,在(36±1)℃的水浴锅中恒温40 min,冷却至室温,用重蒸馏水定容,摇匀。用1 cm比色皿,以蔗糖标准溶液含量为0的试剂溶液调整分光光度计的零点,在波长505 nm处,测定各比色管中溶液的吸光度,以蔗糖含量为纵坐标,吸光度为横坐标,绘制标准曲线。

(三)样品的测定

0.20～5.00 mL试液(依试液中蔗糖的含量而定),置于10 mL比色管中,加入1 mL β-D-果糖苷酶试剂溶液,摇匀,在(36±1)℃的水浴锅中恒温20 min,取出后加入3 mL葡萄糖氧化酶-过氧化物酶试剂溶液,在(36±1)℃的水浴锅中恒温40 min,冷却至室温,用重蒸馏水定容,摇匀。用1 cm比色皿,以等量试液调整分光光度计的零点,在波长505 nm处,测定比色管中溶液的吸光度。测出试液吸光度后,以蔗糖含量为纵坐标,吸光度为横坐标,绘制标准曲线,在标准曲线上查出对应的蔗糖含量。

五、结果与计算

$$蔗糖含量(\%) X = \frac{c \times V_1 \times 1}{m \times V_2 \times 1000 \times 1000} \times 100\%$$

式中:X为样品中蔗糖的质量分数,%;c为在标准曲线上查出的试液中蔗糖的含量,μg;m为试样的质量,g;V_1为试液的定容体积,mL;V_2为测定时吸取试液的体积,mL。

六、注意事项

(1)本方法对β-D-果糖苷酶、葡萄糖氧化酶、过氧化物酶有严格的技术要求。酶活力要求为:β-D-果糖苷酶酶活力(U/mg)≥100;葡萄糖氧化酶酶活力(U/mg)≥20;过氧化物酶酶活力(U/mg)≥50。

(2)各种酶都不得含有纤维素酶、淀粉葡萄糖苷酶、半乳糖苷酶和过氧化氢酶。

七、思考题

酶比色法测定食品中蔗糖含量的优点有哪些?

实验4　食品中可溶性多糖总量的测定——蒽酮比色法

一、实验目的与要求

掌握食品中可溶性多糖总量测定的原理和方法。

二、实验原理

糖类在较高温度下被浓硫酸作用而脱水生成糠醛或羟甲基糠醛后，可与蒽酮（$C_{14}H_{10}O$）脱水缩合，形成糠醛的衍生物，呈蓝绿色。该物质在625 nm处有最大吸收，在150 μg/mL范围内，其颜色的深浅与可溶性糖含量成正比。该法有很高的灵敏度，糖含量在30 μg左右就能进行测定。

三、实验仪器及试剂

（一）仪器

分光光度计、分析天平、涡旋振荡器、20 mL具塞刻度试管（6支）、移液器、移液器枪头、容量瓶（100 mL、50 mL、10 mL）、刻度试管、试管架、烧杯、废液缸。

（二）试剂

（1）80%浓H_2SO_4：向20 mL水中缓缓加入80 mL浓H_2SO_4。

（2）蒽酮试剂：精密称取0.1 g蒽酮，加80%浓H_2SO_4 100 mL使溶解，摇匀。现用现配。

（3）葡萄糖标准液：将无水葡萄糖置于五氧化二磷干燥器中，12 h后精密称取100 mg，用蒸馏水定容至100 mL。

四、操作方法

（一）葡萄糖标准曲线的制作

取7支具塞试管，按表2-2数据精密配制一系列不同浓度的葡萄糖溶液，每个浓度重复做2～3个。

表 2-2　　　　　　　　　　葡萄糖标准曲线的制作

试剂 /mL	编号							
	0	1	2	3	4	5	6
葡萄糖标液	0	0.2	0.4	0.6	0.8	1.0	1.2
蒸馏水	2.0	1.8	1.6	1.4	1.2	1.0	0.8
蒽酮试剂	6	6	6	6	6	6	6
处置条件	立即加入 6 mL，振荡混匀沸水浴 15 min，后取出迅速冷水浴冷却 15 min。						
A_{625}							

在 625 nm 波长下以第 1 管为空白，迅速测定其余各管吸光值。以标准葡萄糖含量（g）为横坐标，以吸光值为纵坐标，绘制标准曲线。

（二）样品的测定

称取一定量样品配置成溶液，吸取样品溶液 2 mL 置于干燥洁净的试管中，在每支试管中立即加入蒽酮试剂 6 mL，振荡混匀，各管加完后一起置于沸水浴中加热 15 min。取出，迅速浸于冰水浴中冷却 15 min。在 625 nm 波长下迅速测定各管吸光值。根据葡萄糖含量的标准曲线，由样品溶液吸光值计算各样品溶液中糖的浓度，并计算其糖含量。

五、结果与计算

$$总糖含量（\%）= \frac{C \times V \times N}{m} \times 100$$

式中：C 为测得的多糖浓度，mol/L；V 为提取液体积，mL；N 为稀释倍数；M 为样品质量，g。

六、注意事项

（1）蒽酮要注意避光保存。配置好的蒽酮试剂也应注意避光，当天配制好的当天使用。

（2）试管要保证干燥清洁，无残留水滴。

（3）一定注意温度要控制在 100℃。

（4）不同的糖类与蒽酮试剂的显色深度不同，果糖显色最深，葡萄糖次之，半乳糖、甘露糖较浅，五碳糖显色更浅。故测定糖的混合物时，常因不同糖类的比例不同造成误差，但测定单一糖类时可避免此种误差。

七、思考题

（1）影响检验准确性的主要因素有哪些？

（2）水可以提取哪些糖类？

实验5 食品中淀粉含量的测定

一、实验目的与要求

（1）掌握酸水解法测定食品中淀粉含量的原理和方法。

（2）了解测定食品中淀粉含量的意义。

二、实验原理

淀粉可在酸水解下全部生成葡萄糖，葡萄糖具有还原性，在碱性溶液中能将高铁氰化钾还原。根据铁氰化钾的浓度和碱液滴定量可计算出含糖量，进推算出淀粉含量，其反应式如下：

$$C_6H_{12}O_6 + 6K_3Fe(CN)_6 + 6KOH \rightarrow (CHOH)_4 \cdot (COOH)_2 + 6K_4Fe(CN)_6 + 4H_2O$$

　　　　高铁氰化钾　　　　　　　　　　　　　　　　　　　亚铁氰化钾

滴定终了时，稍微过量的糖即将指示剂甲基蓝还原为无色的隐色体。无色体易被空气中的氧所氧化并重新变为次甲基蓝染色体。

三、试剂和器材

（一）试剂

（1）2.877 mol/L 盐酸：取 10 mL 浓盐酸然后用水定容到 100 mL。

（2）20%NaOH 溶液。

（3）15% 亚铁氰化钾溶液。

（4）30% 硫酸锌溶液。

（5）2.5 N NaOH 溶液。

（6）1%次甲基蓝指示剂。

（7）1%铁氰化钾标准溶液。

（二）仪器

250 mL 三角烧瓶、滴定管、分析天平、100 mL 量筒、250 mL 容量瓶、10 mL 吸管、5 mL 吸管、2 mL 吸管。

四、操作方法

（1）准确称取绞碎样品 20 g 置于 250 mL 三角烧瓶中，加入 80 mL 10% 盐酸，煮沸回流 1 h。

（2）冷却后用 20% 氢氧化钠溶液中和，移入 250 mL 容量瓶中，加入 3 mL 15% 亚铁氰化钾溶液，5 mL 30% 硫酸锌溶液，摇匀，加蒸馏水至刻度，摇匀。

（3）将溶液过滤。

（4）将滤液注入 50 mL 滴定管中。

（5）将 3～5 个三角烧瓶中各准确加入 10 mL 1% 铁氰化钾标准溶液，2.5 mL 2.5 N NaOH 溶液，1 滴 1% 次甲基兰指示剂，煮沸 1 min。其中一个用于预滴定，滴定至蓝色消失为止。其他几个用于正式滴定，正式滴定时，先加入比预滴定少 0.5 mL 左右的糖液，煮沸 1 min，加指示剂 1 滴，再用滤液滴定至蓝色褪色。

五、结果与计算

$$淀粉含量（\%）= \frac{K \times (10.05 + 0.0175V) \times A \times 0.9}{10 \times V}$$

式中：K 为 1% 铁氰化钾标准液校正系数；A 为样品稀释倍数（250/20=12.5）；10.05 与 0.0175 为用 10 mL 标准的铁氰化钾时得出的经验系数；0.9 为由葡萄糖转换为淀粉的系数。

$$(C_6H_{10}O_5)_n + nH_2O \rightarrow nC_6H_{12}O_6$$

$n \times 162.1$ $\qquad\qquad\qquad\qquad$ $n \times 180.12$

淀粉 $\qquad\qquad\qquad\qquad\qquad$ 葡萄糖

由反应可知，淀粉与葡萄糖之比为 162.1∶180.12=0.9∶1，即 0.9 g 淀粉水解后可得 1 g 葡萄糖。

实验6 食品中还原糖和总糖含量的测定——DNS 法

一、实验目的

掌握 3,5-二硝基水杨酸法测定还原糖和总糖含量的基本原理和方法。

二、实验原理

植物中的总糖包括单糖、寡糖和多糖。单糖是还原糖，可直接测定，而没有还原性的寡糖和多糖需用高浓度的酸在加热的条件下水解成有还原性的单糖。还原糖在碱性条件下加热被氧化成糖酸及其他产物，可使 3,5-二硝基水杨酸被还原为棕红色的 3-氨基-5-硝基水杨酸。在一定范围内，还原糖的量与棕红色物质颜色的深浅成一定比例关系。利用分光光度计，在 540 nm 波长下测定光密度值，查对标准曲线并计算，可求出样品中总糖的含量。由于多糖水解为单糖时，每断裂一个糖苷键需要加入一分子水，所以在计算多糖含量时应乘以 0.9。

三、试剂与器材

（一）试剂

（1）3,5-二硝基水杨酸试剂（DNS）：6.3 g DNS 和 262 mL 2 mol/L NaOH 加入 500 mL 含有 182 g 酒石酸钾钠的热水溶液中，再加入 5 g 亚硫酸钠和 5 g 重蒸酚，搅拌溶解，冷却后加水定容至 1 000 mL，贮存于棕色瓶中，7～10 d 后使用。

（2）1 mg/mL 葡萄糖标准溶液：准确称取干燥恒重的葡萄糖 1 g，加入少量水溶解后，再加入 8 mL 12 mol/L 的浓盐酸，以蒸馏水定容至 1 000 mL。

（3）6 mol/L HCl。

（4）10% NaOH。

（5）6 mol/L NaOH。

（6）碘试剂：称取 5 g 碘和 10 g 碘化钾，溶于 100 mL 蒸馏水中。

（7）酚酞试剂：称取 0.1 g 酚酞，溶于 250 mL 70% 乙醇中。

（8）原料：甘薯淀粉。

（二）仪器

电热恒温水浴锅、分光光度计、试管及试管架、玻璃漏斗、容量瓶（100 mL）、量筒（10 mL、100 mL）。

四、操作方法

（一）葡萄糖标准曲线的制作

另取 6 支试管，按表 2-3 依次加入试剂。前 5 支分别加入上述不同梯度葡萄糖溶液 1 mL，第 6 管加入蒸馏水 1 mL。然后各管再加入 DNS 试剂 1 mL。沸水浴加热 5 min，取出冷却后再加入蒸馏水 8 mL。摇匀，以第 1 管作为空白，分光光度计 540 nm 处测定吸光值。以吸光值为纵坐标，葡萄糖含量为横坐标，绘制标准曲线。

表 2-3 葡萄糖标准曲线的制作

试剂 /mL	编 号					
	1	2	3	4	5	6
1 mg/L 葡萄糖标准液	0	0.2	0.4	0.6	0.8	1.0
蒸馏水	2	1.8	1.6	1.4	1.2	1.0
DNS	1.5	1.5	1.5	1.5	1.5	1.5
A_{540}						

（二）样品中还原糖和总糖的测定

（1）样品中还原糖的提取：称取甘薯粉 1.0 g 放入小烧杯中，先加入少量水调成糊状，再加入约 50 mL 水摇匀，煮沸约数分钟，使还原糖浸出，然后转移至 100 mL 容量瓶中定容，经过滤的上清液用于还原糖的测定。

（2）样品中总糖的水解和提取：称甘薯粉 1.0 g 放入小烧杯中，先加入 6 mol/L HCl 10 mL，水 15 mL，搅匀后放入沸水浴加热水解 30 min，冷却后用 6 mol/L NaOH 调 pH 到中性（1 滴酚酞试剂检测呈微红），然后转移至 100 mL 容量瓶中定容，过滤后，取 10 mL 上清液稀释至 100 mL 即为稀释 1 000 倍的总糖水解液。

（3）显色和比色：分别吸取上述还原糖溶液和总糖溶液水解液 1 mL 于试管中，以制作标准曲线相同的方法加入 DNS 试剂 1 mL，沸水浴加热 5 min，取出冷却后，再加入蒸馏水 8 mL，摇匀，分光光度计 540 nm 处测定吸光值。还原糖和总糖各做 3 个平行实验。

五、结果与计算

根据测定的吸光值,在标准曲线上查出相应的还原糖含量,并折算成样品中还原糖和总糖含量。

$$还原糖含量（\%）=\frac{查曲线所得葡萄糖毫克数 \times 提取液总体积}{样品毫克数 \times 测定时取用体积} \times 100$$

$$总糖含量（\%）=\frac{所得还原糖毫克数 \times 稀释倍数}{样品毫克数} \times 100$$

第二章 脂类

实验7 食品中粗脂肪的提取和测定

一、实验目的与要求

（1）掌握索氏抽提法测定脂肪的原理与方法。
（2）熟悉重量分析的基本步骤。

二、实验原理

脂肪是丙三醇（甘油）和脂肪酸结合成的脂类化合物，能溶于脂溶性有机溶剂。利用脂肪能溶于脂溶性溶剂这一特性，用脂溶性溶剂将脂肪提取出来，借蒸发除去溶剂后称量。整个提取过程均在索氏抽提器（图2-2）中进行，通常使用的脂溶性溶剂为乙醚，或沸点为30℃～60℃的石油醚。用此法提取的脂溶性物质除脂肪外，还有游离脂肪酸、磷酸、固醇、芳香油及某些色素等，故称为"粗脂肪"。同时，样品中结合状态的脂类（主要是脂蛋白）不能直接提取出来，所以该法又称为游离脂类定量测定法。

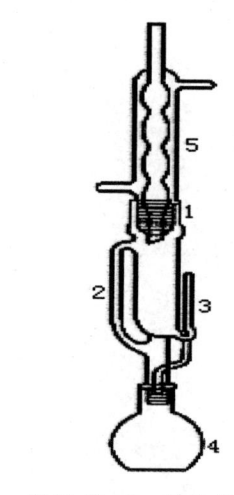

1-浸提管；2-通气管；3-虹吸管；4-小烧瓶；5-冷凝管

图2-2 索氏抽提器

三、试剂与器材

（一）试剂

无水乙醚（不含过氧化物）或石油醚（沸程30℃～60℃）。

（二）器材

索氏抽提器、电热恒温鼓风干燥箱、干燥器、恒温水浴箱、分析天平、脱脂棉、脱脂滤纸。

四、操作方法

（一）样品处理

（1）固体样品：准确称取均匀样品（黄豆粉末）2～5 g（精确至0.01 mg），装入滤纸筒内。

（2）液体或半固体：准确称取均匀样品5～10 g（精确至0.01 mg），加入海沙约20 g，搅拌后于沸水浴上蒸干，然后在95℃～105℃下干燥。研磨后全部转入滤纸筒内，用沾有乙醚的脱脂棉擦净所用器皿，并将棉花放入滤纸筒内。

（二）样品测定

（1）将索氏抽提器各部位充分洗涤并用蒸馏水润洗后烘干。脂肪烧瓶在（103±2）℃的烘箱内干燥至恒重（前后两次称量不超过2 mg）。

（2）将装有样品的滤纸筒放入索氏抽提筒内，连接已干燥至恒重的脂肪烧瓶，由抽提器冷凝管上端加入乙醚或石油醚至瓶内容积的2/3处。通入冷凝水，将烧瓶浸在水浴中加热，用一小团脱脂棉轻轻塞入冷凝管上口。抽提水浴温度应控制在使抽提每6～8 min回流一次为宜。提取时间2～4 h，约虹吸20次以上，记录每次虹吸所需的时间和虹吸次数。

（3）提取结束时，用毛玻璃接取一滴提取液，如无油斑则表明提取完毕。

（4）取下脂肪烧瓶，回收乙醚或石油醚。待烧瓶内乙醚仅剩下1～2 mL时，在水浴上蒸尽残留的溶剂，于95℃～105℃下干燥2 h，置于干燥器中冷却至室温后称量。继续干燥30 min后冷却称量，反复干燥至恒重。

五、结果与计算

样品中粗脂肪质量分数按下列公式计算：

$$X = \frac{m_1 - m_0}{m} \times 100$$

式中：X 为样品中粗脂肪的质量分数，%；m 为样品的质量，g；m_0 为脂肪烧瓶的质量，g；m_1 为脂肪和脂肪烧瓶的质量，g。

六、注意事项

（1）平底烧瓶必须蒸干后才能放入干燥箱烘干，否则会引起火灾。

（2）若要将样品的粗脂提取完全，提取时间至少为 12 h 以上。由于实验时间的限制，本实验提取率只能达到 80% 左右。

七、思考题

（1）简述索氏抽提器的提取原理及应用范围。

（2）潮湿的样品可否采用乙醚直接提取？

（3）使用乙醚做脂肪提取溶剂时应注意的事项有哪些？

实验 8　动植物油脂酸价的测定

一、实验目的与要求

（1）初步掌握测定油脂酸价的原理和方法。
（2）了解测定油脂酸价的意义。

二、实验原理

油脂暴露于空气中一段时间后，在脂肪水解酶或微生物繁殖所产生的酶的作用下，部分甘油酯会分解产生游离的脂肪酸，使油脂变质酸败。通过测定油脂中游离脂肪酸含量反映油脂新鲜程度。油脂中游离脂肪酸用 KOH 标准溶液进行滴定。中和 1 g 油脂中所含游离脂肪酸所需 KOH 的毫克数称为酸价。一般通过测定酸价的高低检验油脂的质量。酸价越小，说明油脂质量越好，新鲜度和精炼程度越好。因此，测定油脂中酸价可以评价油脂品质的好坏，也可判断储存期间品质的变化情况，还能为油脂碱炼工艺提供所需加碱量。

三、试剂与器材

（一）试剂

（1）0.1 mol/L 氢氧化钾标准溶液：称取 5.61 g 干燥至恒重的氢氧化钾溶于蒸馏

水并定容至 100 mL。此操作在通风橱中进行。

（2）乙醚-乙醇（2∶1）混合溶剂：乙醚和无水乙醇按体积比 2∶1 混合，加入酚酞指示剂数滴，用 0.3% 氢氧化钾溶液中和至微红色。

（3）1% 酚酞乙醇溶液：称取 1 g 酚酞溶于 100 mL 95% 乙醇中。

（4）油脂（陈化）。

（二）器材

碱式滴定管（25 mL）、分析天平、锥形瓶（150 mL）、称量瓶、量筒等。

四、操作方法

（1）称取 3～5 g 油脂于锥心瓶中，加入乙醚-乙醇混合溶剂 50 mL，摇动溶解样品，加入 2～3 滴酚酞指示剂。

（2）用 0.1 mol/L 氢氧化钾标准溶液滴定至出现微红色，30 s 内不消失，记录消耗氢氧化钾标准溶液毫升数（V）。

五、结果与计算

$$X = \frac{V \times C \times 56.1}{m}$$

式中：X 为试样的酸价（以 KOH 计），mg/g；V 为 KOH 标准溶液平均用量，mL；M 为样品质量，g；56.1 为 KOH 的摩尔质量。

六、注意事项

（1）测定深色油的酸价时，应减少样品用量或增加乙醇乙醚混合溶液的用量。

（2）滴定过程中如出现混浊或分层，此时应补加碱液以消除混浊。

（3）实验中所用氢氧化钾标准溶液使用前应进行校正。

七、思考题

（1）实验中加入乙醚乙醇混合溶剂的目的是什么？

（2）为什么酸价测定中滴定过程中容易产生混浊？

实验 9 油脂过氧化值的测定

一、实验目的与要求

（1）初步掌握测定油脂过氧化值的原理和方法。
（2）了解测定油脂过氧化值的意义。

二、实验原理

碘化钾在酸性条件下能与油脂中的过氧化物反应而析出碘。析出的碘用硫代硫酸钠溶液滴定，根据硫代硫酸钠的用量计算油脂的过氧化值。油脂被氧化生成过氧化物的多少常以过氧化值表示。100 g 油脂中所含的过氧化物即油脂的过氧化值，在酸性环境下与碘化钾作用时析出碘的克数反映了油脂氧化酸败的程度。

三、试剂与器材

（一）试剂

（1）0.002 mol/L 硫代硫酸钠标准滴定溶液。
（2）饱和碘化钾溶液：称取 14 g 碘化钾，加 10 mL 水溶解，必要时微热使其溶解，冷却后贮于棕色瓶中。
（3）三氯甲烷－冰乙酸混合液：量取 40 mL 三氯甲烷，加 60 mL 冰乙酸混匀。
（4）10 g/L 淀粉指示剂：称取可溶性淀粉 0.5 g，加少许水，调成糊状，倒入 50 mL 沸水中调匀，煮沸。临用时现配。

（二）器材

碘价瓶（250 mL）、微量滴定管（5 mL）、量筒（5 mL、50 mL）、移液管、容量瓶（100 mL、1000 mL）、滴瓶、烧瓶。

四、实验步骤

（1）称取混合均匀的油样 2～3 g 于碘量瓶中。
（2）加入三氯甲烷－冰乙酸混合液 30 mL，充分混合。
（3）加入饱和碘化钾溶液 1 mL，加塞后轻轻振摇，在暗处放置 3 min。

（4）加入 100 mL 蒸馏水，充分混合后立即用 0.002 mol/L 硫代硫酸钠标准溶液滴定至浅黄色时，加淀粉指示剂 1 mL，继续滴定至蓝色消失为止。

（5）同时做不加油样的空白试验。

五、结果与计算

油样的过氧化值按下式计算：

$$过氧化值 I_2(\%) = \frac{(V_1 - V_2) \times N \times 0.1269}{m} \times 100$$

式中：V_1 为油样用去的硫代硫酸钠溶液体积，mL；V_2 为空白试验用去的硫代硫酸钠溶液体积，mL；N 为硫代硫酸钠溶液的当量浓度；m 为油样重，g；0.1269 为 1 mg 当量硫代硫酸钠相当于碘的克数。

六、注意事项

（1）碘与硫代硫酸钠的反应必须在中性或弱酸性溶液中进行，因为在碱性溶液中将发生副反应，在强酸性溶液中，硫代硫酸钠会发生分解，且 I⁻ 在强酸性溶液中易被空气中的氧所氧化。

（2）碘易挥发，故滴定时溶液的温度不能高，滴定时不要剧烈摇动溶液。

（3）为防止碘被空气氧化，应放在暗处，避免阳光照射，析出 I_2 后，应立即用 $Na_2S_2O_3$ 溶液滴定，滴定速度应适当快些。

实验 10　油脂中皂化值的测定

一、实验目的与要求

（1）掌握油脂皂化值的测定方法。
（2）了解油脂皂化值测定原理及意义。

二、实验原理

脂肪碱水解时产生游离脂肪酸。游离脂肪酸与 KOH 反应，生成脂肪酸钠盐。每 1 g 油脂完全皂化所需要的 KOH 的毫克数即油脂的皂化值，又称皂化价。消耗碱的

摩尔数与脂肪中所含脂肪酸的分子量有关,分子量越高,皂化值越低。反应方程式如下:

$$\begin{matrix}CH_2-O-C(=O)-R\\CH_2-O-C(=O)-R'\\CH_2-O-C(=O)-R''\end{matrix} + 3NaOH \longrightarrow \begin{matrix}CH_2-O\\CH_2-O\\CH_2-O\end{matrix} + \begin{matrix}NaO-C(=O)-R\\NaO-C(=O)-R'\\NaO-C(=O)-R''\end{matrix}$$

三、试剂与器材

（一）试剂

（1）0.5 mol/L KOH 乙醇溶液：移取 KOH 12 g，溶于 400 mL 乙醇溶液中，静置 24 h 取上清液，储存于棕色的试剂瓶中备用。

（2）酚酞。

（3）助沸物：玻璃珠。

（4）0.5 mol/L 盐酸的标准溶液：取浓盐酸（12 mol/L）10.4 mL，加水稀释到 250 mL，此溶液约 0.5 mol/L，需要标定。

（二）原料

黄芩原油（设代码为 A），黄芩油炸油（设代码为 B）。

（三）器材

恒温水浴锅、电子 0.001 g 天平、锥形瓶 250 mL、回流冷凝管、250 mL 的酸式滴定管移液管、量筒。

四、操作步骤

（1）标定 0.5 mol/L 盐酸的标准溶液：称取在 105℃干燥恒重的基准无水碳酸钠 0.4 g 左右（称准至 0.0001 g），放入 250 mL 的锥形瓶当中，以 50 mL 蒸馏水溶解，加甲基橙指示剂 5 滴，用 0.5 mol/L 盐酸标准溶液滴定至溶液由黄色变为橙色为止，平行测定 2 次，同时做空白实验，以上 3 次平行测定的算术平均值为测定结果。

（2）称样：分别称取试样 A 和 B 各 2 g 于磨口的锥形瓶中。

（3）用移液管准确移取 25 mL 0.5 mol/L KOH 乙醇溶液于锥形瓶中。

（4）加热回流皂化：于锥形瓶中加入助沸物，连接回流冷凝管，在水浴锅上加热煮沸 60 min，直到油脂完全皂化（瓶内澄清透明，无明显的油珠）。

（5）滴定：取下锥形瓶，加入 2～3 滴酚酞指示剂，以 0.5 mol/L 盐酸溶液滴定至红色消失。

（6）同时做空白实验，重复步骤（2）～（5）。

五、实验结果与计算

按照以下公式计算：

$$皂化值 = \frac{m \times 1\,000}{V_1 - V_2} \times 52.994$$

式中：m 为基准的无水碳酸钠的质量，g；V_1 为盐酸溶液的用量，mL；V_2 为空白试验中的盐酸溶液的用量，mL；52.994 为碳酸钠的一半的摩尔质量。

六、注意事项

（1）如果溶液颜色较深，终点观察不明显，可以改用百里酚酞作为指示剂。

（2）2 次平行测定结果允许误差不大于 0.5。

七、思考题

实验中黄芩原油和黄芩油炸油皂化值不同的原因是什么？

实验11　油脂中磷脂的测定——钼蓝比色法

一、实验目的

（1）掌握比色法测定油脂中磷脂含量的原理和方法。

（2）了解测定油脂中磷脂含量的意义。

二、实验原理

油脂中的磷脂与氧化锌一起灼烧，使磷的有机化合物转变成无机化合物，以磷酸盐（主要是磷酸锌）的形式留在灰分中，再加酸溶解，使磷酸根离子与钼酸钠作用生成磷钼酸钠，遇硫酸联氨被还原成蓝色的络合物钼蓝。产生蓝色的深度与磷的含量成正比。将被测液与标准溶液在相同条件下比色定量，即可测得磷的含量。将磷的含量再乘以适当的换算系数，即得磷脂的含量。磷脂耐温性能差，高温时易碳化，使油脂溢沫变黑，影响油脂的食用品质，因此成品食用油精炼工艺中都进行脱磷处理。

三、试剂与器材

（一）试剂

（1）50%氢氧化钾溶液。

（2）盐酸、硫酸、氧化锌、滤纸。

（3）0.015%硫酸联氨溶液：称取0.15 g硫酸联氨溶液于250 mL烧瓶中，加蒸馏水200 mL，用玻璃棒搅拌使之溶解，定容至1 000 mL。

（4）2.5%钼酸钠稀硫酸溶液：量取140 mL硫酸注入300 mL水中，摇匀，冷却至室温，加入12.5 g钼酸钠，加蒸馏水定容至500 mL，静置24 h备用。

（5）磷标准溶液：称取无水磷酸二氢钾0.439 1 g，用蒸馏水溶解并定容至1 000 mL，作为1号液备用。从1号中吸取溶液10 mL，加蒸馏水稀释至100 mL，使其磷含量为0.01 mg/mL，作为2号液，比色用。

（6）原料：猪油。

（二）器材

瓷坩埚、可见光分光光度计、带塞的50 mL比色管、移液管（5 mL、10 mL）、电炉、高温炉、容量瓶（100 mL、500 mL、1000 mL）、表面皿、烧杯、量筒、恒温水浴锅、漏斗、坩埚钳、试剂瓶等。

四、操作方法

（一）标准曲线的绘制

取6支50 mL比色管，按表2-4添加各试剂量。试剂加好后加塞、摇匀。去塞，将6支比色管置于沸水浴中加热10 min，取出冷却至室温，用水稀释至50 mL，充分摇匀，冷却10 min后，在波长650 nm下测定吸光值。以磷脂含量为横坐标，相对应的吸光值为纵坐标，绘制标准曲线。

表 2-4　　　　　　　　　　　磷脂标准曲线的制作

试剂 /mL	比色管编号					
	0	1	2	3	4	5
磷标准 2 号液	0	1	2	4	6	8
蒸馏水	10	9	8	6	4	2
硫酸联氨溶液	8	8	8	8	8	8
钼酸钠稀硫酸溶液	2	2	2	2	2	2

（二）样品的测定

（1）样品液的制备：准确称取 10 g 猪油置于坩埚中，加氧化锌 0.5 g，先在电炉上加热碳化，然后送入 550℃～600℃的高温炉中灼烧至灰化（白色），灼烧时间约 2 h，取出坩埚冷却至室温，用 10 mL 热盐酸（1∶1）溶解灰分，并加热微沸 5 min，将溶解液过滤注入 100 mL 容量瓶中，用热水冲洗坩埚和滤纸，待滤液冷却至室温后，用 50% 氢氧化钾溶液中和至出现混浊，缓慢滴加盐酸使氧化锌沉淀全部溶解后，再滴 2 滴，最后用水稀释至刻度，摇匀。

（2）含量测定：用移液管吸取样品液液 10 mL 注入 50 mL 比色管中，加入 0.015% 硫酸联氨 8 mL，加 2 mL 钼酸钠稀硫酸溶液，加塞，摇匀。去塞，将比色管置于正在沸腾的水浴中加热 10 min，取出冷却至室温，用水稀释至 50 mL，充分摇匀，经 10 min 后，在 650 nm 波长下测定吸光值。

五、结果计算

根据被测液的吸光值，从标准曲线查得磷量（P）。按下式计算油中含磷量：

$$含磷量（ppm）=\frac{P}{W}\times 10^4$$

式中：P 为标准曲线查得的含磷量，mg；W 为样重，g。

按下式计算油脂中磷脂含量：

$$磷脂含量（\%）=\frac{P\times V_2 \times 26.31}{V_1 \times W \times 1\,000}\times 100$$

式中：P 为标准曲线查得的磷量，mg；V_2 为样品灰化后稀释的体积，mL；V_1 为比色时所取的被测液体积，mL；26.31 为每毫克磷相当于磷脂的毫克数；W 为试样重量，g。

六、注意事项

（1）灼烧过程温度不要过高，不应有泡沫溢出，否则会影响测定结果。
（2）灼烧灰化过程中均应给坩埚盖上盖，并保持微开，以免结果偏小。
（3）用热盐酸溶解灰分时，应保持微沸，并注意控制微沸时间，防止溶液烧干，影响测定结果。
（4）KOH 不能加得太浑浊，否则用盐酸回滴纠正终点的操作就无法进行。

七、思考题

食用油加工过程中为什么要进行脱磷处理？

实验 12　血清中胆固醇的测定

一、实验目的

（1）了解酶法测定胆固醇含量的基本原理及实验方法。
（2）掌握胆固醇含量测定的意义。

二、实验原理

胆固醇酯经胆固醇酯酶（CE）水解生成游离胆固醇和脂肪酸，此游离胆固醇和血清中原有的游离胆固醇经胆固醇氧化酶（COD）催化生成 Δ^4- 胆甾烯酮和过氧化氢（H_2O_2），过氧化氢的量与总游离胆固醇的量成正比。过氧化氢与 4- 氨基安替比林和酚（4-AAP），再经过氧化物酶（POD）催化，生成红色醌亚胺，其颜色深浅与过氧化氢的量成正比。用分光光度计与同样方法处理的胆固醇标准液，在 500 nm 波长下进行比色，即可求得血清总胆固醇含量。

化学反应如下：

胆固醇酯 $\xrightarrow{\text{胆固醇酯酶}}$ 游离胆固醇 + 脂肪酸

游离胆固醇 +O_2 $\xrightarrow{\text{胆固氧化酶}}$ Δ^4- 胆甾烯酮 + 过氧化氢

过氧化氢 +4-AAP $\xrightarrow{\text{过氧化物酶}}$ 醌亚胺（红色）+H_2O

该法适于胆固醇浓度的范围在 13 mmol/L（500 mg/dL）以内。

三、试剂与器材

（一）试剂

（1）血清。

（2）酶试剂：组成因不同商品试剂盒而异，酶用量也因酶制品的质量而定。进口酶试剂将 3 种酶（胆固醇酯酶 150 U/L，胆固醇氧化酶 ≥100 U/L，过氧化物酶 ≥5 000 U/L）与 0.4 mmol/L 4-氨基安替比林和酚以 1 瓶干粉的形式供应。使用前用 20 mL 缓冲液复溶即为胆固醇反应试剂，该试剂在 2℃～8℃下可稳定 30 d。

（3）0.1 mmol/L pH6.5 的磷酸盐缓冲液。

（4）5.2 mmol/L 胆固醇标准液：一般应使用与酶试剂配套的标准液。或称取纯胆固醇 200 mg，溶于含 20% 吐温 20 的 100 mL 生理盐水中，2℃～10℃保存。

（二）器材

分光光度计、普通台式离心机、试管、微量加样器、微量加样头、刻度吸管、电热恒温水浴箱、试管架。

四、操作方法

取 3 支试管编号后，按表 2-5 加入各试剂。混匀，在 37℃下反应 10 min，以空白管调零，用分光光度计测定在 500 nm 波长下各管的吸光度

表 2-5　　　　　　　　　　胆固醇比色测定

试剂 /mL	空白管	标准管	测定管
血清	—	—	0.01
蒸馏水	0.01	—	—
胆固醇标准液	—	0.01	—
酶试剂	1.0	1.0	1.0

五、结果与计算

$$血清胆固醇浓度（mmol/L) = \frac{A_{测定管}}{A_{标准管}} \times 5.2$$

血清总胆固醇正常值参考范围为 2.85～5.69 mmol/L。如过高会引起动脉粥样硬化、肝细胞性黄疸及重症糖尿病等；过低会引起贫血、急性感染、营养不良等。

六、注意事项

（1）注意酶试剂的选择、使用和保存。所用酶试剂盒，以国内产品为多，应选择最佳厂家的产品为宜。变质试剂，切勿再用。

（2）注意胆固醇标准液的质量，批间有无差异。

（3）待测血清不能溶血，2℃～10℃下保存不能超过 7 d，冰冻保存不可超过半年。

（4）血清中的维生素和胆红素过高可使结果偏低，血红蛋白会使结果偏高。

七、思考题

（1）酶法操作的关键是什么？

（2）酶法与化学比色法比较有哪些特点？

第三章 蛋白质

实验 13 氨基酸的分离与鉴定——纸层析法

一、目的要求

（1）学习氨基酸纸层析法的基本原理。
（2）掌握氨基酸纸层析法的操作技术。

二、实验原理

纸层析法是生物、化学中分离、鉴定氨基酸混合物的经典技术，可用于蛋白质氨基酸组成定性鉴定和定量测定，也是定性或定量测定多肽、核酸碱基、糖、有机酸、维生素、抗生素等物质的一种分离分析工具。纸层析是以滤纸为惰性支持物的分配层析。分配层析是利用不同物质在两种不相溶的溶剂中的分配系数不同而达到分离的一种技术。

$$\text{分配系数} = \frac{\text{溶质在固定相的浓度}}{\text{溶质在流动相的浓度}} = \frac{\text{溶质在固定相的溶解度}}{\text{溶质在流动相的溶解度}}$$

分配系数，即溶质在两种互不相溶的溶剂中溶解达到平衡时的浓度比，也为该溶质在两相中溶解度之比。滤纸纤维的 $-OH$ 为亲水性基团，与水有很强的亲和力，而与有机溶剂的亲和力极弱。所以，纸层析是以有机溶剂饱和的水为固定相，以水饱和的有机溶剂为流动相。在展层时，将样品点在距滤纸一端 2～3 cm 的某一处，该点称为原点。然后在密闭的展层缸内将层析溶剂沿滤纸的一个方向进行展层，这样混合氨基酸在两相中不断分配。由于分配系数不同，其结果会分布在滤纸的不同位置。物质被分离后在纸层析图谱上的位置即在纸上的移动速度可用 R_f 值来表示。R_f 值是指在纸层析中从原点至层析点中心的距离与原点到溶剂前沿的距离的比值：

$$R_\mathrm{f}=\frac{原点到层析点中心的距离}{原点到溶剂前沿的距离}$$

在一定条件下某种物质的 R_f 值是常数。R_f 大小与物质的结构、性质、溶剂系统、温度、湿度、滤纸的型号和质量等因素有关。只要条件（如温度、展层溶剂的组成）不变，R_f 值是常数，故可根据 R_f 值为定性依据。

氨基酸无色，利用茚三酮反应，可将氨基酸层析点显色作定性、定量用。

三、试剂与器材

（一）试剂

（1）0.1% 水合茚三酮正丁醇溶液：茚三酮 0.5 g 溶于正丁醇并定容至 100 mL。

（2）0.25% 氨基酸标准溶液：称取精氨酸、酪氨酸、丙氨酸、苯丙氨酸、脯氨酸各 0.25 g，用蒸馏水溶解并定容至 100 mL。

（3）0.25% 氨基酸混合液。

（4）展层剂：按 4∶1∶1 体积比例混合正丁醇、冰乙酸及水。现用现配。

（二）器材

层析缸、培养皿 15 cm（×2）、喷雾器、毛细管（内径 1 mm）、电吹风、烘箱、层析滤纸 20 cm×20 cm；铅笔、尺、针、线。

四、操作方法

（1）配制展层剂：配制 40 mL 展层剂置培养皿中，立即放入密闭的层析缸中。

（2）滤纸准备：取新华 1 号滤纸（20 cm×20 cm）1 张。以顺纸纹方向为高，在距纸底边 2 cm 处用铅笔画一条直线，在此直线上等距离点 6 个点，然后在每点下面用铅笔分别标出各氨基酸字样，作为相应溶液的点样处（图 2-3）。

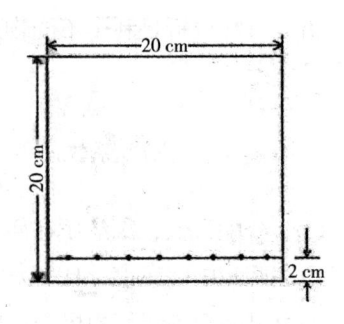

图 2-3　层析滤纸

（3）点样：用毛细管将各氨基酸样品分别点在相应的点样处。将毛细管口轻轻触到纸面上，样品自动流出，点子扩散直径控制在 0.1~0.2 cm 内。点样时，必须待第 1 滴样品用冷风吹干后再点第 2 滴，如此反复 3~5 次。

将点样后的滤纸两边对齐，用钉书机将滤纸钉成筒状（图 2-4）。纸的两边不能接触，避免由于毛细现象使溶剂沿边缘快速移动而造成溶剂前沿不齐影响 R_f 值。

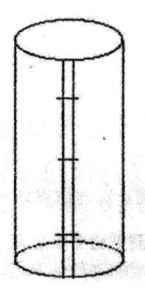

图 2-4 卷成筒状的层析滤纸

（4）展层：将盛有展层剂的培养皿上放两根玻棒，然后将筒状的滤纸直立于玻棒上，盖好层析缸，平衡 20 min。移开玻棒，将筒状滤纸直立浸入展层剂中展层约 1.5～2 h。当展层剂距纸的上沿约 2～3 cm 时即取出滤纸，用铅笔标出溶剂的前沿界线，再用吹风机吹干滤纸。

（5）显色：用喷雾器均匀喷上 0.1% 茚三酮丙酮溶液，立即用吹风机热风吹干，即可显出各氨基酸层析斑点。或烘箱（100℃）烘烤 5 min。用铅笔轻轻描出显色斑点的形状（图 2-5）。

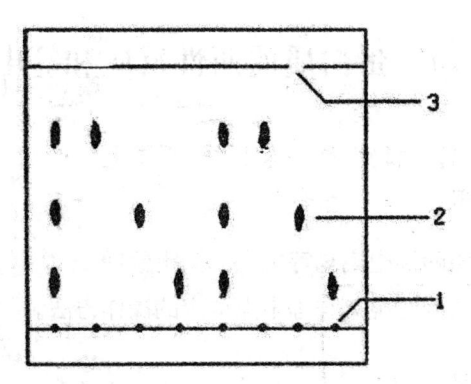

图 2-5 层析图谱

1- 原点；2- 斑点中心；3- 溶剂前沿

五、结果与计算

R_f 值计算：用尺子分别测量原点至各显色斑点中心的距离以及原点至溶剂前沿的距离，计算其比值，即可得各标准氨基酸及混合液中各氨基酸的 R_f 值。

对照标准氨基酸的 R_f 值，分析确定混合样品是由哪几种氨基酸组成的。

六、注意事项

（1）烘箱加热温度不可过高，且不可有氨的干扰，否则图谱背景会泛红。
（2）手上的汗渍会污染滤纸，层析前必须先洗干净手或带上一次性手套再拿滤纸。
（3）点样时，将滤纸放在一张洁净的纸上进行操作。尽量少用手接触滤纸，以免污染。
（4）层析滤纸要平整无折痕；点样要尽量点在同一点；滤纸不能被污染；点样量要均匀，量要适中。
（5）标记滤纸不能使用油性笔。

七、思考题

（1）层析滤纸与普通滤纸有何区别？
（2）酸性溶剂系统对 R_f 的影响有哪些？

实验14　蛋白质的两性反应和等电点的测定

一、实验目的

（1）了解蛋白质两性电离与等电点的测定原理。
（2）熟悉蛋白质两性电离与等电点测定的操作方法。

二、实验原理

蛋白质是两性电解质，其电离过程取决于溶液的 pH。当 pH 大于蛋白质的 pI 时，蛋白质带负电荷，不易沉淀；反之，当 pH 小于蛋白质的 pI 时，蛋白质带正电荷，也不易沉淀。当溶液处于某一 pH 时，蛋白质所带的正、负电荷数量相等，净电荷为零，呈兼性离子状态，此时溶液的 pH 称为这种蛋白质的等电点；这时的蛋白质在电场中既不向负极移动，也不向正极移动；溶解度最低，容易析出。所以，当溶液处于 pI 时，沉淀最多。

三、试剂与器材

（一）试剂

（1）1.5 g/L 酪蛋白醋酸钠溶液：称取纯酪蛋白 0.5 g，加蒸馏水 40 mL 及 1.00 mol/L 氢氧化钠溶液 10.0 mL，振摇使酪蛋白溶解，然后加入 1.00 mol/L 醋酸溶液 10.0 mL，混匀后倒入 100 mL 容量瓶中，用蒸馏水稀释至刻度，混匀。

（2）0.1 g/L 溴甲酚绿指示剂：该指示剂变色范围为 pH3.8～5.4。酸色型为黄色，碱色型为蓝色。

（3）0.02 mol/L 盐酸溶液：量取 1.8 mL 36.5% 盐酸，缓慢注入 1 000 mL 水。

（4）0.02 mol/L 氢氧化钠溶液：称取 0.8 g 氢氧化钠，加水溶解并定容至 1 000 mL。

（5）1.00 mol/L 醋酸溶液：将 58.8 mL 冰乙酸和 941.2 mL 水混匀即可。

（6）0.1 mol/L 醋酸溶液。

（7）0.01 mol/L 醋酸溶液。

（二）器材

试管、试管架、吸量管。

四、操作方法

（一）蛋白质两性电离实验

（1）取试管一支，加入 5 g/L 酪蛋白醋酸钠溶液 0.3 mL、0.1 g/L 溴甲酚绿指示剂 1 滴，混匀，观察溶液颜色。

（2）用胶头滴管缓慢滴加 0.02 mol/L 盐酸溶液，随滴随摇，直到有明显的大量沉淀产生。观察溶液颜色的变化。

（3）继续滴入 0.02 mol/L 盐酸溶液，观察沉淀与溶液颜色的变化。

（4）再滴入 0.02 mol/L 氢氧化钠溶液，随滴随摇，使之再度出现明显的大量沉淀，再继续滴入 0.02 mol/L 氢氧化钠溶液，沉淀又溶解，观察溶液颜色的变化。

（二）酪蛋白等电点的测定

（1）取试管 5 支，编号后按表 2-6 准确地加入各种试剂，然后混合均匀。

表 2-6　　　　　　　　　　酪蛋白等电点测定

试剂 /mL	编号				
	1	2	3	4	5
蒸馏水	1.6	—	3.0	1.5	3.38
1.00 mol/L 醋酸	2.4	—	—	—	—
0.10 mol/L 醋酸	—	4.0	1.0	—	—
0.01 mol/L 醋酸	—	—	—	2.5	0.62
5 g/L 酪蛋白醋酸钠	1.0	1.0	1.0	1.0	1.0
溶液的最终 pH	3.2	4.1	4.7	5.3	5.9

（2）静置 20 min，观察各管沉淀出现情况。并以"－""＋""＋＋""＋＋＋"记录沉淀多少。

五、注意事项

（1）仔细观察并记录蛋白质两性游离实验中沉淀及沉淀消失的现象。

（2）每管加入酪蛋白醋酸钠溶液后，须立即摇匀该管。

（3）该实验要求各种试剂的浓度和加入量必须精确。

六、思考题

（1）讨论蛋白质两性电离实验中沉淀及沉淀消失的原因。

（2）酪蛋白等电点是多少？为什么？

实验 15　蛋白质的沉淀反应

一、实验目的

（1）加深对蛋白质胶体溶液稳定因素的认识。

（2）掌握几种沉淀蛋白质的方法。

（3）了解蛋白质变性与沉淀的关系。

二、实验原理

在水溶液中,蛋白质分子的表面上由于有水化层和双电层作用,形成了稳定的亲水胶体颗粒。但这种稳定的状态是有条件的。在一定的理化因素的影响下,蛋白质颗粒可因分子表面失去电荷发生变化、脱水甚至变性,还会以固态形式从溶液中析出,这个过程就是蛋白质的沉淀反应。蛋白质的沉淀反应可分为以下两种类型。

(一)可逆沉淀反应

沉淀反应发生后,蛋白质分子内部结构并没有发生大的或者显著变化。在沉淀因素去除后,又可恢复其亲水性,这种沉淀反应就是可逆沉淀反应,也叫不变性沉淀反应。属于这类沉淀反应的有盐析作用、等电点沉淀以及在低温下短时间的有机溶剂沉淀等。

(二)不可逆沉淀反应

蛋白质在沉淀时,其分子内部结构发生大的改变,特别是空间结构已受到破坏,并丧失生物学活性,即使除去沉淀因素,蛋白质也不会恢复其亲水性,这种沉淀反应就是不可逆沉淀反应。重金属盐、生物碱试剂、强酸、强碱、加热、强烈振荡、有机溶剂等都能使蛋白质发生不可逆沉淀反应。

三、试剂与器材

(一)试剂

(1)5% 鸡蛋清溶液:量取 5 mL 鸡蛋清,用蒸馏水稀释至 100 mL,搅拌后用 4~8 层纱布过滤,新鲜配制。

(2)5% 卵清蛋白氯化钠溶液:量取 20 mL 蛋清,先后加入 200 mL 蒸馏水、100 mL 饱和氯化钠溶液,充分搅拌后用 4~8 层纱布过滤。

(3)3% 硝酸银溶液:称取 0.15 g 硝酸银溶液 5 mL 水中。

(4)5% 三氯乙酸溶液。

(5)10% 氢氧化钠溶液。

(6)饱和硫酸铵溶液。

(7)5% 磺基水杨酸。

(8)1% 硫酸铜溶液。

(二)器材

水浴锅、温度计、锥形瓶(200 mL)、容量瓶(100 mL)、吸管、试管及试管架。

四、操作步骤

（一）蛋白质的盐析

（1）取试管一支，加入蛋白溶液 5 mL，再加等量的饱和硫酸铵溶液，混匀后静置 5～10 min 则析出沉淀。此沉淀物为球蛋白。

（2）取上清液于另一支试管。

（3）向上清液中加入硫酸铵粉末，边加边用玻璃棒搅拌，直至粉末不再溶解为止。静置数分钟后，沉淀析出的是清蛋白。

（4）向 2 支试管中分别加水，观察其沉淀是否溶解。

（二）重金属盐沉淀蛋白质

取试管 2 支，分别编号后各加入 2 mL 蛋白溶液。然后在 2 支试管中分别滴加 3% 硝酸银溶液和 0.1% 硫酸铜溶液各 3～4 滴，混匀后观察沉淀的生成。摇匀后放置片刻，弃去上清液，向沉淀中加入少量水，观察沉淀是否溶解。

（三）有机酸沉淀蛋白质

取 2 支试管，各加入 0.5 mL 蛋白溶液，然后在 2 支试管中分别滴加 10% 三氯乙酸溶液和 5% 硝基水杨酸溶液 3 滴，观察沉淀析出。摇匀后放置片刻，弃去上清液，向沉淀中加入少量水，观察沉淀是否溶解。

（四）有机溶剂沉淀蛋白质

取试管 1 支，加蛋白溶液 1 mL，加氯化钠晶体少许（加速沉淀并使沉淀完全），待溶解后再加入 95% 乙醇溶液 2 mL，边加边混匀。静置片刻后观察结果。

五、注意事项

（1）蛋白质盐析实验中应先加蛋白质溶液，再加饱和硫酸溶液。

（2）实验中各种试剂的浓度和加入量必须相当准确。

六、思考题

（1）为什么蛋清可作为金属中毒的解毒剂？

（2）等电点时，蛋白质溶液为什么容易发生沉淀？

（3）蛋白质的可逆沉淀反应时，为什么要用蛋白质氯化钠溶液？

实验16　紫外分光光度法测定蛋白质含量

一、实验目的

（1）掌握紫外分光光度法测定蛋白质含量的原理。
（2）熟悉紫外分光光度计的使用方法。

二、实验原理

蛋白质分子中有含有共轭双键的酪氨酸、色氨酸等芳香族氨基酸。它们具有吸收紫外光的性质，其最大吸收峰在280 nm波长处，且在此波长内蛋白质溶液的A_{280}与其浓度成正比关系，故可作为蛋白质定量测定的依据。各种蛋白质的酪氨酸和色氨酸的含量不同，故若要准确定量，必须要有待测蛋白质的纯品作为标准来比较，或者已经知道其消光系数作为参考。另外，不少杂质在280 nm波长下也有一定的吸收能力，可能发生干扰，其中以核酸的影响较大。然而，核酸的最大吸收峰是在260 nm，若溶液中同时存在核酸时，必须同时测定A_{260}与A_{280}，然后根据2种波长的吸光度的比值，通过经验公式校正，以消除核酸的影响，推算出蛋白质的真实含量。

本法操作简便迅速，且不消耗样品（可以回收），低浓度的盐类不干扰测定，在生化研究中应用广泛，尤其适合柱层析分离中蛋白质洗脱情况的检测。

三、试剂与器材

（一）试剂

（1）1 mg/mL蛋白标准溶液：称取经凯氏定氮法校正的结晶牛血清蛋白0.1 g，用蒸馏水溶解并定容至100 mL。
（2）待测蛋白质溶液：称取一定量牛血清蛋白，配成一定溶液，浓度在0.5～1 mg/mL即可。

（二）器材

紫外分光光度计、石英比色皿、试管及试管架、吸量管（0.5 mL、1 mL、2 mL、5 mL）。

四、操作方法

（一）标准曲线法

（1）质量浓度为 0～1 mg/mL 牛血清蛋白标准曲线的制作。

取 8 支干净试管，编号，按表 2-7 分别加入试剂。

表 2-7　　　　　　　　　　蛋白质标准曲线的绘制

试　剂	试管编号								
	0	1	2	3	4	5	6	7
蛋白标准溶液 /mL	0	0.5	1.0	1.5	2.0	2.5	3.0	4.0
蒸馏水 /mL	4.0	3.5	3.0	2.5	2.0	1.5	1.0	0
蛋白质浓度 /μg	0	0.125	0.25	0.375	0.50	0.625	0.75	1.0
A_{280}								

选用光程为 1 cm 的石英比色皿，于紫外分光光度计 280 nm 波长处，用 0 号管调零，分别测定 1～7 号管吸光度。以蛋白质浓度为横坐标，A_{280} 为纵坐标，绘制标准曲线。

（2）样品测定：取 2 支试管分别加入待测样品 1.0 mL，蒸馏水 3.0 mL，摇匀，按上述方法在 280 nm 波长处测定吸光度，对照标准曲线求得蛋白质浓度。

（二）直接测定法

在紫外分光光度计上，将待测蛋白质溶液小心转入石英比色皿中，以相应的溶剂作空白对照，分别于 260 nm 和 280 nm 波长处测出 A 值。按照下列经验公式计算蛋白质样品的浓度。

$$\text{蛋白质浓度}（\text{mg/mL}）= 1.45 A_{280} - 0.74 A_{260}$$

五、注意事项

（1）由于测定与标准蛋白质中酪氨酸和色氨酸含量差异较大的蛋白质，有一定的误差，所以该法适于测定与标准蛋白质氨基酸组成相似的蛋白质。

（2）若样品中含有嘌呤、嘧啶等吸收紫外光的物质，会出现较大干扰。

六、思考题

若样品中含有干扰测定的杂质，应如何校正？

实验 17　双缩脲法测定蛋白质含量

一、实验目的

掌握双缩脲法测定蛋白质含量的原理和方法。

二、实验原理

当脲加热至 180℃时，两分子脲缩合，放出一分子氨而形成双缩脲。碱性溶液中双缩脲能与 Cu^{2+} 产生紫红色的络合物，即发生双缩脲反应。蛋白质分子中的肽键也能与铜离子发生双缩脲反应，溶液紫红色的深浅与蛋白质含量在一定范围内符合朗伯-比尔定律，而与蛋白质的氨基酸组成及分子质量无关。其可测定范围为 1～10 mg 蛋白质，适用于精度要求不高的蛋白质含量测定。Tris、一些氨基酸、EDTA 等会干扰该测定。

三、试剂与器材

（一）试剂

（1）双缩脲试剂：取硫酸铜（$CuSO_4 \cdot 5H_2O$）1.5 g 和酒石酸钾钠（$NaKC_4H_4O_6 \cdot 4H_2O$）6.0 g，溶于 500 mL 蒸馏水中，在搅拌的同时加入 300 mL 10% NaOH 溶液，定容至 1 000 mL，贮于涂石蜡的试剂瓶中。

（2）0.05 mol/L 的 NaOH：称取 0.2 g 氢氧化钠溶于水，并定容至 100 mL。

（3）5 mg/mL 标准酪蛋白溶液：准确称取酪蛋白 0.5 g 溶于 0.05 mol/L 的 NaOH 溶液中，并定容至 100 mL。

（4）材料：小麦、玉米或其他谷物样品，风干、磨碎并通过 100 目铜筛。

（二）器材

分光光度计、分析天平、振荡机、刻度吸管（1 mL×2，5 mL×2，10 mL×1）、具塞三角瓶、漏斗。

四、操作步骤

(一) 酪蛋白标准曲线的绘制

取 6 支试管,编号,按表 2-8 加入各种试剂,摇匀。

表 2-8　　　　　　　　　酪蛋白标准曲线的制作

试　剂	编　号					
	1	2	3	4	5	6
标准酪蛋白溶液 /mL	0	0.2	0.4	0.6	0.8	1.0
H_2O/mL	1	0.8	0.6	0.4	0.2	0
双缩脲试剂 /mL	4	4	4	4	4	4
蛋白质含量 /mL	0	1	2	3	4	5

振荡 15 min,室温静置 30 min,540 nm 比色,以蛋白质含量(mg)为横坐标,吸光度为纵坐标,绘制标准曲线。

(二) 样品测定

(1) 将磨碎过筛的谷物样品在 80℃下烘至恒重,取出置于干燥器中冷却待用。

(2) 称取烘干样品约 0.2 g 2 份,分别放入 2 个干燥的三角瓶中。然后在各瓶中分别加入 5 mL 0.05 mol/L 的 NaOH 溶液湿润,之后再加入 20 mL 的双缩脲试剂,振荡 15 min,室温静置反应 30 min,分别过滤,取滤液在 540 nm 波长下比色,在标准曲线上查出相应的蛋白质含量(mg)。

五、结果与计算

$$样品蛋白质含量(\%) = \frac{从表中曲线上查得的蛋白质含量}{样品重量} \times 100 \times 酪蛋白纯度$$

六、注意事项

(1) 须在显色 30 min 内完成测定,且各管由显色到比色时间应尽可能一致。

(2) 样品蛋白质含量应在标准曲线范围内。

七、思考题

双缩脲法测定蛋白质含量的原理是什么？

实验 18　Bradford 法测定蛋白质的含量

一、实验目的

学习考马斯亮蓝 G-250 染色法测定蛋白质含量的原理和操作。

二、实验原理

考马斯亮蓝 G-250 能与蛋白质的疏水区相结合，这种结合具有高敏感性。考马斯亮蓝 G-250 的磷酸溶液呈棕红色，最大吸收峰在 465 nm 波长处。当它与蛋白质结合形成复合物时呈蓝色，其最大吸收峰变为 595 nm。蛋白质 - 染料复合物具有较高的消光系数，因此大大提高了蛋白质测定的灵敏度（最低检出量为 1 μg），在 1～100 μg 蛋白质范围内呈良好的线性关系。

染料与蛋白质的结合是很迅速的过程，大约只需 2 min，结合物的颜色在 1 h 内是稳定的。一些阳离子（如 K^+、Na^+、Mg^{2+}）、$(NH_4)_2SO_4$、乙醇等物质不干扰测定，而大量的去污剂（如 TritonX-100、SDS 等）严重干扰测定，少量的去污剂可通过适当的对照而消除。由于染色法简单迅速，干扰物质少，灵敏度高，现已广泛用于蛋白质含量的测定。

三、试剂与器材

（一）试剂

（1）考马斯亮蓝 G-250 试剂：称取 100 mg 考马斯亮蓝 G-250 溶于 50 mL 95% 乙醇中，加入 100 mL 85%（W/V）磷酸，将溶液用水稀释到 1 000 mL。（试剂的终含量为：0.01% 考马斯亮蓝 G-250，4.7%（W/V）乙醇和 8.5%（W/V）磷酸）

（2）蛋白质标准溶液：结晶牛血清白蛋白或酪蛋白，预先经微量凯氏定氮法测定蛋白氮含量，根据其纯度配制成 100 μg/mL 的蛋白质标准溶液。

（二）器材

可见光分光光度计、电子天平、试管及试管架、滤纸、漏斗、吸量管（0.5 mL、1 mL、5 mL）、旋涡混合器、容量瓶（50 mL）、研钵。

四、操作方法

（一）蛋白质的提取

（1）准确称取新鲜绿豆芽下胚轴2.0 g，放入研钵中，加2 mL 蒸馏水研磨成匀浆。

（2）将匀浆转移至漏斗中过滤，用约 10～20 mL 蒸馏水分3次洗涤研钵，洗涤液过滤并收集其滤液。

（3）滤液转入 50 mL 容量瓶中，用蒸馏水定容至刻度。

（二）牛血清蛋白标准曲线的绘制

取6支试管，编号为1、2、3、4、5、6，按表2-9加入各种试剂。混匀后静置5 min，以1号管作空白对照，测定各管595 nm下的吸光值，以吸光值为纵坐标，蛋白浓度为横坐标作图，得到标准曲线。

表2-9　　　　　　　　牛血清蛋白标准曲线的制作

试　剂	编　号					
	1	2	3	4	5	6
蛋白标准溶液 /mL	0	0.2	0.4	0.6	0.8	1.0
蒸馏水 /mL	1.0	0.8	0.6	0.4	0.2	0
蛋白质浓度 /μg	0	20	40	60	80	100
考马斯亮蓝溶液 /mL	4.0	4.0	4.0	4.0	4.0	4.0
A_{595}						

（三）样品的测定

取样品溶液 1 mL，加入 4 mL 考马斯亮蓝 G-250 试剂，盖塞颠倒混合，放置5 min 后在 595 nm 下测定吸光值，并通过标准曲线查得提取液蛋白质浓度。

五、结果处理

$$样品蛋白质含量（\mu g/g 鲜重）= \frac{C \times V \times k}{m}$$

式中：C 为由标准曲线上查得蛋白质的浓度，$\mu g/mL$；V 为提取液的总体积，mL；k 为稀释位数；m 为称取试样质量，g。

六、注意事项

（1）比色测定应在试剂加入后的 5 ~ 20 min 内测定 A_{595}，因为此时间内颜色较稳定。

（2）测定中，蛋白-染料复合物会有少部分吸附于比色皿杯壁上，实验证明此复合物的吸附量是可以忽略的，测定完后可用乙醇将蓝色的比色皿清洗干净。

（3）待测样品稀释倍数要合适，测定其 A_{595} 应在 0.25 ~ 0.40 范围内。

（4）不可使用石英比色皿，可用塑料或玻璃比色皿，使用后立即用 95% 的乙醇洗涤。

七、思考题

（1）考马斯亮蓝 G-250 染色法定量测定蛋白质含量有何优点及缺点？

（2）考马斯亮蓝 G-250 和 R-250 各有何特点，在电泳染色方面有何异同？

实验 19　等电点沉淀法制备酪蛋白

一、实验目的

（1）学习从牛奶中制备酪蛋白的原理和方法。

（2）掌握等电点沉淀法提取蛋白质的方法。

二、实验原理

牛乳中主要含有酪蛋白和乳清蛋白。主要蛋白质是酪蛋白，占乳蛋白的 80% ~ 82%，是一些含磷蛋白质的混合物，等电点为 4.7，不溶于水、乙醇及有机溶剂，但溶于碱溶液。利用等电点时溶解度最低的原理，将牛乳的 pH 调至 4.7 时，酪蛋白就会沉淀出来。用乙醇洗涤沉淀物，除去脂类杂质后便可得到纯酪蛋白。牛乳中，在 pH4.7 时酪蛋白等电聚沉后剩余的蛋白质称为乳清蛋白。乳清蛋白水合能力强，分散度高，在乳中呈高分子状态。

三、试剂与器材

（一）材料

新鲜牛奶。

（二）试剂

（1）95% 乙醇。

（2）无水乙醚。

（3）0.2 mol/L 醋酸 – 醋酸钠缓冲液（pH4.7）：一定要用 pH 计进行标定，否则影响实验效果。

A 液：0.2 mol/L 醋酸钠溶液，称 $NaAc \cdot 3H_2O$ 5.444 g，用蒸馏水溶解并定容至 200 mL。

B 液：0.2 mol/L 醋酸溶液，称优纯醋酸（含量大于 99.8%）2.4 g，用蒸馏水溶解并定容至 200 mL。

取 A 液 177 mL、B 液 123 mL 混合即得 pH4.7 的醋酸 – 醋酸钠缓冲液 300 mL。

（4）乙醇 – 乙醚混合液。乙醇：乙醚 =1 : 1（V/V）。

（三）器材

离心机、抽滤装置、精密 pH 试纸或酸度计、电炉、烧杯、温度计。

四、操作方法

（一）酪蛋白的粗提

25 mL 牛奶加热至 40℃。在搅拌下慢慢加入预热至 40℃、pH4.7 的醋酸缓冲液 25 mL。用精密 pH 试纸或酸度计调 pH 至 4.7。将上述悬浮液室温静置 5 min，离心 10 min（4 500 r/min）。弃去清液，得酪蛋白粗制品。

（二）酪蛋白的纯化

（1）用 20 mL 水洗涤酪蛋白粗制品，玻璃棒充分搅散，洗去水溶性蛋白、杂质等，洗涤 2 次，4 500 r/min 离心 8 min，弃去上清液。

（2）在沉淀中加入等体积 95% 乙醇，搅拌片刻，4 500 r/min 离心 5 min，弃去上清液。

（3）用乙醇－乙醚混合液搅拌洗涤沉淀 1 次。最后用乙醚洗沉淀 1 次。洗完后 4 500 r/min 离心 5 min 获得沉淀，第二次洗完后用布氏漏斗抽滤获得沉淀。

（4）将沉淀摊开在表面上，鼓风干燥箱 60℃干燥 2 h，得酪蛋白纯品。

（5）对所得酪蛋白纯品进行称重。

五、结果与计算

$$酪蛋白实验含量（g/100\ mL）= \frac{酪蛋白质量（g）}{25} \times 100$$

$$得率 = \frac{酪蛋白实验含量}{理论含量}$$

式中：理论含量为每 100 mL 牛乳中含有 3.0 g 蛋白质或参照牛奶包装所示蛋白质含量。

六、注意事项

（1）本实验采用等电点法，因此 pH 一定要准确。

（2）精制过程用乙醚（挥发性、有毒）在通风橱操作。

（3）市面上的牛奶都是经加工的奶制品，不是纯净牛奶，所以计算时应按产品的相应指标计算。

七、思考题

（1）制备高产率纯酪蛋白的关键是什么？

（2）用乙醇、乙醇－乙醚混合液洗涤的顺序可否变换？为什么？

（3）为什么在沉淀前要预热牛奶？

实验20 蛋白质的分离纯化——凝胶柱层析法

一、实验目的

（1）了解凝胶柱层析的原理以及应用。
（2）了解葡聚糖凝胶的选用原则。
（3）掌握凝胶柱层析的操作技术。

二、实验原理

凝胶柱层析又称分子筛层析，是对混合物中各组分按分子大小进行分离的层析技术。层析所用的基质是具有立体网状结构呈珠状颗粒的物质。这种物质可以完全或部分排阻某些大分子化合物于筛孔外，但不能排阻某些小分子化合物，但可让其在筛孔中自由扩散、渗透。当含有不同大小分子的混合物流经充满凝胶介质的层析柱时，小分子的物质能进入介质的孔隙，大分子的物质则被排阻在介质之外，从而达到分离的目的（图2-6）。

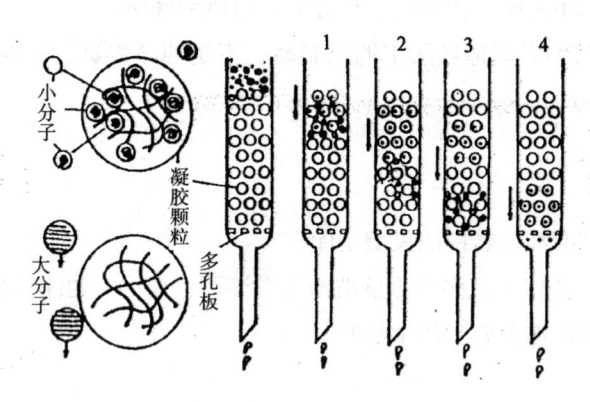

图2-6 凝胶柱层析原理的示意图

1-含有大小分子的样品混合液上柱；2-向层析柱顶加入洗脱液，样品溶液流经层析柱，小分子通过扩散作用进入凝胶颗粒的微孔中，大分子则被排阻于颗粒之外；3-随洗脱液连续洗脱，大小分子分开的距离增大；4-大分子物质行程较短，已流出层析柱，小分子物质尚在行进之中

血红蛋白（Hb）是红细胞的主要内含物，它是血红素和珠蛋白肽链连接而

成的一种结合蛋白,属色素蛋白。在血红蛋白中(M_r 64 500)加入过量的高铁氰化钾($K_3Fe(CN)_6$, M_r 327.25)后,血红蛋白与高铁氰化钾反应生成高铁血红蛋白(MetHb)。为了除去 MetHb 样品中多余的高铁氰化钾,将 MetHb 混合液通过交联葡聚糖凝胶 G-25(SephadexG-25)柱,然后用磷酸缓冲液洗脱。当 MetHb 混合液流过凝胶柱时,溶液中高铁血红蛋白由于直径大于凝胶网孔而只能沿着凝胶颗粒间的孔隙以较快的速度流过凝胶柱,最先流出层析柱。实验中可观察到 MetHb(红褐色)洗脱较快,而小分子的高铁氰化钾由于直径小于凝胶网孔,可自由地进出凝胶颗粒的网孔,向下移动的速率慢,最后流出层析柱。这样经过凝胶层析后即可除去高铁氰化钾,从而得到高铁血红蛋白纯品。

凝胶层析是生物化学中一种常用的分离手段,它具有设备简单、操作方便、样品回收率高、实验重复性好、不改变样品生物学活性等优点,因此广泛用于蛋白质(包括酶)、核酸、多糖等生物分子的分离纯化,同时应用于蛋白质分子量的测定、脱盐、样品浓缩等实验中。

三、试剂与器材

(一)试剂、材料

(1)抗凝全血:取动物血样以 1∶6 的比例加入 2.5% 柠檬酸钠,置于 4℃冰箱中保存。

(2)0.02 mol/L pH7.0 磷酸盐缓冲液。

A 液:称取磷酸二氢钠($NaH_2PO_4 \cdot 2H_2O$)3.121 g,溶于蒸馏水中,稀释至 1 000 mL;

B 液:称取磷酸氢二钠($Na_2HPO_4 \cdot 12H_2O$)7.164 g,溶于蒸馏水中,稀释至 1 000 mL。

取 A 液 39 mL,B 液 61 mL,混匀后即成。

(3)四氯化碳(CCl_4)。

(4)生理盐水。

(5)葡聚糖凝胶 G-25。

(6)0.4% $K_3Fe(CN)_6$ 溶液。

(二)器材

离心机、可见光分光光度计、刻度离心管、移液枪、沸水浴、贮液瓶、层析柱(1.5 cm×20 cm)、铁架台、培养皿。

四、操作方法

（一）凝胶的处理

量取 30 mL SephadexG-25，倾入 150 mL 烧杯中，加入 2 倍体积的 0.02 mol/L pH7.0 磷酸盐缓冲液，置于沸水浴中 1 h，并经常摇动使气泡逸出。取出冷却，待凝胶下沉后，倾去含有细微悬浮物的上层液。

（二）装柱平衡

选用 1.5 cm×20 cm 层析柱，垂直夹于铁架台上。层析柱滤板下必须充满水，不能留有气泡。向柱内加入少量磷酸盐缓冲液，将上述处理过的凝胶粒悬液连续注入层析柱内，直至所需凝胶床高度距层析柱上口约 3～4 cm 为止。装柱时凝胶床内不得有界面和气泡，凝胶床面应平整。打开出口，调节柱下口夹至流速 2 mL/min，继续用 2 倍柱床体积的磷酸缓冲液平衡，最后关闭出口。

（三）样品处理

（1）血红蛋白溶液的制备：取草酸盐抗凝全血 3 mL 于离心管中，2 500 r/min 离心 5 min。吸去上层血浆，加入 5 倍体积的冷生理盐水，混匀，3 000 r/min 离心 5 min。弃去上清液，重复操作洗 2 次。最后一次吸去上清液后，在红细胞层上面加等体积蒸馏水，振摇，使细胞破裂。再加 1/2 体积 CCl_4，用力振摇 3 min。溶出血红蛋白 Hb，3 000r/min 离心 5 min。吸取上层澄清的血红蛋白液备用。此溶液中 Hb 浓度约为 10%（置 4℃暂存，一周用完）。

（2）样品：吸取血红蛋白液 3 滴，$K_3Fe(CN)_6$ 8 滴和蒸馏水 2 滴，混合制成高铁血红蛋白（MetHb）混合样品。

（四）上样洗脱

打开层析柱下口夹，使柱床面上的缓冲液流出。待液面降到凝胶床表面时，关闭出水口。吸样品 0.5 mL，在距离床面 1 mm 处沿管内壁轻轻转动加入样品。打开下口夹，使样品进入床内，直到与床面平齐为止。立即用 1 mL 磷酸盐缓冲液冲洗柱内壁，待缓冲液进入凝胶床后再加少量缓冲液。如此重复 2 次，以洗净内壁上的样品溶液。加入适量缓冲液于凝胶床上，连接储液瓶进行洗脱。

（五）分部收集

用小试管收集流出的液体，以 10 滴/min 的流速收集，每管收集 30 滴。注意观察柱上的色带，待黄色的 $K_3Fe(CN)_6$ 色带完全洗脱下来后，再继续收集两管透明的洗脱液作为空白，关闭出口。

（六）绘制洗脱图谱

将每管收集液加入 0.02 mol/L pH7.0 磷酸盐缓冲液 4 mL，混匀。在 425 nm 波长处，以洗脱液作空白，测定其吸光度。以吸光度为纵坐标，管数为横坐标，绘出洗脱图谱。

五、注意事项

（1）装柱时，不能有气泡和分层现象，凝胶悬液尽量一次加完。

（2）加样时，切莫将床面冲起，亦不要沿柱壁加入。不能搅动床面，否则分离带不整齐。

（3）流速不可太快，否则分子小的物质来不及扩散，随分子大的物质一起被洗脱下来，达不到分离目的。

（4）在整个洗脱过程中，应始终保持层析柱床面上有一段水，不能使凝胶干结。

六、思考题

（1）在向凝胶柱加入样品时，为什么必须保持胶面平整？上样体积为什么不能太大？

（2）请解释为什么在洗脱样品时，流速不能太快或者太慢？

（3）某样品中含有 1 mg A 蛋白（M_r 10 000）、1 mg B 蛋白（M_r 30 000）、4 mg C 蛋白（M_r 60 000）、1 mg D 蛋白（M_r 90 000）、1 mg E 蛋白（M_r 120 000），采用 SephadexG-75（排阻上下限为 3 000～70 000）凝胶柱层析，请指出各蛋白的洗脱顺序。

实验 21　醋酸纤维薄膜电泳法分离血清蛋白质

一、实验目的

（1）学习醋酸纤维素薄膜电泳原理。

（2）掌握醋酸纤维素薄膜电泳分离血清蛋白的操作技术。

二、实验原理

带电颗粒在电场中向其电荷相反方向的电极移动的现象称为电泳。带电颗粒在电场中的移动方向和迁移速度取决于颗粒自身所带电荷的性质、电场强度、溶液的 pH 等因素。

醋酸纤维素薄膜电泳是以醋酸纤维素薄膜为支持物的电泳方法。醋酸纤维素薄膜是纤维素的羟基经乙酰化为乙酸酯溶于丙酮制成的。薄膜具有均一细密泡沫状结构,厚度仅 120 μm,有很强的渗透性,对分子移动无阻力。

血清中含有白蛋白、α-球蛋白、β-球蛋白和 γ-球蛋白等。各种蛋白质的等电点均低于 pH7.0(表 2-10),所以在 pH8.6 的缓冲液中都带负电荷,在电场中均向正极移动。由于血清中各蛋白等电点不同,在同一 pH 下所带电量不同,此外各种蛋白质分子大小也不同,因此在电场中的泳动速度不同,可根据它们的泳动速度快慢不同将其分离开来。

表 2-10　　　　　　　　血清蛋白质中各组分的 pI 和分子量

蛋白质名称	等电点(pI)	相对分子质量(M_r)
白蛋白	4.64~4.8	69 000
$α_1$-球蛋白	5.06	200 000
$α_2$-球蛋白	5.06	300 000
β-球蛋白	5.12	90 000~150 000
γ-球蛋白	6.8~7.3	156 000~300 000

电泳后,用氨基黑 10B 溶液染色,经脱色液处理除去背景染料,透明后可显示 5 条区带。白蛋白泳动速度最快,其余依次为 $α_1$-球蛋白、$α_2$-球蛋白、β-球蛋白及 γ-球蛋白。蛋白质含量可用分光光度计直接测定,或用洗脱法进行比色测定。

三、试剂与器材

(一)试剂

(1)新鲜血清:无溶血现象。

(2)巴比妥-巴比妥钠缓冲液(pH8.6 离子强度 0.075):称取巴比妥钠 12.76 g,

巴比妥 1.66 g，加蒸馏水加热溶解后稀释至 1 000 mL。

（3）染色液：称取氨基黑 10B 0.5 g，加入蒸馏水 40 mL，甲醇 50 mL，冰醋酸 10 mL。

（4）漂洗液：95％乙醇 45 mL，冰醋酸 5 mL，蒸馏水 50 mL，混匀。

（5）透明甲液：冰乙酸 15 mL，无水乙醇 85 mL，混匀。

（6）透明乙液：冰乙酸 25 mL，无水乙醇 75 mL，混匀。

（二）器材

电泳仪、电泳槽、吹风机、直尺、铅笔、培养皿、醋酸纤维薄膜（2 cm×8 cm）、点样器、镊子、竹夹子、滤纸及滤纸条。

四、操作方法

（一）薄膜的处理

（1）取 2 条 2 cm×8 cm 的膜条，将薄膜无光泽面向下，放入盛有巴比妥缓冲液的培养皿中，使膜条浸泡 30 min 以上。

（2）待薄膜完全浸透后，用竹镊子轻轻取出，将薄膜的无光泽面向上，平铺在滤纸上，再用一张滤纸轻轻吸去多余的液体。

（3）用铅笔在无光泽面膜条一端 1.5 cm 处轻轻画一条线作为点样区。

（二）点样

将点样器在盛有血清的表面皿中蘸一下，再在点样区轻轻地水平落下并随即提起，这样即在膜条上点上了细条状的血清样品。点样是实验的关键，点样前可在滤纸上反复练习，掌握点样技术后再正式点样（图 2-7）。

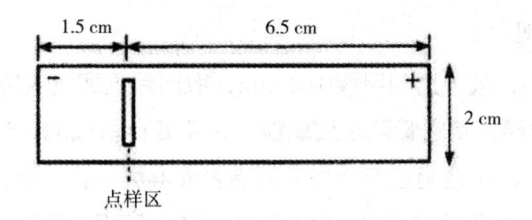

图 2-7 醋酸纤维素薄膜点样示意图

（三）电泳

（1）将已点样的薄膜点样面朝下平贴在电泳槽支架的"滤纸桥"上，注意薄膜中间不可出现凹面，点样端应置于阴极端（图2-8）。

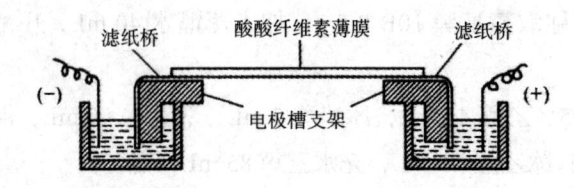

图2-8 醋酸纤维素薄膜电泳装置示意图

（2）打开电源开关，调节电流 0.4～0.6 mA/cm 膜条，电泳时间为 50 min 左右。

（四）染色与漂洗

电泳完毕后将薄膜取出，立即浸于盛有染色液的培养皿中，染色 5 min。取出后先用水沥去染液，再浸于漂洗液中脱色，每次约 5 min，待背景无色为止，用滤纸吸干薄膜。

（五）结果判断

漂洗后，薄膜上可显现清楚的 5 条区带。从正极端起，依次为白蛋白、α_1-球蛋白、α_2-球蛋白、β-球蛋白和 γ-球蛋白（图2-9）。

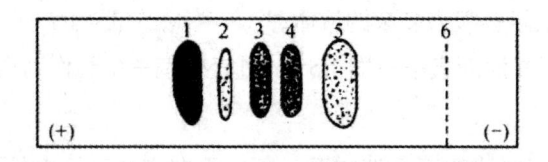

图2-9 正常人血清醋酸纤维素薄膜电泳示意图

1—白蛋白；2—α_1-球蛋白；3—α_2-球蛋白；4—β-球蛋白；5—γ-球蛋白；6—点样原点

（六）薄膜透明

用滤纸吸干薄膜，放入透明甲液中 2 min，取出后立即放入透明乙液中 1 min（要准确）。迅速取出薄膜，将它紧贴在玻璃板上，不要存留气泡，5～10 min 薄膜完全透明。若透明太慢，可用透明乙液少许在薄膜表面淋洗一次，垂直放置。待其自然干燥或用吹风机冷风吹干且无酸味时，再将玻璃板放在自来水下冲洗，当薄膜完全润湿后，用单面刀片撬开薄膜的一角，用手轻轻将薄膜取下。用滤纸吸干所有的水分，压干。此薄膜透明，区带着色清晰，可用于光吸收计扫描，长期保存不褪色。

五、注意事项

（1）醋酸纤维素薄膜一定要完全浸透，如有任何斑点、污染或划痕，均不能使用。

（2）取出浸泡后的醋酸纤维素薄膜后，用滤纸轻轻吸去缓冲液即可，不可吸得过干。

六、思考题

（1）为什么将薄膜的点样端放在滤纸桥的负极端？

（2）用醋酸纤维素薄膜作为电泳支持物有何优点？

（3）电极缓冲液可重复使用多次，但重要的是，每次用过之后要互换电极方向，为什么？

第四章 核 酸

实验 22　CTAB 法快速提取植物 DNA

一、实验目的

（1）学习并掌握植物基因组 DNA 的提取原理和方法。
（2）了解琼脂糖凝胶电泳检测核酸的原理和操作。
（3）学习并掌握对电泳检测基因组 DNA 结果的初步分析。

二、实验原理

植物基因组 DNA 的提取方法就其提取原理而言主要有两种：十六烷基三甲基溴化铵（CTAB）法和十二烷基硫酸钠（SDS）法。十六烷基三甲基溴化铵和十二烷基硫酸钠等离子型表面活性剂能溶解细胞膜和核膜蛋白，使核蛋白解聚，从而使 DNA 得以游离出来。再加入苯酚和氯仿等有机溶剂，能使蛋白质变性，并使抽提液分相，因核酸（DNA、RNA）水溶性很强，经离心后即可从抽提液中除去细胞碎片和大部分蛋白质。上清液中加入无水乙醇，使 DNA 沉淀，沉淀 DNA 溶于 TE 溶液中，即得植物基因组 DNA 溶液。

由于植物中的次生代谢产物多酚类化合物可介导 DNA 降解，而多糖的污染也是影响植物核酸纯度最常见的问题，这些多糖能抑制限制酶、连接酶及 DNA 聚合酶等分子生物学酶类的生物活性。传统的 CTAB-DNA 提取法步骤多，较繁琐，DNA 产率低，而且由于酚很难完全去除，容易影响以后的酶切等工作的效率。SDS 法操作简单，温和，也可提取到较高分子量 DNA，但所得产物含糖类杂质较多，这将直接影响 DNA 的限制性核酸内切酶的酶切效果。由于植物细胞匀浆含有多种酶类（尤其是氧化酶类），对 DNA 的抽提产生不利的影响，在抽提缓冲液中需要加入抗氧化剂或强还原剂（如巯基乙醇）以降低这些酶类的活性。

三、试剂与器材

（一）试剂

（1）1 mol/L Tris-Cl（pH8.0）：121.1 g Tris 溶于 800 mL 无菌水中，加浓盐酸调 pH 到 8.0，定容至 1 L，高压灭菌。

（2）0.5 mol/L EDTA（pH8.0）：称取 186.1 g EDTA，加入 800 mL 蒸馏水，在磁力搅拌器上搅拌，加入 NaOH 调 pH 至 8.0，蒸馏水定容至 1 L。只有在 pH 接近 8.0 时，EDTA 才能完全溶解，调整 pH 可以用固体 NaOH。

（3）CTAB 抽提液：称取 2 g CTAB、8.18 g NaCl、0.74 g EDTA-Na$_2$·2H$_2$O，加入 10 mL 1 mol/L 的 Tris-HCl（pH8.0），0.2 mL 的巯基乙醇，加水定容至 100 mL。

（4）TE 缓冲液（pH8.0）：用 1 mL 1 mol/L Tris-HCl（pH8.0）与 0.2 mL 0.5 mol/L EDTA（pH8.0）溶液混合后，用蒸馏水定容至 100 mL。

（5）0.2 mol/L KAC。

（6）苯酚：氯仿：异戊醇（25：24：1）。

（7）氯仿：异戊醇（24：1）。

（8）异丙醇。

（9）无水乙醇。

（10）75% 乙醇。

（11）RNAase。

（二）器材

研钵、液氮、高速离心机、恒温水浴锅、离心管及离心管架、微量移液器（10 μL、1 000 μL）、电泳仪及电泳槽、微波炉、紫外检测仪。

四、实验步骤

（1）取 0.5 g 菠菜幼嫩叶片，在液氮中迅速研磨成粉转移到离心管。加入 65℃ 预热的 4 mL CTAB 抽提液，65℃ 保温 30 min，间或轻摇混匀。12 000 r/min 室温离心 10 min，取上清液。

（2）加入等体积的 4 mL 的苯酚：氯仿：异戊醇（25：24：1），轻轻混匀 15 min，12 000 r/min 室温离心 10 min，用减去端部约 0.8 cm 的 1 mL 吸头小心将上层液相转移至干净的离心管中；加入等体积的氯仿：异戊醇（24：1），颠倒混匀，

12 000 r/min 室温离心 5 min。

（3）取上清液，加入 2/3 倍体积的 -20℃预冷异丙醇或 2.5 倍体积的无水乙醇沉淀，轻轻摇动 5 min，颠倒混匀至有白色絮状沉淀出现，12 000 r/min 室温离心 10 min，沉淀出 DNA，弃上清液。

（4）沉淀用 75% 乙醇和 0.2 mol/L KAC 洗涤 2 次，每次 12 000 r/min 室温离心 10 min。

（5）沉淀再用预冷的无水乙醇漂洗 1 次，12 000 r/min 室温离心 20 min，弃上清液，自然晾干；加入 200 μL 去离子水，轻轻敲打使沉淀溶解。

（6）加入 1 μL 10 mg/mL RNAase 37℃水浴，保温 1 h，去除 RNA。所得 DNA 提取物 -20℃冰箱贮藏备用。

五、注意事项

提取过程中的机械力可能使大分子 DNA 断裂成小片段，所以为保证 DNA 的完整性，各步操作均应较温和，避免剧烈振荡。

六、思考题

CTAB 抽提液中各组分的作用是什么？

实验 23　肝脏中核酸的提取——浓盐法

一、实验目的

（1）学习用浓盐法从动物组织中提取 DNA 的原理和操作技术。
（2）了解 DNA 和 RNA 的不同溶解性质。

二、实验原理

核酸和蛋白质在生物体中以核蛋白的形式存在，其中 DNA 主要存在于细胞核中，RNA 主要存在于核仁及胞质中。动植物的 DNA 核蛋白（DNP）能溶于水及高浓度的盐溶液（1 mol/L NaCl），但在 0.14 mol/L NaCl 的盐溶液中溶解度很低，而 RNA 核蛋白（RNP）则溶于 0.14 mol/L NaCl 盐溶液。因此，利用不同浓度的 NaCl 溶液可将

DNP 和 RNP 从样品中分别抽提出来。

将抽提得到的 DNP 用 SDS（十二烷基硫酸钠）处理，DNA 即与蛋白质分开。加入氯仿 – 异戊醇可将蛋白质沉淀除去，而 DNA 则溶解于溶液中。向溶液中加入冷乙醇，DNA 即呈纤维状沉淀出来。进一步脱水干燥，即得白色纤维状的 DNA 制品。

为了防止 DNA 酶解，提取时加入 EDTA（乙二胺四乙酸），以降低核酸酶的活性。

三、试剂与器材

（一）试剂

（1）5 mol/L NaCl 溶液：将 292.3 g NaCl 溶于蒸馏水中，稀释至 1 000 mL。

（2）0.14 mol/L NaCl–0.15 mol/L EDTA 溶液：将 8.18 g NaCl 及 37.2 g EDTA-Na 溶于蒸馏水中，稀释至 1 000 mL。

（3）25% SDS 溶液：溶 25 g 十二烷基硫酸钠于 100 mL 45% 乙醇中。

（4）氯仿 – 异戊醇混合液：氯仿∶异戊醇 =24∶1（V/V）。

（5）新鲜鸡肝脏（兔、猪、鼠均可）。

（二）器材

离心机、恒温水浴摇床、恒温水浴、组织匀浆器、手术剪刀、吸量管（0.5 mL、2 mL、5 mL）、冰浴（冰箱）、刻度离心管。

四、操作方法

（1）取新鲜动物肝脏 4 g，剪碎后置组织匀浆器中。加入 8 mL 0.14 mol/L NaCl–0.15 mol/L EDTA 溶液，研磨成匀浆。将匀浆转入刻度离心管中，4 000 r/min 离心 10 min，弃去上清液。

（2）沉淀中加入 6 mL 0.14 mol/L NaCl–0.15 mol/L EDTA 溶液，玻璃棒搅拌，4 000 r/min 离心 10 min，弃去上清液。该步骤重复 2 次，所得沉淀为 DNP 粗制品。

（3）向沉淀中加入 5 mL 0.14 mol/L NaCl–0.15 mol/L EDTA 溶液，混匀后转入匀浆器中。滴加 0.5 mL 25%SDS 溶液，边加边搅拌。加毕，置 60℃水浴保温 10 min（不停搅拌）。溶液变得黏稠并略透明，取出冷至室温。此步骤的目的是使 DNA 与蛋白质分离。

（4）加入 5 mol/L NaCl 溶液 3 mL，使 NaCl 最终浓度达到 1 mol/L。搅拌 10 min，使溶液变得黏稠并略带透明。

（5）匀浆转入三角瓶中，加等体积的氯仿 – 异戊醇，放入水浴摇床中振摇 20 min。取出后 3 500 r/min 离心 10 min，此时离心管中出现三层，上层为含 DNA 的水液，中层为变性蛋白质，下层是氯仿－异戊醇。

（6）吸出上层含DNA的水液（欲定量测定，必须用1 mol/L NaCl洗2次，合并上清液），慢慢加入1.5～2倍体积的95%冷乙醇，DNA沉淀即析出。用玻璃棒沿同一方向慢慢搅动，则DNA丝状物即缠在玻璃棒上，晾干即为DNA产品。

五、注意事项

（1）为了防止大分子核酸在提取过程中被降解，整个过程需要在低温下进行。

（2）从核蛋白中脱去蛋白质的方法很多，经常采用的有氯仿－异丙醇法、苯酚法、去垢剂法等，它们均能使蛋白质变性和核蛋白解聚，并释放出核酸。

（3）使用离心机时，相对的离心管必须用天平调平衡。

六、思考题

（1）试述提取过程中的关键步骤及注意事项有哪些。

（2）核酸提取中，除去杂蛋白的方法主要有哪几种？

实验24 核酸的定量测定——紫外分光光度法

一、实验目的

（1）学习和掌握应用紫外分光光度法直接测定核酸含量的原理及技术。

（2）进一步熟悉紫外分光光度计的使用方法。

二、实验原理

DNA/RNA在260 nm处有最大的吸收峰，蛋白质在280 nm处有最大的吸收峰，盐和小分子则集中在230 nm处。因此，可以用260 nm波长进行分光测定DNA浓度，A值为1，相当于大约50 μg/mL双链DNA。如用1 cm光径，用H_2O稀释DNA/RNA样品n倍，并以H_2O为空白对照，根据此时读出的A_{260}值即可计算出样品稀释前的浓度：DNA（mg/mL）=50×A_{260}×稀释倍数/1 000。RNA（mg/mL）=40×A_{260}×稀释倍数/1 000。

DNA/RNA纯品的A_{260}/A_{280}为1.8或2.0，故根据A_{260}/A_{280}的值可以估计DNA的

纯度。若比值较高，说明含有 RNA，比值较低，说明有残余蛋白质存在。A_{230}/A_{260} 的比值应在 0.4～0.5，若比值较高，说明有残余的盐存在。本实验室机器显示是 A_{260}/A_{230}，则比值应在 2～2.5，偏小则说明有残余盐剩余。

三、试剂与器材

（一）试剂

（1）钼酸铵－过氯酸沉淀剂：取 3.6 mL 70% 过氯酸和 0.25 g 钼酸铵溶于 96.4 mL 蒸馏水中，即成 0.25% 钼酸铵 －2.5% 过氯酸溶液。

（2）5%～6% 氨水：用 25%～30% 氨水稀释 5 倍。

（3）0.01 mol/L NaOH。

（4）测试样品：RNA 或 DNA 干粉。

（二）器材

紫外分光光度计、电子天平、离心机、吸量管（0.5 mL、2 mL）、试管及试管架、容量瓶（50 mL）、滤纸、擦镜纸、冰箱（冰浴）。

四、操作方法

（1）准确称取 RNA 或 DNA 样品 0.50 g，加少量 0.01 mol/L NaOH 溶液调成糊状，再加适量水，用 5% 氨水调至 pH7.0，然后加水定容至 50 mL。选择厚度为 1 cm 的石英比色杯，于紫外分光光度计上 260 nm 波长处测定 A 值。按公式（1）计算 RNA（DNA）含量。

（2）如果待测的核酸样品中含有酸溶性核苷酸或可透析的低聚多核苷酸，故在测定时需加钼酸铵－过氯酸沉淀剂，沉淀除去大分子核酸，测定上清液 260 nm 波长处 A 值作为对照。具体操作如下：

取 2 支离心管，甲管加入 2 mL 样品溶液和 2 mL 蒸馏水，乙管加入 2 mL 样品溶液和 2 mL 沉淀剂。混匀，在冰浴中放置 30 min，以 3 000 r/min 离心 10 min。从甲、乙两管中分别吸取 0.5 mL 上清液，用蒸馏水定容至 50 mL。选择厚度为 1 cm 的石英比色杯，在 260 nm 波长处测定 A 值。按公式（2）计算 RNA（DNA）含量。

五、结果与计算

公式（1）：RNA（DNA）浓度（μg/mL）= $\dfrac{A_{260}}{0.024(0.020) \times L} \times N$

公式（2）：RNA(DNA)含量% = $\dfrac{甲A_{260} - 乙A_{260}}{0.024(0.020) \times 样品浓度} \times N$

式中：A_{260} 为 260 nm 波长处吸光值，N 为稀释倍数，L 为比色杯的厚度（1 cm），0.024 为每 mL 溶液内含 1 μgRNA 的 A_{260} 值，0.020 为每 mL 溶液内含 1 μgDNA 钠盐的 A_{260} 值。

六、思考题

（1）用该法测定样品的核酸含量，有何优点及缺点？
（2）若样品中含有蛋白质，如何排除干扰？你认为最简便的方法是什么？
（3）讨论纯度较低的原因和解决办法。

实验 25 二苯胺显色法测定 DNA 含量

一、实验目的

（1）掌握二苯胺显色法测定 DNA 含量的原理和方法。
（2）熟悉可见分光光度计的使用以及标准曲线的制作。

二、实验原理

DNA 酸解后生成嘧啶核苷酸、嘌呤核苷酸、磷酸和脱氧核糖。脱氧核糖在酸性环境中脱水生成 ω-羟基-γ-酮基戊醛，它与二苯胺试剂反应产生蓝色化合物，在 595 nm 处有最大吸收，可用比色法测定。其反应式如下：

样品中 DNA 浓度在 40 ～ 400 μg/mL 范围内，吸光度与 DNA 的浓度成正比。在反应液中加入少量乙醛，可以提高反应的灵敏度。

三、试剂与器材

（一）试剂

（1）DNA 标准溶液：取小牛胸腺 DNA 以 0.01 mol/L NaOH 溶液配制成 200 μg/mL 的溶液。

（2）二苯胺试剂：称取重结晶二苯胺 1 g，溶于 100 mL 分析纯的冰醋酸中，再加入 10 mL 过氯酸（60% 以上）混匀，待用。使用前加入 1 mL 1.6% 乙醛溶液。所配得的混合液应为无色，贮于棕色瓶中。

（二）器材

电子天平、可见分光光度计、恒温水浴、吸量管（1 mL、2 mL、5 mL）、试管及试管架、滤纸、擦镜纸、研钵等。

四、操作方法

（一）DNA 标准曲线的绘制

取 6 支试管，编号，按表 2-11 加入试剂。

表 2-11　　　　　　　　DNA 标准曲线的绘制

试　剂	试　管					
	0	1	2	3	4	5
DNA 标准溶液 /mL	0	0.4	0.8	1.2	1.6	2.0
DNA 含量 /μg	0	80	160	240	320	400
蒸馏水 /mL	2.0	1.6	1.2	0.8	0.4	0
二苯胺试剂 /mL	4.0	4.0	4.0	4.0	4.0	4.0

置 60℃ 恒温水浴中保温 1 h，冷却后将上述各管于分光光度计 595 nm 处比色。用 0 号管调零点，测出 1～5 号管吸光度。以 DNA 浓度（μg）为横坐标，A_{595} 为纵坐标，绘制标准曲线。

（二）待测样品的制备

将自制的 DNA 样品置于研钵中，加入少量 0.01 mol/L NaOH 溶液，慢慢研磨使之溶解，然后以 0.01 mol/L NaOH 溶液定容至 50 mL 容量瓶中。

（三）样品的测定

取 2 支试管，分别加入 2 mL 待测液，4 mL 二苯胺试剂，摇匀。于 60℃恒温水浴中保温 1 h，冷却后于 595 nm 处比色。根据所测得的吸光度对照标准曲线求得 DNA 的质量（μg）。

五、结果与计算

每 100 g 动物肝脏中 DNA 的含量：

$$\text{DNA}\% = \frac{A \times n}{m} \times 100$$

式中：A 为由标准曲线查得样液中 DNA 的质量，μg；n 为样液的稀释倍数；m 为样品的质量，μg。

六、注意事项

如样品中含少量 RNA 时不影响测定，而蛋白质、某些糖及其衍生物、芳香醛和羟基醛等都能与二苯胺形成各种有色物质，干扰测定，测定前应尽量除去。

七、思考题

（1）利用戊糖显色反应和紫外吸收测定核酸含量的方法，应用范围有何区别？

（2）二苯胺法测定 DNA 含量时，若 DNA 样品中混有 RNA 或蛋白质、糖类时，是否会有干扰？

实验 26　DNA 的琼脂糖凝胶电泳

一、实验目的

学习琼脂糖凝胶电泳分离 DNA 的原理和方法。

二、实验原理

凝胶电泳是分离和纯化 DNA 片段最常用的技术。根据制备凝胶的材料，凝胶电泳可被分成两类：琼脂糖凝胶电泳和聚丙烯酰胺凝胶电泳。前者在分离度上差于后者，但在分离范围上优于后者。琼脂糖是一种天然聚合长链状分子，沸水中溶解，45℃开始形成多孔性刚性滤孔，凝胶孔径的大小决定于琼脂糖的浓度。DNA 分子在碱性条件下带负电荷，在外加电场作用下向正极泳动。DNA 分子在琼脂糖凝胶中泳动时，有电荷效应与分子筛效应。不同的 DNA，其分子量大小及构型不同，电泳时的泳动率就不同，从而分出不同的区带。琼脂糖凝胶电泳法分离 DNA，主要是利用分子筛效应，迁移速度与分子量的对数值成反比，因而就可依据 DNA 分子的大小使其分离。该过程可以通过把示踪染料或分子量标准参照物和样品一起进行电泳而得到检测结果。分子量标准参照物也可以提供一个用于确定 DNA 片段大小的标记。溴化乙锭（EB）为扁平状分子，在紫外光照射下发射荧光。EB 可与 DNA 分子形成 EB-DNA 复合物，其发射的荧光强度较游离状态 EB 发射的荧光强度大 10 倍以上，且荧光强度与 DNA 的含量成正比。据此可粗略估计样品 DNA 浓度。

三、试剂与器材

（一）试剂

（1）琼脂糖凝胶（琼脂糖粉末与 1×TAE 配成）Agarose：0.5%，1～30 kb；0.7%，0.8～12 kb；1.2%，0.4～7 kb；1.5%，0.2～3 kb。

（2）电泳缓冲液 TAE（Tris-乙酸盐、EDTA）：电泳缓冲液 50× 浓缩贮存液。

50×TAE：称 Tris 242 g，$Na_2EDTA \cdot 2H_2O$ 37.2 g，然后加入 800 mL 的去离子水，充分搅拌溶解。加入 57.1 mL 的醋酸，充分混匀。加去离子水定容至 1 L，室温保存。需要使用的时候，稀释为 1×TAE。

（3）载体缓冲液：称取 80 g 蔗糖、0.5 g 溴酚蓝，上述两样混合溶于 200 mL ddH_2O 中，混匀即可。

（4）溴化乙锭水溶液（10 mg/mL）。

（二）器材

刻度量筒、玻璃棒、三角烧瓶、移液枪及枪头、微波炉或沸水浴、凝胶灌制平板（塑料或玻璃制成）、凝胶样品梳、稳压稳流电泳仪、紫外分析仪、凝胶成像扫描仪等。

四、实验方法

（一）琼脂糖凝胶的制备

（1）洗净有机玻璃制胶内槽，置水平位置备用。

（2）根据制胶槽大小，称取一定量的琼脂糖，放入锥形瓶中，按1%的浓度加入1×TAE缓冲液，置微波炉或者水浴中加热至完全溶解，取出摇匀，冷却至约60℃，加入EB溶液，使其终浓度为0.5 μg/mL（操作时戴手套）。

或者称取1 g琼脂糖加入盛有100 mL 1×TAE电泳缓冲液的500 mL三角瓶中，摇匀，用电子天平称取三角瓶的总重量。在微波炉上加热至琼脂糖完全溶解，放在天平上加蒸馏水至原重量。冷却到60℃，加入100 μL的0.5 mg/mL溴化乙锭（EB），并摇匀。

（二）凝胶板的制备

（1）用胶带将制胶板两端封好，将冷却至约60℃的琼脂糖凝胶缓慢倒入制胶槽内，厚度一般为3～5 mm，放好梳子，排除梳齿之间或梳齿下的气泡（一般轻轻抖动梳子即可）。一般梳子离托盘长边上的凹槽约1.5 cm，梳齿底边与托盘保持0.5～1 mm的间隙。

（2）室温下放置30～40 min，使琼脂糖完全凝固，小心取出梳子，将胶槽置于电泳槽内，加入1×TAE缓冲液，使液面高于胶面1 mm。注意：电泳槽中缓冲液和配置凝胶的缓冲液完全一致，最好为同一次配置的溶液。

（三）加样

取样品液DNA 5 μL。加入1 μL（6倍）溴酚蓝上样缓冲液（DNA：溴酚蓝=5：1，V/V），混匀后用微量加样器将样品加入点样孔中，枪头不可碰孔壁。

（四）电泳

接通电泳槽和电泳仪，注意DNA带负电，应该向正极移动，加样端要接负极，另外DNA的迁移速度与电压成正比，电压选择为不高于5 V/cm。可见到溴酚蓝条带由负极向正极移动，约1 h后即可观察。当溴酚蓝染料移动到距凝胶前沿1～2 cm处，停止电泳。

（五）观察

将凝胶置于紫外透射检测仪上，戴上防护观察罩，打开紫外灯，可见到橙红色核酸条带。根据条带粗细和荧光强度，可粗略估计该样品DNA的浓度。同时，根据已知分子量的标准DNA，通过线性DNA条带的相对位置初步估计样品的分子量。或放入凝胶成像仪中，记录观察结果或直接拍照。

五、思考题

电泳的分子筛效应和凝胶过滤法的分子筛效应有什么差别?

第五章 酶

实验 27 过氧化氢酶 K_m 的快速测定

一、实验目的

学习米氏常数的测定方法。

二、实验原理

本实验测定红细胞中过氧化氢酶的米氏常数。过氧化氢酶（CAT）催化下列反应：

$$2H_2O_2 \xrightarrow{\text{过氧化氢酶}} 2H_2O + O_2 \uparrow$$

H_2O_2 浓度可用 $KMnO_4$ 在硫酸存在下滴定测知。

$$2KMnO_4 + 5H_2O_2 + 3H_2SO_4 \longrightarrow 2MnSO_4 + K_2SO_4 + 5O_2 \uparrow + 8H_2O$$

求出反应前后 H_2O_2 的浓度差即为反应速度。作图求出过氧化氢酶的米氏常数。

三、试剂与器材

（一）试剂

（1）0.05 mol/L 草酸钠标准液：将草酸钠（AR）于 100℃～105℃烘 12 h。冷却后，准确称取 0.67 g，用水溶解倒入 100 mL 量瓶中，加入浓 H_2SO_4 5 mL，加蒸馏水至刻度，充分混匀，此液可贮存数周。

（2）0.02 mol/L $KMnO_4$ 贮存液：称取 $KMnO_4$ 3.4 g，溶于 1 000 mL 蒸馏水中，加热搅拌，待全部溶解后，用表面皿盖住，在低于沸点温度上加热数小时，冷后放置过夜，玻璃丝过滤，棕色瓶内保存。

（3）0.004 mol/L $KMnO_4$ 应用液：取 0.05 mol/L 草酸钠标准液 20 mL 于锥形瓶中，

加 1∶1 浓 H$_2$SO$_4$ 2 mL，于 70℃水浴中用 KMnO$_4$ 贮存液滴定至微红色，根据滴定结果算出 KMnO$_4$ 贮存液的标准浓度，稀释成 0.004 mol/L，每次稀释都必须重新标定贮存液。

（4）0.08 mol/L H$_2$O$_2$ 液：取 20%H$_2$O$_2$（AR）40 mL 于 1000.0 mL 量瓶中，加蒸馏水至刻度，临用时用 0.004 mol/L KMnO$_4$ 标定之，稀释至所需浓度。

（5）0.2 mol/L 磷酸盐缓冲液（pH7.0）。

（二）器材

数显恒温水浴锅、锥形瓶、滴定管等。

四、操作方法

（一）血液稀释

吸取新鲜（或肝素抗凝）血液 0.1 mL，用蒸馏水稀释至 10 mL，混匀。取此稀释血液 1.0 mL，用磷酸盐缓冲液（pH7.0，0.2 mol/L）稀释至 10 mL，得 1∶1 000 稀释血液。

（二）H$_2$O$_2$ 浓度的标定

取洁净锥形瓶两只，各加浓度约为 0.08 mol/L 的 H$_2$O$_2$ 2.0 mL 和 25%H$_2$SO$_4$ 2.0 mL，分别用 0.004 mol/L KMnO$_4$ 滴定至微红色。根据滴定用去 KMnO$_4$ 体积（mL），求出 H$_2$O$_2$ 的浓度。

（三）反应速度的测定

取干燥洁净 50 mL 锥形瓶 5 只，编号，按表 2-12 操作。

表 2-12　　　　　　　　　　反应速度的测定

试　剂	编　号				
	1	2	3	4	5
0.08 mol/L H$_2$O$_2$/mL	0.50	1.00	1.50	2.00	2.50
蒸馏水 /mL	3.0	2.50	2.00	1.50	1.00

将各瓶置 37℃水浴中预热 5 min，依次加入 1∶1000 稀释血液每瓶 0.5 mL，边加边摇，继续保温 5 min，按顺序向各瓶加 25%H$_2$SO$_4$ 2.0 mL，边加边摇，使酶促反应立即终止。

最后用 0.004 mol/L KMnO₄ 滴定各瓶至微红色，记录 KMnO₄ 消耗量（mL）。

五、结果与计算

（1）反应瓶中 H_2O_2 浓度（mol/L）= $\dfrac{H_2O_2(mol/L) \times 加入 H_2O_2 毫升数}{4}$

其中，4 为反应液量 4 mL。

（2）反应速度的计算：以反应消耗的 H_2O_2 mmol 数表示。

反应速度 = 加入的 H_2O_2 mmol 数 − 剩余的 H_2O_2 mmol 数

即 H_2O_2 mol 浓度 × 加入的毫升数 − KMnO₄ 浓度 × 消耗的 KMnO₄ mL 数 × 5/2

其中，5/2 为 KMnO₄ 与 H_2O_2 反应中 mol 换算系数。

（3）作图求出过氧化氢酶的米氏常数。

六、思考题

（1）K_m 值的意义是什么？

（2）测酶 K_m 值的实验中，需要特别注意哪些操作？

实验 28 温度、pH 及激活剂和抑制剂等对酶促反应速度的影响

一、实验目的

（1）了解温度、pH、激活剂和抑制剂对酶活性的影响。

（2）掌握各种理化因素对酶活性影响的原理和方法。

二、实验原理

酶的催化作用受温度的影响很大，在最适温度下，酶的反应速度最高。大多数动物酶的最适温度为 37℃～40℃，植物酶的最适温度为 50℃～60℃。酶对温度的稳定性与其存在的形式有关。有些酶的干燥制剂即使加热到 100℃，其活性也无明显改变，但在 100℃的溶液中却很快完全失去活性。低温能降低或抑制酶的活性，但不使酶失活。不同温度条件下，淀粉被淀粉酶水解的程度可由水解混合物遇苯式试剂呈现

的颜色来判断。

酶的活力受环境 pH 的影响极为显著。酶表现最大活力时的 pH 称为酶的最适 pH。高于或低于此 pH 时酶的活力逐渐降低。一般酶的最适 pH 在 4～8 之间，唾液淀粉酶的最适 pH 约为 6.8。本实验观察 pH 对淀粉酶活性的影响。

酶的活力常受某些物质的影响，有些物质能增加酶的活力，称为酶的激活剂；有些物质则会降低酶的活力，称为酶的抑制剂。氯离子为唾液淀粉酶的激活剂，而铜离子为该酶的抑制剂。本实验以 NaCl 和 $CuSO_4$ 对唾液淀粉酶活性的影响来观察对酶的激活和抑制作用，同时以 Na_2SO_4 作对照。将淀粉与唾液淀粉酶液混合，一定时间后淀粉被水解，遇碘不产生蓝色。若酶活力强，水解淀粉所需时间短；酶活力弱，水解淀粉所需时间长，故可用水解时间长短表示酶的活力强弱。

三、试剂与器材

（一）试剂

（1）1% 淀粉 A 溶液（含 0.3% NaCl）：将 1 g 可溶性淀粉及 0.3 g 氯化钠混悬于 5 mL 蒸馏水中，搅动后，缓慢倒入沸腾的 60 mL 蒸馏水中，搅动煮沸 1 min，冷却至室温，加水至 100 mL，置冰箱中保存。

（2）新鲜唾液的收集：水漱口，含蒸馏水 30～40 mL，3 min 后流入小烧杯中备用。

（3）苯式试剂（不用碘，用苯式试剂代替）。

（4）0.2 mol/L 磷酸缓冲液（pH3.0）：见附录 A。

（5）0.2 mol/L 磷酸缓冲液（pH6.8）：见附录 A。

（6）0.2 mol/L 磷酸缓冲液（pH8.0）：见附录 A。

（7）1% 淀粉 B 溶液（不含氯化钠）。

（8）1% NaCl 溶液。

（9）1% $CuSO_4$ 溶液。

（10）1% Na_2SO_4 溶液。

（二）器材

试管及试管架、恒温水浴、冰浴、吸量管（1 mL、2 mL）、量筒、沸水浴、白瓷板、秒表、精密 pH 试纸等。

四、操作方法

(一) 温度对酶促反应速度的影响

取试管 3 支，编号，按表 2-13 加入试剂。

表 2-13　　　　　　　　温度对酶促反应速度的影响

试剂（滴）	试管编号		
	1	2	3
pH6.8 缓冲液	20	20	20
1% 淀粉 A 溶液	10	10	1.0
处置条件（1）	37℃水浴 5 min	沸水浴 5 min	冰水浴 5 min
α-淀粉酶（稀释唾液）	5	5	5
处置条件（2）	37℃水浴 10 min	沸水浴 10 min	冰水浴 10 min

各管加入苯式试剂 1 滴，摇匀，观察并记录颜色变化。

(二) pH 对酶促反应速度的影响

取试管 3 支，编号，按表 2-14 加入试剂。

表 2-14　　　　　　　　pH 对酶促反应速度的影响

试剂（滴）	试管编号		
	1	2	3
pH3.0 磷酸缓冲液	20	—	—
pH6.8 磷酸缓冲液	—	20	—
pH8.0 磷酸缓冲液	—	—	20
1% 淀粉 A 溶液	10	10	10
稀释唾液	5	5	5

摇匀，置 37℃水浴保温 5～10 min，向各管各加入 1 滴苯式试剂，摇匀，观察并记录颜色变化。

（三）激活剂和抑制剂对酶促反应速度的影响

取试管 4 支，编号，按表 2-15 加入试剂。

表 2-15　　　　　　　　激活剂和抑制剂对酶促反应速度的影响

试剂（滴）	试管编号			
	1	2	3	4
pH6.8 缓冲液	20	20	20	20
1% 淀粉 B 溶液	10	10	10	10
蒸馏水	10	—	—	—
1%NaCl 溶液	—	10	—	—
1%CuSO$_4$ 溶液	—	—	10	—
1%Na$_2$SO$_4$ 溶液	—	—	—	10
稀释唾液	5	5	5	5
处置条件	摇匀，置 37℃水浴保温 5～10 min			

取出，各管加入苯试剂各 1 滴，观察并记录颜色变化。

五、结果与分析

观察各管颜色变化，说明温度、pH、激活剂和抑制剂对酶促反应的影响。

六、思考题

什么是酶的最适温度？唾液淀粉酶的最适温度是多少？

实验 29　琥珀酸脱氢酶的作用及竞争性抑制作用

一、实验目的

（1）学习和掌握竞争性抑制作用的特点。

（2）了解丙二酸对琥珀酸脱氢酶的竞争性抑制作用。

二、实验原理

化学结构与酶作用的底物结构相似的物质可与底物竞争结合酶的活性中心，使酶的活性降低甚至丧失，这种抑制作用称为竞争性抑制作用。琥珀酸脱氢酶是机体内参与三羧酸循环的一种重要的脱氢酶，其辅基为FAD，如心肌中的琥珀酸脱氢酶在缺氧的情况下，可使琥珀酸脱氢生成延胡索酸，脱下之氢可将蓝色的甲烯蓝还原成无色的甲烯白。这样便可以显示琥珀酸脱氢酶的作用。

丙二酸的化学结构与琥珀酸相似，它能与琥珀酸竞争而和琥珀酸脱氢酶结合。若琥珀酸脱氢酶已与丙二酸结合，则不能再催化琥珀酸脱氢，这种现象称为竞争性抑制。如相对地增加琥珀酸的浓度，则可减轻丙二酸的抑制作用。

三、试剂与器材

（一）试剂

（1）200 mmol/L 琥珀酸溶液：琥珀酸 2.36 g，加少量蒸馏水溶解后，用 0.2 mol/L 氢氧化钠调至 pH7.4，再加蒸馏水至 100 mL。

（2）20 mmol/L 琥珀酸溶液：取 200 mmol/L 琥珀酸溶液用蒸馏水做 10 倍稀释。

（3）200 mmol/L 丙二酸溶液：丙二酸 2.32 g，加少量蒸馏水溶解后，用 0.2 mol/L 氢氧化钠调至 pH7.4，再加蒸馏水至 100 mL。

（4）20 mmol/L 丙二酸溶液：取 200 mmol/L 丙二酸溶液用蒸馏水做 10 倍稀释。

（5）0.02% 甲烯蓝溶液：甲烯蓝 0.02 g，加蒸馏水溶解至 100 mL。

（6）液体石蜡。

（二）器材

10 mm×100 mm 试管、试管架、恒温水浴、蜡笔、大白鼠、手术剪、镊子、磁盘、匀浆器。

四、操作方法

（1）肌肉酶提取液的制备：大鼠断头放血处死，取大腿肌肉约 5 g 剪碎，置烧杯内用冷蒸馏水水洗 3 次，洗去肌肉中的可溶性物质和其他受氢体，以减少对实验的干扰，将肌肉碎块移入研钵中，加约 10 mL 冰冷的蒸馏水研磨得匀浆，离心沉淀，取上层清液冷藏备用。

（2）取试管 5 支，按表 2-16 依次加入各种试剂。

表 2-16　　　　　丙二酸对琥珀酸脱氢酶活性的竞争性抑制作用

试剂（滴）	编　号				
	1	2	3	4	5
肌肉酶提取液	10	10	10	10	—
200 mmol/L 琥珀酸溶液	5	5	5	—	5
20 mmol/L 琥珀酸溶液	—	—	—	5	—
200 mmol/L 丙二酸溶液	—	5	—	5	—
20 mmol/L 丙二酸溶液	—	—	5	—	—
蒸馏水	5	—	—	—	15
甲烯蓝溶液	3	3	3	3	3

（3）将上述各管摇匀，分别加液体石蜡油适量覆盖液面，以隔绝空气，放置37℃水浴箱中保温，观察各管蓝色消退情况。

五、结果与分析

将实验结果列于表 2-17 中。

表 2-17　　　　丙二酸对琥珀酸脱氢酶活性的竞争性抑制作用结果

编　号	褪色时间 /min	[I]/[S]
试管 1		
试管 2		
试管 3		
试管 4		
试管 5		

六、注意事项

（1）肌肉酶提取液的制备应操作迅速，以防止酶活性降低。

（2）加入液体石蜡的作用是隔绝空气，以避免空气中的氧气对实验造成影响，因此加石蜡时试管壁要倾斜，注意不要产生气泡。

（3）37℃水浴保温过程中，不能摇动试管，避免空气中的氧气接触反应溶液，使还原型的甲烯白重新氧化成蓝色。

（4）37℃水浴保温过程中，要注意随时观察各试管的褪色情况。

（5）实验结束后，一定要洗干净试管内的液体石蜡。

七、思考题

说明丙二酸抑制作用及其抑制特点。

实验30　硫酸铵分级沉淀分离苯丙氨酸解氨酶

一、实验目的

（1）了解硫酸铵沉淀蛋白质的原理。
（2）掌握分级沉淀分离酶的基本操作和方法。

二、实验原理

不同盐浓度下各种蛋白质的溶解度是不同的，因此调节溶液的盐浓度可使各种蛋白质先后沉淀出来，或者使需要的酶与其他杂质蛋白分开，达到提纯目的。分级沉淀法一般进行蛋白质沉淀时，常选用硫酸铵。因为硫酸铵与其他盐（如氯化钠、硫酸钾）相比，溶解度大，对温度不敏感，而且有稳定蛋白质结构的作用。硫酸铵沉淀一般在蛋白（酶）纯化的步骤中前期用，简便且重复性好，但纯化倍数不高。分级沉淀中需加的固体硫酸铵或饱和硫酸铵溶液的量可从硫酸铵饱和度量表中查得。但是硫酸铵或其他盐类进行分级沉淀，欲对样品继续纯化时，需要花一定时间脱盐。

苯丙氨酸解氨酶（L-phenylalanine ammonia-lyase，简称PAL）是植物体内苯丙烷类代谢的关键酶，与一些重要的次生物质（如木质素、异黄酮类植保素、黄酮类色素等）合成密切相关，在植物的正常生长发育和抵御病菌侵害的过程中起重要作用。

PAL催化L-苯丙氨酸裂解为反式肉桂酸和氨，产物反式肉桂酸在波长290 nm处有最大吸收值。在反应系统中如果酶的加入量适当，反式肉桂酸的生成速率，即

A_{290} 升高的速率，可在几小时内保持不变，因此可通过测定 A_{290} 升高的速率来测定 PAL 的活力。规定 1 h 内 A_{290} 增加 0.01 为 PAL 的一个活力单位。

三、试剂和仪器

（一）试剂

（1）0.1 mol/L 硼酸 – 硼砂缓冲液（pH8.7）。

（2）酶提取液：0.1 mol/L 硼酸 – 硼砂缓冲液（内含 1 mmol/L EDTA、20 mmol/L β– 巯基乙醇）。取 100 mL 0.1 mol/L 硼酸 – 硼砂缓冲液（pH8.7），加入 0.037 gEDTA 钠盐，混匀，临用前再加入 0.137 mL β – 巯基乙醇，混匀。

（3）0.6 mmol/L L– 苯丙氨酸溶液：称取 L-Phe 9.912 mg 溶于 100 mL 蒸馏水中。

（4）6 N HCl 溶液。

（5）固体 $(NH_4)_2SO_4$。

（二）仪器

高速冷冻离心机、冰浴、PE 管、纱布、剪刀等。

四、操作方法

（一）酶液提取

（1）取小麦幼苗（发芽 5～6 天）2 g，用剪刀剪成小段后，立即放入有 10 mL 酶提取液的研钵中，于冰浴上研磨匀浆，匀浆结束前，再加入 10 mL 酶提取液研磨混匀。

（2）将已匀浆的酶液用三层纱布过滤、挤干。滤液转入离心管，平衡后，于 10 000 rpm 下冷冻离心 30 min。

（3）取离心后的上清液（酶粗提液），量出其体积 V_1，放置冰浴中备用。

（二）硫酸铵分级沉淀酶蛋白

（1）从酶粗提液中吸取出 0.5 mL，以作后面活力测定等用，根据实际体积和硫酸铵饱和度用量表，算出达到 40% 饱和度实际应加入酶液中的硫酸铵量，并称取该量的硫酸铵。

（2）将酶液倒入烧杯内，烧杯置于冰浴中，然后在缓慢搅拌下缓慢加入称好的固体硫酸铵（不能有大颗粒，放在研钵中研碎），待全部硫酸铵加入后，再缓慢搅拌 20 min。

（3）将上述溶液倒入离心管，3 000 rpm 下冷冻离心 30 min，弃上清液于烧杯内，保留沉淀，记为沉淀 a。

（4）根据硫酸铵饱和度计算表（附录B），查出从40%到75%饱和度所需硫酸铵用量，算出并称取实际应加的硫酸铵量。

（5）按上述（2）、（3）步同法处理，离心后，倒出上清液，保留沉淀，记为沉淀b。

（三）酶活力测定

（1）将沉淀a和沉淀b分别溶于1 mL酶抽提液中，待沉淀全部溶解后，量出其体积V_2、V_3，记为沉淀液a和b。

（2）分别从沉淀液a和b中吸出0.2 mL加入另外两个试管内，然后用酶提取液分别将其稀释成1 mL，记为稀释沉淀液a和b。

（3）取试管7支，按表2-18编号并加入各试剂。

表2-18　　　　　　　　苯丙氨酸解氨酶活力测定

试剂	0	1	1'	2	2'	3	3'
pH8.7 0.1 mol/L 硼酸缓冲液 /mL	4.0	3.9	4.9	3.9	4.9	3.9	4.9
酶粗提取液 /mL	—	0.1	0.1	—	—	—	—
稀释沉淀液 a/mL	—	—	—	0.1	0.1	—	—
稀释沉淀液 b/mL	—	—	—	—	—	0.1	0.1
0.6 mmol/L L-Phe/mL	1.0	1.0	—	1.0	—	1.0	—

（4）以上试管放入恒温水浴（40℃）中保温60 min后，立即加入0.2 mL 6 N HCL，混匀，终止反应。

（5）于波长290 nm处，以0号管溶液调零，分别记录测得的各管A_{290}值。

五、结果与计算

（1）PAL总活力计算。

酶活力单位定义：规定1 h内A_{290}增加0.01为PAL的一个活力单位。分别算出每mL酶粗提液和沉淀液a和b中PAL的总活力。

$$总活力 = 酶活力（U/mL）× 酶液总体积$$

其中，酶液体积指的是离心分离所得沉淀提取物溶解后的总体积。

（2）按下列公式计算出 40%～75% 硫酸铵沉淀中 PAL 的回收率。

$$PAL回收率\% = \frac{沉淀液b中PAL总活力}{酶粗提液中PAL总活力} \times 100\%$$

六、注意事项

（1）酶提取过程中，添加有机试剂时搅拌的速度要适当，添加速度也不宜过快，以免局部溶剂浓度过高而引起酶失活。

（2）硫酸铵分级沉淀时，盐的饱和度可由低向高逐渐增高，每出现一种沉淀应进行分离。加盐时要分次加入，待盐溶解后继续添加，加完后缓慢搅 10～30 min，使溶液浓度完全平衡，有利于酶的沉淀。

七、思考题

（1）高浓度的硫酸铵对蛋白质的溶解度有何影响？为什么？

（2）盐析沉淀得到的酶制品可直接用在食品工业中吗？需要做哪些处理？

实验 31　糖化酶的凝胶过滤分离纯化

一、实验目的

（1）了解并熟悉分子筛凝胶过滤层析法分离纯化糖化酶的原理和方法。

（2）掌握有机溶剂、等电点沉淀法制备糖化酶的基本方法。

二、实验原理

糖化酶广泛分布于能直接以淀粉为营养源的所有生物体中。该酶能将淀粉几乎百分之百地水解为葡萄糖，已广泛应用于淀粉糖浆及葡萄糖的工业生产。

糖化酶的分离纯化实质是活性蛋白质的提纯过程。实验中选用工业糖化酶粗粉为原料。首先加入一定比例的蒸馏水将酶浸出，离心后除去杂质，所得滤液为酶浸出液。然后在浸出液中加入 70% 饱和度的硫酸铵，使糖化酶沉淀析出。经离心分离获得沉淀部分即为糖化酶的粗制品。经盐析法初步分离的糖化酶溶液含有大量的硫酸铵，会妨碍酶的进一步纯化，因此必须去除。常用的方法有透析法、凝胶过滤层析法等，本实验采用凝胶过滤层析法。

凝胶过滤层析法是利用蛋白质与无机盐类之间相对分子质量的差异除去粗制品中盐类。实验中先将盐析沉淀的糖化酶加水溶解，再将酶液通过 Sephadex G-25 凝胶柱，然后用蒸馏水洗脱。凝胶层析中由于酶蛋白的直径大于凝胶网孔，只能沿着凝胶颗粒间的空隙以较快的速度流过凝胶柱，所以最先流出柱外。而无机盐直径小于凝胶网孔，可自由进出凝胶颗粒的网孔，向下移动的速度慢，最后流出层析柱。这样经过凝胶层析后可以达到脱盐的目的。

脱盐后的糖化酶溶液经等电点沉淀、有机溶剂沉淀等处理可得到较纯的酶制剂。再用无水乙醇脱水、干燥，即得到较纯的干酶制剂。

三、试剂与器材

（一）试剂

（1）$(NH_4)_2SO_4$ 粉末。

（2）30% 三氯乙酸溶液。

（3）葡聚糖凝胶 G-25。

（4）糖化酶粗粉。

（5）95% 乙醇。

（6）无水乙醇。

（7）1 mol/L NaOH 溶液。

（8）1 mol/L HCl 溶液。

（二）器材

电子天平、离心机、层析柱（1.5 cm×30 cm）、吸量管（2 mL、5 mL）、精密 pH 试纸、冰浴（冰箱）、烧杯（150 mL、500 mL）、黑瓷板、白瓷板。

四、操作方法

（一）糖化酶的浸出

（1）称取 2.0 g 糖化酶粗粉，置离心管中，加入 20 mL 蒸馏水，用玻璃棒搅拌 15 min。

（2）将离心管平衡，置于离心机中，4 000 r/min 离心 15 min。弃去沉淀，上清液为酶浸出液。

（二）硫酸铵盐析

（1）量取酶浸出液体积，称取 $(NH_4)_2SO_4$ 粉末使达 70% 饱和度（472 g/L），边加边搅拌地缓慢加入小烧杯中，待 $(NH_4)_2SO_4$ 全部溶解后室温下放置 30 min。

（2）4 000 r/min 离心 15 min。弃上清液，沉淀即为盐析所得粗酶。加入 4 mL 蒸馏水，溶解后滤纸过滤，备用。

（三）凝胶柱层析脱盐

（1）凝胶的处理：量取 40 mL Sephadex G-25，倾入 150 mL 烧杯中，加入 2 倍量的蒸馏水，置于沸水浴中 1 h，并经常摇动使气泡逸出。取出冷却，待凝胶下沉后，倾去含有细微悬浮物的上层液。

（2）装柱平衡：选用 1.5 cm×30 cm 层析柱，垂直夹于铁架台上。层析柱滤板下必须充满水，不能留有气泡。向柱内加少量水，将上述处理过的凝胶粒悬液连续注入层析柱内，直至所需凝胶床高度距层析柱上口约 3～4 cm 为止。装柱时凝胶床内不得有界面和气泡，凝胶床面应平整。打开下口夹，调节柱下口夹至流速 2 mL/min，用 2 倍柱床体积的蒸馏水平衡。关闭下口夹。

（3）上样与洗脱：打开下口夹，使床面上的水流出（或用滴管吸出），待液面降到凝胶床表面时，关闭出水口。柱下面用 10 mL 量筒接液，以便了解加样后液体的流出量。用滴管吸取盐析所得酶液，在距床面 1 mm 处沿管内壁轻轻转动加入样品。然后打开下口夹，使样品进入床内，直到与床面平齐为止。立即用 1 mL 水冲洗柱内壁，待水进入凝胶床后再加少量水。如此重复 2 次，以洗净内壁上的样品溶液。然后再加入适量水于凝胶床上，调流速 10 滴/min，开始洗脱。

（4）检测 NH_4^+ 与蛋白质：取黑白反应板各一块，在黑瓷板凹孔内加 1 滴 30% 三氯乙酸溶液，检查流出液。待流出液出现白色浑浊或沉淀即表示有蛋白质析出，立即用试管收集。每管收集 2 mL，直到无白色沉淀时停止收集。取 1 滴含有酶蛋白的各试管酶液于白瓷板凹孔中，加入 1 滴奈氏试剂，检查有无 NH_4^+。合并经检查不含 NH_4^+ 的各管收集液，即为脱盐后的糖化酶液。

（5）处理凝胶柱：用蒸馏水流洗凝胶柱，直至用奈氏试剂检查流出液中不含 NH_4^+ 为止。关闭下口夹，凝胶柱备下组实验用。

（四）酒精沉淀

（1）准确记录收集无盐酶液体积，用 1 mol/L 盐酸调至 pH4.0（准确）。

（2）加入 2.5 倍体积的冷乙醇，放置冰浴中静置 30 min。

（3）小心倾去上清液，浑浊液 4 000 r/min 离心 10 min。

（4）弃去上层清液，沉淀中加入无水乙醇少许，用玻璃棒搅拌成悬浮液，4 000 r/min 离心 5 min。弃上清液，沉淀即为初步纯化的酶制剂。

（5）将酶泥涂于预先洁净、干燥、称重的表面皿内，室温下风干。称重后计算得率。

五、注意事项

（1）装柱时尽量一次加完，凝胶悬浆不可太稀或太黏稠。

（2）流速不可太快，否则分子小的物质来不及扩散，随分子大的物质一起被洗脱下来，达不到分离目的。

（3）在整个洗脱过程中，始终应保持层析柱床面上有一段蒸馏水，不得使凝胶干结。

六、思考题

（1）全面总结一下，本实验各步骤是根据蛋白质的什么性质设计的？

（2）葡聚糖凝胶型号很多，本实验为什么用 G-25，而不用 G-200 等大型号的？

实验 32　液化型淀粉酶活力的测定——滴定法

一、实验目的

掌握液化型淀粉酶活力测定的基本原理和方法。

二、实验原理

液化型淀粉酶（又称 α-1,4 糊精酶，俗称 α-淀粉酶）能水解淀粉中 α-1,4 葡萄糖苷键，水解淀粉为分子量不一的糊精，淀粉迅速被液化，使淀粉与碘呈蓝紫色特征反应逐渐消失，以该颜色的消失速度计算酶的活力的高低。

三、试剂与器材

（一）试剂

（1）稀碘液：称取碘 11 g，KI 22 g，先用少量蒸馏水试点完全溶液后定容至 500 mL，储存于棕色瓶内备用。吸取上述溶液 2 mL，加碘化钾 20 g，用蒸馏水溶解定容至 500 mL 即为稀碘液，储存于棕色瓶内。

（2）20 g/L 可溶性淀粉溶液：准确称取可溶性淀粉 2 g（预先在 100℃~105℃

烘干），加少量水调匀，倾入 80 mL 沸水中，继续煮沸至透明。冷却后用水定容至 100 mL。

（3）0.02 mol/L pH6.0 的磷酸氢二钠－柠檬酸缓冲液：称取 $Na_2HPO_4 \cdot 12H_2O$ 45.23 g 和柠檬酸（$C_6H_8O_7 \cdot H_2O$）8.07 g，用蒸馏水溶解定容至 1 000 mL。调 pH 至 6.0。

（4）终点标准比色液。

A 液：精确称取氯化钴（$CoCl_2 \cdot 6H_2O$）40.243 g 和重铬酸钾（$K_2Cr_2O_7$）0.487 8 g，以蒸馏水溶解定容至 500 mL。

B 液（0.04% 铬黑 T）：精确称取铬黑 T（$C_{20}H_{12}N_3NaO_7S$）40 mg，以蒸馏水溶解定容至 100 mL。

使用时取 A 液 40 mL 与 B 液 5.0 mL 混合。此混合液宜在冰箱保存，使用 15 天后需要重新配制。

（二）器材

纱布、500 mL 容量瓶、三角瓶、滴管、恒温水浴、白瓷板等。

四、操作方法

（一）待测酶液的制备

精确称取酶粉 0.4 g，先用少量的 0.02 mol/L pH6.0 的磷酸氢二钠－柠檬酸缓冲溶液溶解，并用玻璃棒捣研，将上层液小心倾入 100 mL 容量瓶中，沉渣部分再加入少量上述缓冲液，如此反复捣研 3～4 次，最后全部转入容量瓶中，用缓冲液定容至刻度，摇匀，40℃浸取 30 min，然后通过四层纱布过滤，滤液供测试用。

（二）测定

取 2 mL 终点标准指示液于白瓷板空穴内，作为颜色的标准。

取 20 mL 2% 可溶性淀粉溶液和 5 mL pH6.0 磷酸氢二钠－柠檬酸缓冲液，注入 150 mL 三角瓶中，在 60℃恒温水浴中预热 5 min，然后加入预先稀释好的酶液 0.5 mL，立即记录时间，充分摇匀，定时用滴管取出反应液约 0.5 mL。滴于预先充满比色稀碘液（约 1.5 mL）的白瓷板空穴内，当空穴内颜色反应由紫色逐渐变为红棕色，与终点标准指示颜色相同时，即为反应终点，记录时间 T（min）。

五、结果与计算

以 1 g 酶粉（或 1 mL 酶液）于 60℃ pH6.0 的条件下，1 h 液化可溶性淀粉的克数来表示（g/g·h 或 g/mL·h）。

$$酶的活力单位 = \left(\frac{60}{T} \times 20 \times 2\% n\right) \times \frac{1}{0.5} \times \frac{5}{W}$$

式中：n 为酶粉稀释倍数；2% 为淀粉溶液浓度；20 为可溶性淀粉吸取体积（mL）；T 为测定记录时间（min）；0.5 为测定时所用酶液体积（mL）；W 为酶粉取样量（g）。

六、注意事项

（1）酶反应全部时间应控制在 2～2.5 min 之内，商品液化型淀粉酶制剂活力约为 1 500～2 500 单位，稀释倍数一般为 100～200 倍。

（2）可溶性淀粉的质量对液化型淀粉酶活力有一定影响，为统一起见，可溶性淀粉溶液采用化学纯试剂配制。

七、思考题

实验测定结果比商品的单位酶活力高，原因可能是什么？

实验 33　碱性蛋白酶活力的测定——Folin-酚法

一、实验目的

学习 Folin-酚法测定蛋白酶活力的原理和操作方法。

二、实验原理

蛋白酶在一定温度（40℃以下）与 pH 条件下，水解底物酪蛋白产生含有酚基的氨基酸（如酪氨酸、色氨酸等）。在碱性条件下，Folin-酚试剂极不稳定，可被酚类化合物还原生成钼蓝与钨蓝，根据蓝色的深浅可以推断酶活力的大小。

用一系列不同浓度的酪氨酸标准溶液分别与 Folin-酚试剂作用，生成蓝色深浅不同的一系列溶液，用分光光度法测定 680 nm 波长处吸光度，作出酪氨酸浓度—吸光度的标准曲线。然后用酶促水解液与 Folin-酚试剂进行显色反应，测定 A_{680}，查阅标准曲线，即可求得酶活力。

三、试剂与器材

（一）试剂

（1）Folin-费林试剂：参照实验1。

（2）0.4 mol/L Na$_2$CO$_3$ 溶液：称取无水碳酸钠 42.4 g，加水溶解定容至 1 000 mL。

（3）0.4 mol/L 三氯乙酸溶液：称取三氯乙酸 65.4 g，加水溶解定容至 1 000 mL。

（4）pH7.5 磷酸缓冲液：称取磷酸氢二钠（Na$_2$HPO$_4$·12H$_2$O）6.02 g，磷酸二氢钠（NaH$_2$PO$_4$·2H$_2$O）0.5 g，加水溶解并定容至 1 000 mL。

（5）1% 酪蛋白溶液：称取酪蛋白 1.0 g，用少量 0.5 mol/L NaOH 湿润后，加入缓冲液约 80 mL，在沸水浴中不断搅拌直至完全溶解。冷却后转入 100 mL 容量瓶中，用缓冲液稀释至刻度。此溶液在冰箱内贮存，有效期为 3 天。

（6）100 μg/mL 酪氨酸标准液：称取于 105℃ 干燥至恒重的酪氨酸 0.1 g，加入 1 mol/L HCl 溶液 60 mL 溶解，定容至 100 mL。吸取 10 mL，用 0.1 mol/L HCl 定容至 100 mL，即为 100 μg/mL 的使用液。

（7）0.2 mol/L 盐酸：量取 16.8 mL 36.5% 浓盐酸，用适量蒸馏水稀释，并定容至 1 000 mL。

（二）器材

可见分光光度计、恒温水浴、电子天平、吸量管、旋涡混合器、漏斗、滤纸、试管及试管架、研钵等。

四、操作方法

（一）标准曲线的绘制

取 7 支干净试管，编号，分别按表 2-19 操作。

表 2-19　　　　　　　　酪氨酸标准曲线的绘制

试　剂	试管编号						
	0	1	2	3	4	5	6
酪氨酸标准液 /mL	0	0.2	0.3	0.4	0.5	0.6	0.7
0.2 mol/L 盐酸 /mL	1.0	0.8	0.7	0.6	0.5	0.4	0.3
0.4 mol/L Na$_2$CO$_3$/mL	5.0	5.0	5.0	5.0	5.0	5.0	5.0

续表

试 剂	试管编号							
	0	1	2	3	4	5	6
Folin-酚试剂/mL	1.0	1.0	1.0	1.0	1.0	1.0	1.0
处置条件	混匀，40℃恒温水浴 20 min						
A_{680}							

以不含酪氨酸的"0"号管为空白，分别测定各管吸光度。以 A_{680} 为纵坐标，酪氨酸浓度（μg）为横坐标，绘制标准曲线。根据作图或用回归方程，计算当吸光度为 1 时的酪氨酸的量（μg），即为吸光常数 K，其 K 值应在 95～100 范围内。

（二）待测酶液的制备

（1）先用一支试管取 6 mL 酪蛋白试剂放入 40℃恒温水浴中预热 5 min。

（2）然后取 2 支干净试管，在试管中先加入 1.0 mL 碱性蛋白酶稀释酶液，置于 40℃恒温水浴中预热 3 min，再加入同样预热过的 2% 酪蛋白 1.0 mL，立即计时，精确反应 10 min。

（3）加入三氯乙酸 2.0 mL 终止反应，混匀，置于 40℃恒温水浴中沉淀 15 min。

（4）用加入滤纸的漏斗过滤，收集滤液。

（三）酶活力的测定

取 1.0 mL 滤液到另一支试管中，加入 5.0 mL 0.4 mol/L Na_2CO_3，再加入 Folin-酚试剂 1.0 mL，混匀，置于 40℃恒温水浴中 20 min，冷却后于 680 nm 波长处比色。

五、结果与计算

酶活力单位定义：在上述条件下，1 min 水解酪蛋白产生 1μg 酪氨酸的酶量为一个酶活力单位，以 U/g 表示：

$$蛋白酶活力（U/g 或 U/mL）= A \times K \times \frac{4}{10} \times n$$

式中：A 为样品平行试验的平均吸光度；K 为吸光常数；4 为反应试剂的总体积，单位为 mL；10 为反应时间 10 min，以 1 min 计；n 为稀释倍数。所得结果表示至整数。

六、注意事项

（1）不同稀释倍数应做相应的空白试验。

（2）待测样品稀释倍数要合适，测定其 A_{680} 应在 0.25～0.40 范围内为宜。

（3）实验中吸取各试剂的量必须准确，否则误差太大。

七、思考题

常规酶活测定程序：酶液适当稀释→最适条件下进行酶促反应→测定反应量→根据酶活单位定义计算酶活力。以上过程中，哪个阶段的操作误差给实验结果造成的影响最大？为什么？如何防止？

实验 34　食品中脲酶活性的测定

一、实验目的

掌握食品中脲酶活性测定原理和方法。

二、实验原理

在 30±0.5℃下精确保温 30 min，脲酶催化尿素水解产生氨的反应，用过量盐酸中和所产生的氨，再用 KOH 标准溶液回滴，以每克大豆制品每分钟分解尿素所释放的氨态氮的含量来表示脲酶活性的大小。

三、试剂与器材

（一）试剂

（1）尿素 - 磷酸盐缓冲液：溶解 3.403 g 磷酸二氢钾于约 100 mL 新蒸馏水，溶解 4.335 g 磷酸氢二钾于约 100 mL 新蒸馏水，然后将两种溶液合并配成 1 L，其 pH 应为 7.0。再将 30 g 尿素溶解于此缓冲溶液中，有效期一个月（现配现用）。

（2）0.1 mol/L 盐酸溶液。

（3）0.1 mol/L 氢氧化钾溶液。

（二）器材

粉碎机、分析天平、25 mL 纳氏比色管、恒温水浴锅、碱式滴定管。

四、操作方法

（1）样品粉碎，并且全部过 200 μm 样品筛。（粉碎时不可产热）。

（2）称取 0.2 g（准确至 0.000 2 g）样品于纳氏比色管中，加 10 mL 尿素缓冲液，立即盖好剧烈振摇后，马上置于 30±0.5℃水浴锅内，准确计时 30 min±10 s（要求每个试样加入尿素缓冲液的时间间隔保持一致）。停止反应时再以相同的时间间隔加入 10 mL 盐酸（0.1 mol/L），振摇后迅速冷却至 20℃，将比色管内容物全部转入锥形瓶中，用 20 mL 蒸馏水冲洗数次，加 8～10 滴混合指示剂，以 KOH 标准溶液滴定至蓝绿色。

（3）另取纳氏比色管作空白，称 0.2 g 样品，加入 10 mL 盐酸，振摇后加 10 mL 尿素缓冲液，立即盖好剧烈振摇，马上置于（30±0.5）℃水浴锅，计时保持 30 min±10 s，停止反应时将其迅速冷却至 20℃，将比色管内容物全部转入锥形瓶中，用 20 mL 蒸馏水冲洗数次，加 8～10 滴混合指示剂，以 KOH 标准溶液滴定至蓝绿色。

五、结果与计算

$$X = \frac{C_{KOH} \times (V_0 - V) \times 14}{m \times 30}$$

式中：X 单位为 mg/（g·min），以氨态氮计；C_{KOH} 为氢氧化钾浓度；V_0 为空白消耗氢氧化钾溶液的体积，单位为 mL；V 为样品消耗氢氧化钾的体积，单位为 mL；14 为氮的摩尔质量，单位为 g/mol；m 为样品质量，单位为 g；30 为反应时间，单位为 min。

六、注意事项

（1）粉碎样品时，不应产生大量热，否则会使结果偏低。

（2）称量样品时，一定要将样品混合均匀，否则会造成实验误差。

（3）各样品加缓冲液和盐酸的时间间隔要一致。

（4）准确计时 30 min±10 s，否则试验作废。

（5）尿素－磷酸盐缓冲液现配现用。

（6）平行样或者重复样在 $X < 0.2$ 时，不大于平均值的 20%，$X > 0.2$ 时，不大于平均值的 10%。结果以算术平均值表示。

第六章 维生素与辅酶

实验35 还原性维生素C的定量测定

一、目的与要求

（1）学习并掌握定量测定维生素C的原理和方法。
（2）了解蔬菜、水果中维生素C含量情况以及碱、热对维生素C含量的影响。

二、实验原理

维生素C是人类膳食中必需的维生素之一，如果缺乏维生素C，将会导致坏血病。因此，维生素C又称为抗坏血酸，有防治坏血病的功效。抗坏血酸在自然界中分布十分广泛，存在于新鲜水果和蔬菜中，尤其是植物及许多水果（橘类、草莓、山楂、辣椒等）中的含量更多。维生素C具有很强的还原性，在碱性溶液中加热并有氧化剂存在时，易被氧化而破坏。

在酸性环境中，抗坏血酸能将染料2，6-二氯酚靛酚还原成无色的还原型2，6-二氯酚靛酚，而抗坏血酸则被氧化成脱氢抗坏血酸。氧化型的2，6-二氯酚靛酚在中性或碱性溶液中呈蓝色，但在酸性溶液中则呈粉红色。因此，当用2，6-二氯酚靛酚滴定含有维生素C的酸性溶液时，在维生素C未被全部氧化时，滴下的染料立即被还原成无色。一旦溶液中的维生素C全部被氧化，则滴下的染料便立即使溶液显示淡粉红色，此时即为滴定终点，表示溶液中的抗坏血酸刚刚全部被氧化。依据滴定时2，6-二氯酚靛酚标准溶液的消耗量，可以计算出被测样品中维生素C的含量。反应过程如图2-10所示。

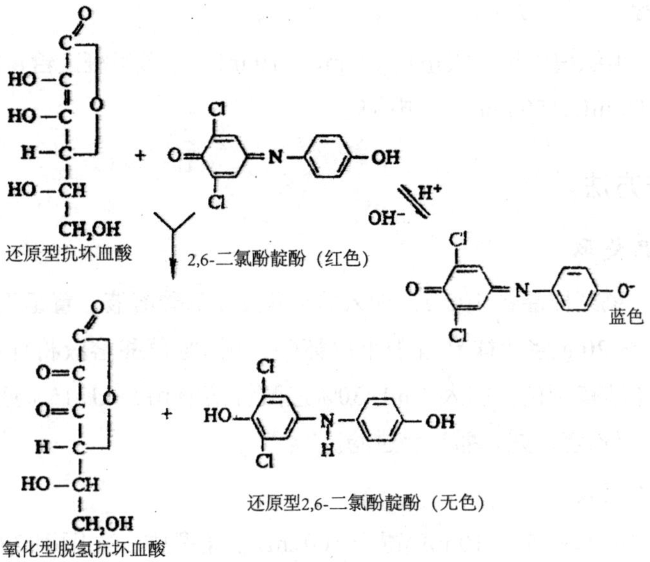

图 2-10　维生素 V₂ 分子结构图

三、试剂与器材

（一）试剂

（1）橘子、苹果、鲜枣、辣椒等。

（2）2% 草酸溶液。

（3）1 mol/L NaOH 溶液。

（4）1% 草酸溶液。

（5）30% 乙酸锌溶液。

（6）1 mol/L HCl 溶液。

（7）15% 亚铁氰化钾溶液。

（8）2,6-二氯酚靛酚溶液：将 50 mg 2,6-二氯酚靛酚溶于约 200 mL 含有 52 mg NaHCO$_3$ 的热水中。冷却后加水稀释至 250 mL。过滤后置棕色瓶内，4℃贮存。临用时用抗坏血酸标准溶液标定。

（9）维生素 C 标准溶液：准确称取 20 mg 维生素 C，溶于 1% 草酸溶液中，定容至 100 mL 即成 0.2 mg/mL 溶液。将其贮存于冰箱中，使用时用 1% 草酸溶液稀释至 0.02 mg/mL。

（二）器材

电子天平、组织捣碎机、吸量管（5 mL、10 mL）、微量滴定管、容量瓶、漏斗、滤纸、烧杯（100 mL、500 mL）、电炉。

四、操作方法

（一）样品提取

称取水果、蔬菜样品各 100 g，加入等体积 2% 草酸溶液，置组织捣碎机中捣成匀浆。称取 10～20 g 浆状样品置于小烧杯中，用 1% 草酸溶液将样品移入 100 mL 容量瓶中（若样品有颜色，加入 5 mL 30% 乙酸锌溶液和 5 mL 15% 亚铁氰化钾溶液脱色），并稀释至刻度，充分摇匀后过滤。

（二）样品滴定

迅速吸取样品滤液 5～10 mL 置于 100 mL 三角瓶中，立即用 2,6-二氯酚靛酚溶液滴定至淡红色，并保持 15 s 不褪色，即达终点。同时，以 10 mL 1% 草酸溶液作为空白按上述方法进行滴定。

（三）碱、热对维生素 C 含量的影响

（1）吸取水果或蔬菜滤液 5 mL 置三角瓶中，加入 1% 草酸溶液 5 mL，加热煮沸 3 min。冷却后加入 1% 草酸 5 mL，滴定方法同前。

（2）吸取水果或蔬菜滤液 5 mL 置三角瓶中，加入 1 mol/L NaOH 溶液 1 mL，摇匀。放置 3 min 后加入 1 mol/L HCl 溶液 1.5 mL 中和，然后加入 1% 草酸 5 mL，滴定方法同前。

五、结果与计算

$$\text{维生素 C 含量（mg/100 g）} = \frac{(V_1 - V_0) \times T}{m} \times 100\%$$

式中：V_1 为滴定样品时消耗染料的体积，mL；V_0 为滴定空白时消耗染料的体积，mL；T 为 1 mL 染料相当于维生素 C 标准溶液的维生素 C 的质量，mg；m 为滴定时所取滤液中含样品的质量，g。

六、要点提示

（1）各样品滴定过程要迅速，一般不超过 2 min。以 15 s 内不褪色为终点。

（2）滴定所用的染料应在 1～4 mL。如果样品含维生素 C 太多或太少时，可酌量增减样液。

（3）测定过程中应避免溶液接触金属离子。

七、思考题

（1）样品经加热和加碱处理后，维生素C含量有什么变化，说明什么问题？
（2）为什么滴定终点以淡红色存在15 s内为准？

实验36　荧光法测定维生素B_2含量

一、实验目的

（1）掌握荧光法测定维生素B_2的方法。
（2）学习荧光分析法的基本原理和实验操作技术。

二、实验原理

多数分子在常温下处在基态最低振动能级，产生荧光的原因是荧光物质的分子吸收了特征频率的光能后，由基态跃迁至较高能级的第一电子激发态或第二电子激发态，处于激发态的分子通过无辐射去活，将多余的能量转移给其他分子或激发态分子内振动或转动能级后，回至第一激发态的最低振动能级，然后再以发射辐射的形式去活，跃迁回至基态各振动能级，发射出荧光。荧光是物质吸收光的能量后产生的，因此任何荧光物质都具有两种光谱：激发光谱和发射光谱。

维生素B_2也称核黄素，溶于水，为维生素类药物，参与体内生物氧化作用。其分子结构式如下：

维生素B_2本身为黄色，由于分子结构上具有异咯嗪结构，在430～440 nm蓝光或紫外光照射下会产生黄绿色的荧光。荧光峰在535 nm，在pH为6～7的溶液中荧光强度最大，在pH11的碱性溶液中荧光消失。其他，如维生素C在水溶液中不发荧光，维生素 B_1 本身无荧光，维生素 D 用二氯乙酸处理后才有荧光，因而它们都不会干扰维生素 B_2 的测定。

维生素 B_2 在一定波长光照射下产生荧光，在稀溶液中，其荧光强度与浓度成正比，因而可采用标准曲线法测定维生素 B_2 的含量。

三、试剂与器材

（一）试剂

（1）维生素 B_2 标准溶液（10 mg/L）：准确称取 10 mg 维生素 B_2 溶于热蒸馏水中，冷却后转移至 1 000 mL 容量瓶中，加蒸馏水定容，摇匀，置暗处保存。

（2）冰醋酸（A.R）。

（3）维生素 B_2 片。

（二）器材

930 型荧光光度计，试管等。

四、操作方法

（一）维生素 B_2 标准溶液的配制

移取维生素 B_2 标准溶液（10 mg/L）0.00 mL、1.00 mL、2.00 mL、3.00 mL、4.00 mL 及 5.00 mL 分别置于 50 mL 容量瓶中，加入冰醋酸 2 mL，加水至刻度，摇匀，待测。

（二）样品溶液的制备

取维生素 B_2 10 片，研细。准确称取适量（约相当维生素 B_2 10 mg）置于 100 mL 容量瓶中，用蒸馏水稀释至刻度，摇匀。过滤，吸取滤液 10.0 mL 于 100 mL 容量瓶中，用水稀释至刻度，摇匀。吸取此溶液 2.00 mL 于 50 mL 容量瓶内，加冰醋酸 2 mL，用水稀释至刻度，摇匀，待测。

（三）含量测定

（1）选择合适的荧光滤光片。先固定一块激发光滤光片（暂用 360 nm 的）置于光源和被测液之间的光径中，将波长稍长于激发光的荧光滤光片放在被测液和检测器之间的光径中，接通仪器电源开关，打开样品室盖，旋动调零电位器，使电指针处于"0"位。仪器预热 20 min，将某一浓度的维生素 B_2 标准溶液放入样品室，盖上样品室盖，测定其荧光强度。若荧光读数较小，可调节较大灵敏度值。反之，可调节较小灵敏度值。然后更换不同波长的荧光滤光片，依次同上法测定各荧光强度，选择荧光强度最强的一块荧光滤光片供测定用。

（2）选择合适的激发光滤光片。将已选择好的荧光滤光片固定，用不同波长的激发光滤光片代替 360 nm 的滤光片，依次同上法测定其荧光强度，选择荧光最强的一块激发光滤光片供测定用。

（3）将浓度最大的维生素 B_2 标准溶液放入样品室，盖上样品室盖，调节刻度旋钮至满刻度（必要时可调节灵敏度钮至满刻度），然后从低浓度至高浓度依次测定维生素 B_2 系列标准溶液和空白溶液的荧光强度，最后测定样品溶液。在测定数据中扣除空白溶液的荧光强度。

五、结果与计算

（1）列表记录各项实验数据。绘制吸收光谱及荧光光谱曲线。

（2）以荧光强度为纵坐标，标准系列溶液浓度为横坐标，绘制标准曲线。

（3）从标准曲线上查得维生素 B_2 的质量（g），然后根据样品质量 m，按下式计算样品中维生素 B_2 的百分含量。

$$维生素 B_2 含量 = \frac{m_1 \times 10^{-6}}{m} \times 100\%$$

式中：m_1 为测得维生素 B_2 的质量，g；m 为维生素 B_2 样品质量，g。

六、思考题

（1）激发波长与荧光波长有什么关系？

（2）选择 360 nm、400 nm 两块滤光片分别作激发光滤光片时，测定结果有何差异？

实验 37　紫外分光光度法测定维生素 A 的含量

一、实验目的

掌握分光光度法测定维生素 A 的原理和方法。

二、实验原理

维生素 A 是由 β-紫罗酮与不饱和一元醇组成的一类化合物及其衍生物的总称，包括视黄醇和 3-脱氢视黄醇。维生素 A 的异丙醇溶液在 325 nm 波长下有最大吸收峰，其吸光度与维生素 A 的含量成正比。

该法的灵敏度较高，可测定维生素 A 含量低于 5 μg/g 的样品。主要缺点是在最大吸收波长 325 nm 附近，有许多其他化合物等纯度较高的样品。对于一般样品，测定前必须先将脂肪抽提出来进行皂化，萃取其不皂化部分，再经柱层析除去干扰物。

三、试剂与器材

（一）试剂

（1）维生素 A 标准溶液。视黄醇（纯度 85%）或视黄醇乙酸乙酯（纯度 90%）经皂化处理后使用。取脱醛乙醇溶液维生素 A 标准品，使其浓度大约为 1 mg/mL 视黄醇。临用前以紫外分光光度法标定其准确浓度。

（2）异丙醇。

（二）器材

紫外分光光度计、试管等。

四、操作方法

（一）标准溶液的绘制

分别取维生素 A 标准溶液（每毫升含 10 IU）0.0 mL、1.0 mL、2.0 mL、3.0 mL、4.0 mL、5.0 mL，于 10 mL 棕色容量瓶中，用异丙醇定容。以空白液调仪器零点，用紫外分光光度计在 325 nm 处测定其吸光度，从标准曲线上查出相当的维生素 A 含量。

（二）样品测定

称取适量的样品，进行皂化。提取、洗涤、脱水、蒸发溶剂后，迅速用异丙醇溶解并移入 50 mL 容量瓶中，用异丙醇定容，于紫外分光光度计 325 nm 处测定其吸光度，从标准曲线上查出相当的维生素 A 含量。

（1）皂化：称取 0.5～5 g 经组织捣碎机捣碎或充分混匀的样品于三角瓶中，加入 10 mL 1：1 氢氧化钾及 20～40 mL 乙醇，在电热板上回流 30 min。加入 10 mL 水，稍稍振摇，若无浑浊现象，表示皂化完全。

（2）提取：将皂化液移入分液漏斗。先用 30 mL 水分两次冲洗皂化瓶（如有渣子，用脱脂棉滤入分液漏斗），再用 50 mL 乙醚分两次冲洗皂化瓶，所有洗液并入分液漏斗中，振摇 2 min（注意放气），提取不皂化部分。静止分层后，水层放入第二分液漏斗。皂化瓶再用 30 mL 乙醚分两次冲洗，洗液倾入第二分液漏斗，振摇后静止分层，将水层放入第三分液漏斗，醚层并入第一分液漏斗。如此重复操作，直至醚层不再使三氯化锑－三氯甲烷溶液呈蓝色为止。

（3）洗涤：在第一分液漏斗中，加入 30 mL 水，轻轻振摇，静止片刻后，放入水层，再加入 15～20 mL 0.5 mol/L 的氢氧化钾溶液，轻轻振摇后，弃去下层碱液（除去醚溶性酸皂）。继续用水洗涤，至水洗液不再使酚酞变红为止。醚液静置 10～20 min 后，小心放掉析出的水。

（4）浓缩：将醚液经过无水硫酸钠滤入三角瓶中，再用约 25 mL 乙醚冲洗分液漏斗和硫酸钠两次，洗液并入三角瓶内。用水浴蒸馏，回收乙醚。待瓶中剩约 5 mL 乙醚时取下。减压抽干，立即准确加入一定量的三氯甲烷（约 5 mL 左右），使溶液中维生素 A 含量在适宜浓度范围内（3～5 μg/mL）。

五、结果与计算

$$\text{维生素 A 含量}（IU/100\ g）= \frac{C \times V}{m} \times 100\ \%$$

式中：C 为标准曲线查得的维生素 A 含量，IU/mL；V 为样品的异丙醇溶液体积，mL；m 为样品质量，g。

实验 38　柱层析法分离果蔬中的胡萝卜素

一、实验目的

（1）了解吸附层析法的基本原理及应用。
（2）掌握吸附层析的基本操作技术。

二、实验原理

胡萝卜素存在于辣椒和胡萝卜等黄绿色植物中，因其在动物体内可转变成维生素

A，故称为维生素 A 原。胡萝卜素可用酒精、石油醚和丙酮等有机溶剂从食物中提取出来，且能被氧化铝（Al_2O_3）所吸附。因胡萝卜素与其他植物色素的化学结构不同，它们被氧化铝吸附的强度以及在有机溶剂中的溶解度都不相同，故将提取液利用氧化铝层析，再用石油醚等冲洗层析柱，即可分离成不同的色带。同植物其他色素比较，胡萝卜素吸附最差，跑在最前面，故最先被洗脱下来。

三、材料、试剂与器材

（一）材料

新鲜红辣椒（或干红辣椒）。

（二）试剂

（1）95% 乙醇。

（2）石油醚及 1% 丙酮石油醚（1∶100，V/V）。

（3）Al_2O_3（固体）。

（4）无水硫酸钠（$NaSO_4$）。

（5）三氯化锑氯仿溶液（称取三氯化锑 22 g，加 100 mL 氯仿溶解后，贮于棕色瓶中）。

（三）器材

剪刀、研钵、试管、量筒（100 mL）、吸管（5 mL）、分液漏斗（100 mL）、小烧杯（100 mL）、玻璃层析柱（1 cm×16 cm）、滴管、铁架台、蒸发皿、恒温水浴锅、天平、玻璃棒、棉花、滤纸。

四、实验操作

（一）胡萝卜素的提取

（1）称取 12 g 新鲜红辣椒，去籽剪碎后置研钵中研磨。加入 95% 乙醇 4 mL，研磨至提取液呈深红色，加入丙酮 4 mL 继续研磨至成匀浆，加入蒸馏水 20 mL。混匀后，以四层纱布（或棉花）过滤，收集全部滤液。

（2）滤液转移至分液漏斗中，加入石油醚 6 mL，振荡数次后静置片刻。弃去下面的水层，再以蒸馏水 20 mL 洗涤数次，直至水层透明为止，借以除去提取液中的乙醇。将桔黄色的石油醚层倒入干燥试管中，加少量 $NaSO_4$ 除去水分，用软木塞塞紧，以免石油醚挥发。

（二）层析柱的制备

取直径为 1 cm×16 cm 的玻璃层析柱并垂直安装在铁架台上，在其底部放少量棉花，然后自柱的顶端沿管内壁缓缓加入石油醚－氧化铝悬浮液至柱顶部，待氧化铝在柱中沉积约 10 cm 时，于其柱床上铺一张略小于层析柱内径的圆形的小滤纸（或棉花）。注意装柱时要均匀，无断层，柱床表面要水平。

（三）层析

用细吸管取样品－石油醚提取液 1 mL，沿柱内壁缓缓加入（注意切勿破坏柱床面），待样品－石油醚提取液全部进入层析柱时立即加入含 1% 丙酮石油醚冲洗，使吸附在柱上端的物质逐渐展开成为不同的色带。仔细观察色带的位置、宽度与颜色，并绘图记录。最前方的桔黄色带即为胡萝卜素，待该色素接近层析柱下端时，用一试管接收此桔黄色液体，然后倒入蒸发皿内，于 80℃ 水浴上蒸干，滴入三氯化锑氯仿溶液数滴，可见蓝色反应，借此鉴定胡萝卜素。

五．注意事项

（1）对新鲜红辣椒等实验材料的研磨一定要仔细，以彻底破坏植物细胞，释放胡萝卜素，实验中加入 4 mL 丙酮有利于对胡萝卜素的提取，此法可分离得到 5～6 条色带，最前面的色素为胡萝卜素（若分离条件控制得好，该色带又可分离成三条较小的色带，分别为 α－、β－ 和 γ－ 胡萝卜素），紧随其后者分别为蕃茄红素和叶黄素等。

（2）吸附剂的活性和吸附剂的含水量有关，若先用高温处理（350℃～400℃ 烘烤 3 h）可除去水分，提高其吸附力，但市售的氧化铝一般不需要高温处理即可达到令人满意的分离效果。

（3）装柱时，不能使氧化铝有裂缝和气泡，否则会影响分离效果。氧化铝的高度一般为玻璃柱高度的 3/4，装好柱后柱上面覆一层滤纸，以保持柱上端顶部平整，若顶部不平，将产生不规则的色带。溶媒中丙酮可增强洗脱效果，但含量不宜过多，以免洗脱过快使色带分离不清晰。

（4）分离过程中，要连续不断地加入洗脱剂，并保持一定高度的液面，在整个操作过程中应注意不使氧化铝表面的溶液流干。

六、思考题

（1）吸附层析法的基本原理是什么？

（2）为使胡萝卜素的分离效果更佳，操作中应注意什么？

第七章 物质代谢

实验39 糖酵解中间产物的鉴定

一、实验目的
（1）掌握糖酵解中间产物的鉴定方法和原理。
（2）熟悉通过酶的抑制作用调节代谢的途径。

二、实验原理
在代谢正常进行时，中间产物的浓度往往很低，不易分析鉴定。若加入某种酶的专一性抑制剂，则可使其中间产物积累，便于分析鉴定。3-磷酸甘油醛是糖酵解的中间产物，利用碘乙酸对3-磷酸甘油醛脱氢酶的抑制作用，使3-磷酸甘油醛不再向前变化而积累，同时加入硫酸肼作稳定剂，积累的3-磷酸甘油醛就不会自发分解。用羰基试剂2,4-二硝基苯肼与其在偏碱性条件下反应，生成3-磷酸甘油醛-2,4二硝基苯腙，再加过量的氢氧化钠即形成棕色复合物，其棕色程度与3-磷酸甘油醛含量成正比。

三、试剂与器材

（一）试剂
（1）0.56 mol/L 硫酸肼溶液：称取7.28 g 硫酸肼溶于50 mL 蒸馏水中，加入NaOH 使其达 pH7.4 时即全部溶解，溶后加蒸馏水至100 mL。

（2）2,4-二硝基苯肼溶液：0.1 g 2,4-二硝基苯肼溶于100 mL 2 mol/L HCl 溶液中，贮于棕色瓶中备用。

（3）5% 葡萄糖溶液。

（4）5% 三氯乙酸溶液。

（5）0.75 mol/L NaOH 溶液。

（6）0.002 mol/L 碘乙酸溶液。

（7）新鲜酵母或活性干酵母。

（二）器材

电子天平、恒温水浴、吸管（1 mL, 2 mL, 5 mL, 10 mL）、旋涡混合器、漏斗与滤纸、试管与试管架。

四、操作方法

（1）取 3 支试管，编号，分别加入新鲜酵母 0.1 g，并按表 2-20 依次加入试剂。将 3 支试管分别置旋涡混合器混匀，同时放入 37℃恒温水浴 40～50 min，观察各试管顶端产生的气泡量有何区别。

表 2-20　　　　　　　　糖酵解中间产物的鉴定（1）

试　剂	编　号		
	1	2	3
5% 葡萄糖 /mL	5	5	5
5% 三氯乙酸 /mL	1.0	—	—
0.002 mol/L 碘乙酸 /mL	0.5	0.5	—
0.56 mol/L 硫酸肼 /mL	0.5	0.5	—
处置条件	37℃保温 10 min		
气泡生成量			

（2）记录各管中产生的气泡量。第 2、3 管立即按表 2-21 补充加入试剂，并充分混匀，静置 3 min，用离心机以 3 000 rpm 的速度离心 3 min，留上清液 A 备用。

表 2-21　　　　　　　　　糖酵解中间产物的鉴定（2）

试 剂	试　管	
	2	3
5% 三氯乙酸 /mL	1	1
0.002 mol/L 碘乙酸 /mL	0	0.5
0.56 mol/L 硫酸肼 /mL	0	0.5
处置条件	静置 3 min	

（3）显色和观察结果。取 3 支试管，编号，按表 2-22 依次加入各试剂，混匀，记录溶液颜色变化情况。

表 2-22　　　　　　　　　糖酵解中间产物的显色

试 剂	编　号		
	1	2	3
上清滤 A/mL	0.5	0.5	0.5
0.75 mol/LNaOH/mL	0.5	0.5	0.5
处置条件	室温放置 1 min		
2,4-二硝基苯肼 /mL	0.5	0.5	0.5
处置条件	37℃水浴保温 1 min		
0.75 mol/LNaOH/mL	3.5	3.5	3.5
观察溶液颜色			

五、注意事项

实验中材料来源不同时，保温时间需进行适当的调整。

实验40　饥饿与饱食对肝糖原含量的影响

一、实验目的

（1）了解饱食与饥饿对肝糖原的影响。
（2）学习肝糖原的提取和测定方法。

二、实验原理

把动物分成饥饿与饱食两组，用三氯醋酸破坏肝组织的蛋白质和酶，使其沉淀而保留糖原，再用乙醇将糖原从滤液中沉淀出来，溶于热水，即为肝糖原溶液。肝糖原溶液呈乳样光泽，遇碘呈红棕色。肝糖原在浓硫酸中水解为葡萄糖，分子内部脱水缩合成5-羟甲基-α-呋喃甲醛。后者与蒽酮反应生成蓝色化合物，在620 nm波长下有最大光吸收。在一定条件下，颜色的深浅与肝糖原的含量成正比，可与同法处理的标准葡萄糖溶液进行比色定量。

三、试剂与器材

（一）试剂

（1）0.1 mg/mL 葡萄糖标准溶液。
（2）0.9% 氯化钠溶液。
（3）5% 三氯醋酸溶液：称 5 g 三氯醋酸，用蒸馏水溶解并定容至 100 mL。配制后需用标准的 0.1 mol/L 氢氧化钠溶液滴定（酚酞指示剂）。三氯醋酸的浓度必须在 4.9～5.1 范围内才能用，否则会影响显色结果。
（4）30%KOH 溶液。
（5）碘试剂：称取 100 mg 碘和 200 mg 碘化钾，溶于 30 mL 蒸馏水中。
（6）0.2% 蒽酮试剂。
（7）30% 肝糖原标准液：精确称取 100% 纯度的肝糖原 30 mg，溶于 5% 三氯醋酸溶液至 100 mL，贮于冰箱中。

（二）器材

分光光度计、微量进液器、研钵、试管、漏斗、天平、离心机、手术盘、剪刀、镊子。

四、操作方法

（一）实验动物的准备

选择体重大于 25 g 的健康小白鼠，随机分成 A、B 两组。A 组为饥饿组，实验前严格禁食 30 h，不要用锯木屑铺垫，以免小鼠啃食而影响实验结果，只给饮水。B 组为饱食组，正常摄食、饮水。

（二）肝糖原提取

（1）用颈椎脱位法处死动物，立即取出肝脏。用 0.9%NaCL 溶液冲洗血污后，用滤纸吸干水分。

（2）准确称取 A、B 组鼠肝组织各 0.5 g 于研钵中，加入 2 mL 5% 三氯乙酸研为匀浆，用 3 mL 蒸馏水洗涤，转移至离心管中，4 000 rpm 离心 3 min，弃沉淀留上清液。

（3）向上清液中加入 5 mL 95% 乙醇，混匀，静置 1 min，4 000 rpm 离心 5 min。弃上清液，所得沉淀即为初步纯化的糖原。

（4）将所得糖原加 2 mL 蒸馏水溶解，即为肝糖原提取液。

（三）糖原的测定

取 6 支试管，编号，按表 2-23 依次加入各种试剂，混匀后，沸水浴 10 min。冷却后，以 1 号管调零，在 620 nm 波长下测吸光度。

表 2-23　　　　　　　　　　肝糖原的测定

试剂 /mL	试管号					
	1	2	3	4	5	6
5% 三氯醋酸	2	1	1.5	1.5	1	1
30% 肝糖原标准液	—	1	—	—	—	—
饱食鼠肝滤液	—	—	0.5	0.5	—	—
饥饿鼠肝滤液	—	—	—	—	1	1
碘试剂	3	3	3	3	3	3

五、结果与计算

$$饱食小白鼠肝糖原含量（\%）= \frac{A_u \times 0.3 \times 1 \times (10+m)}{A_0 \times 1000 \times 0.5 \times m} \times 100$$

$$饥饿小白鼠肝糖原含量（\%）= \frac{A_b \times 0.3 \times 1 \times (10+m)}{A_0 \times 1000 \times 0.5 \times m} \times 100$$

式中：A_u 为3、4两管吸光度平均值；A_b 为5、6两管吸光度平均值；A_0 为标准管吸光度；m 为肝重量，g。

六、注意事项

在沸水浴过程中，要经常摇动试管。

七、思考题

为什么要做饥饿和饱食处理的两组小鼠？

实验41 脂肪酸 β-氧化实验

一、实验目的

（1）了解脂肪酸的 β-氧化作用。
（2）掌握测定 β-氧化作用的方法和原理。

二、实验原理

在肝脏中，脂肪酸经 β-氧化作用生成乙酰辅酶A，2分子乙酰辅酶A可缩合生成乙酰乙酸。乙酰乙酸可脱羧生成丙酮，也可还原生成 β-羟丁酸。乙酰乙酸、β-羟丁酸和丙酮总称为酮体。

本实验用新鲜肝糜与丁酸保温，生成的丙酮在碱性条件下与碘生成碘仿。反应式如下：

$$2NaOH + I_2 \longrightarrow NaOI + NaI + H_2O$$

$$CH_3COCH_3 + 3NaOI \longrightarrow CHI_3（碘仿）+ CH_3COONa + 2NaOH$$

剩余的碘，可以用标准硫代硫酸钠滴定。

$$NaOI + NaI + 2HCl \longrightarrow I_2 + 2NaCl + 2H_2O$$

$$I_2 + 2Na_2S_2O_3 \longrightarrow Na_2S_4O_6 + 2NaI$$

根据滴定样品与滴定对照所消耗的硫代硫酸钠溶液体积之差，可以计算由丁酸氧化生成的丙酮的量。

三、试剂与器材

（一）试剂

（1）0.1% 淀粉溶液。

（2）0.9% 氯化钠溶液。

（3）15% 三氯乙酸溶液。

（4）10% 氢氧化钠溶液。

（5）10% 盐酸溶液：浓盐酸浓度一般为35%～37%，取浓盐酸277.8 mL定容到1 000 mL。

（6）0.5 mol/L 丁酸溶液：取5 mL丁酸溶于100 mL 0.5 mol/L氢氧化钠溶液中。

（7）0.1 mol/L 碘溶液：称取12.7 g碘和约25 g碘化钾溶于水中，稀释到1 000 mL，混匀，用标准0.05 mol/L硫代硫酸钠溶液标定。

（8）标准0.01 mol/L 硫代硫酸钠溶液：临用时将已标定的0.05 mol/L硫代硫酸钠溶液稀释成0.01 mol/L。

（9）1/15 mol/L pH7.6 磷酸盐缓冲液：1/15 mol/L磷酸氢二钠溶液86.8 mL与1/15 mol/L磷酸二氢钠溶液13.2 mL混合。

（10）新鲜猪肝。

（二）器材

匀浆器，试管，电子天平，剪刀及镊子，锥形瓶50 mL（×2），移液管5 mL（×5）、2 mL（×45），微量滴定管5 mL（×1），漏斗，恒温水浴。

四、操作方法

（一）肝糜的制备

称取肝组织5 g置于研钵中，加少量0.9%氯化钠溶液洗去污血，用滤纸吸去多余水分，研磨成匀浆，再加入0.9%氯化钠溶液至总体积为10 mL。

（二）β-氧化作用

取 2 个 50 mL 锥形瓶，各加入 3 mL 1/15 mol/L pH7.6 磷酸盐缓冲液。向其中一个锥形瓶中加入 2 mL 0.5 mol/L 正丁酸，另一个锥形瓶作为对照，加 2 mL 蒸馏水，然后各加入 2 mL 肝组织糜，混匀，置于 37℃恒温水浴中保温 1 h。按表 2-24 依次加入试剂。

表 2-24　　　　　　　　　　　　肝糜的制备及氧化

试剂 /mL	编　号	
	A 实验组	B 对照组
1/15 mol/L 磷酸盐缓冲液（pH7.6）	3	3
0.5 mol/L 正丁酸	2	—
蒸馏水	—	2
肝糜	2	2
处置条件（1）	37℃恒温水浴中保温 1 h	
15% 三氯乙酸	3	3
0.5 mol/L 正丁酸	—	2
蒸馏水	2	—
处置条件（2）	混匀，静置 15 min 后过滤	

（三）蛋白质的沉淀

保温结束后，取出锥形瓶，各加入 3 mL 15% 三氯乙酸溶液，在对照瓶内追加 2 mL 正丁酸，混匀，静置 15 min 后过滤。将滤液分别收集在两个试管中。

（四）酮体的测定

取 3 支试管，按照表 2-25 所示，吸取两种滤液各 2 mL 分别放入另两个锥形瓶中，再各加 3 mL 0.1 mol/L 碘溶液和 3 mL 10% 氢氧化钠溶液。摇匀后，静置 10 min，加入 3 mL 10% 盐酸溶液中和。然后用 0.01 mol/L 标准硫代硫酸钠溶液滴定剩余的碘。滴定至浅黄色时，加入 5 滴淀粉溶液作为指示剂，摇匀，并继续滴到蓝色消失。记录滴定样品与对照所用的硫代硫酸钠溶液的毫升数。

表 2-25　　　　　　　　　　　　酮体的测定

试剂 /mL	编号		
	1 实验组	2 对照组	3 空白组
滤液	2	2	—
蒸馏水	—	—	2
0.1 mol/L 碘溶液	3	3	3
10% 氢氧化钠	3	3	3
处置条件	摇匀，静置 10 min		
10% 盐酸	3	3	3

五、结果与计算

$$肝脏中的丙酮含量（mmol/g）=(A-B) \times C_{Na_2S_2O_3} \times \frac{1}{6}$$

式中：A 为滴定对照所消耗的 0.01 mol/L 硫代硫酸钠溶液的毫升数，mL；B 为滴定样品所消耗的 0.01 mol/L 硫代硫酸钠溶液的毫升数，mL；$C_{Na_2S_2O_3}$ 为标准硫代硫酸钠溶液的浓度，mol/L。

六、注意事项

（1）肝脏要充分研磨，不能有组织块状。

（2）随加随滴定，要加一个滴定一个，不能都加好盐酸再滴定。

（3）滴定至黄色就滴加淀粉溶液，开始颜色比较深，随着滴定会逐渐变浅，出现淡紫色就说明很快到达终点。

七、思考题

什么是酮体？酮体的生理意义有哪些？

实验42　水平型纸层析法鉴定转氨酶的转氨基作用

一、实验目的

（1）学习水平型纸层析法的基本原理和操作技能。
（2）了解转氨酶的转氨基作用。

二、实验原理

转氨基作用广泛存在于机体的各器官及组织中，是体内氨基酸代谢的重要途径。氨基酸反应时均由专一的转氨酶催化，此酶催化氨基酸分子的氨基转移到另一个 α - 酮酸分子的酮基位置上，生成与原来的 α - 酮酸相应的 α - 氨基酸，原来的 α - 氨基酸转变成相应的 α - 酮酸。各种转氨酶的活性不同，其中肝脏的谷丙转氨酶活性较高，催化以下反应：

$$\underset{\text{L-丙氨酸}}{\text{H}_2\text{N}-\overset{\text{COOH}}{\underset{\text{CH}_3}{\text{CH}}}} + \underset{\alpha\text{-酮戊二酸}}{\overset{\text{COOH}}{\underset{\text{COOH}}{\overset{|}{\text{C}}=\text{O}\atop{\overset{|}{\text{CH}_2}\atop\overset{|}{\text{CH}_2}}}}} \overset{\text{GPT}}{\underset{}{\rightleftharpoons}} \underset{\text{丙酮酸}}{\overset{\text{COOH}}{\underset{\text{CH}_3}{\overset{|}{\text{C}}=\text{O}}}} + \underset{\text{L-谷氨酸}}{\text{H}_2\text{N}-\overset{\text{COOH}}{\underset{\text{COOH}}{\overset{|}{\text{CH}}\atop\overset{|}{\text{CH}_2}\atop\overset{|}{\text{CH}_2}}}}$$

反应中新生成的谷氨酸可以与标准氨基酸同时在滤纸上通过层析法被检测，以证明组织内的转氨作用。

纸层析属于分配层析，以滤纸为支持物，滤纸纤维与水的亲和力强，能吸收 20%～22% 的水。其中，6%～7% 的水是以氢键的形式与纤维素的羟基结合，在一般情况下很难脱去，而滤纸纤维与有机溶剂的亲和力甚弱。纸层析是以滤纸纤维结合水作为固定相，以有机溶剂作为流动相。在用纸层析法分离氨基酸时，由于各种氨基酸在此二相中的分配系数不同，各有一定的迁移率。极性弱的氨基酸易溶于有机溶剂，即分配系数小，随流动相移动较快，R_f 值大，而极性强的氨基酸相反，据此可分离、鉴定氨基酸。

三、试剂与器材

（一）试剂

（1）0.01 mol/L 磷酸缓冲溶液（pH7.4）。

A 液：0.2 mol/L Na_2HPO_4 溶液。

B 液：0.2 mol/L NaH_2PO_4 溶液。

取 A 液 81 mL，B 液 19 mL 混匀，用蒸馏水稀释 20 倍。

（2）1.0 mol/L NaOH：称取 40 g 氢氧化钠，用 300 mL 蒸馏水溶解，待溶液冷却至室温后定容至 1 000 mL。

（3）0.1 mol/L 丙氨酸溶液：称取 L-丙氨酸 0.891 g，用少量 0.01 mol/L pH7.4 磷酸缓冲溶液溶解，用 1.0 N 氢氧化钠溶液调整 pH 至 7.4，再用磷酸缓冲溶液定容至 100 mL。

（3）0.1 mol/L 谷氨酸溶液：称取谷氨酸 0.735 g，用少量 0.01 mol/L pH7.4 磷酸缓冲溶液溶解，用 1.0 N 氢氧化钠溶液调整 pH 至 7.4，再用磷酸缓冲溶液定容至 50 mL。

（4）0.1 mol/L α-酮戊二酸：称取 α-酮戊二酸 1.461 g，先溶于少量 0.01 mol/L 磷酸缓冲溶液（pH7.4）中，以 1.0 N 氢氧化钠溶液调整 pH 至 7.4，再用磷酸缓冲溶液定容至 100 mL。

如上法配制成 100 mL。

（5）层析剂：取无色结晶酚，连瓶一起放入约 60℃水浴中溶化。按苯酚液：蒸馏水 =4 : 1（V/V）混合备用，现用现配。

（6）0.5% 茚三酮：称取 0.5 g 茚三酮溶解于 100 mL 丙酮。

（二）器材

玻璃匀浆器、离心管、试管、培养皿、表面皿、水浴锅、恒温水浴箱、圆形滤纸（10 cm）、吹风机、手术剪刀。

四、操作方法

（一）匀浆的制备

称取新鲜鸡肝 2 g，剪碎后放入研钵中，加入 3 mL 0.01 mol/L pH7.4 磷酸缓冲液，迅速匀浆，备用。

（二）酶促反应

取两根试管分别按表 2-26 依次加入试剂并进行处置。

表 2-26　　　　　　　　　　　转氨酶酶促反应

试剂 /mL	对照管	测定管
匀浆液	2.0	2.0
处置条件（1）	沸水浴 10 min	—
0.1 mol/L 丙氨酸	1.0	1.0
0.1 mol/L α-酮戊二酸	1.0	1.0
0.01 mol/L 磷酸缓冲液（pH7.4）	3.0	3.0
处置条件（2）	37℃恒温水浴 50 min	
处置条件（3）	—	沸水浴 5 min

反应结束后于离心机中以 3 000 rpm 的速度离心 5 min，将上清液转移到新试管中，标号，供层析用。

（三）层析

（1）取圆形滤纸一张，定位圆心后，作一直径为 2 cm 的圆，再作两条互相垂直、交点通过圆心的直线，两直线与圆周的交点分别作为测定管样品、对照管样品及丙氨酸、谷氨酸进行层析的基准始点，如图 2-11 所示。

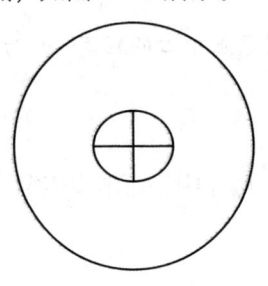

图 2-11　定位层析滤纸

（2）点样。用毛细管分别吸取对照管上清液 5 μL、测定管上清液 5 μL、丙氨酸 1 μL、谷氨酸 1 μL，少量多次（借助电吹风吹干）地把样品全部点在滤纸相应的位置上，尽量控制点样斑点的直径为 2～3 mm，不能刮伤滤纸。

（3）层析。在滤纸的圆心上作一直径 3～4 mm 的小孔，另取一张小纸将其下端剪成须状，卷成纸芯，插入中心小孔，尽可能使纸芯不突出纸面。

（4）把层析剂放入直径 5 cm 的干燥表面皿中，把表面皿放在直径 10 cm 的培养皿中。

（5）把滤纸平放在上述培养皿中，使纸芯浸入酚液中，盖上培养皿盖，如图 2-12 所示。

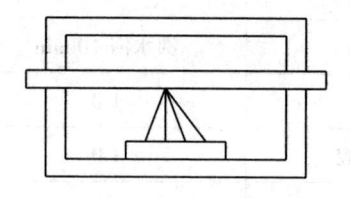

图 2-12 层析装置示意图

（6）待层析溶剂到达培养皿边缘约 0.5～1 cm 处时，取出层析滤纸，用镊子弃除纸芯，用铅笔在滤纸上标记溶剂前沿，在通风橱用电吹风吹干层析剂。

（7）显色。用喷雾器向滤纸均匀喷洒 0.5% 茚三酮丙酮溶液，然后热风吹干，即可见同心弧状斑点，计算各斑点层析展开的 R_f 值，根据 R_f 值定性分析转氨基反应实验结果。

五、结果与计算

$$R_f = \frac{d_n}{d_0}$$

式中：d_n 为各溶质层析点中心到原点中心的距离；d_0 为溶剂前缘原点中心的距离。

六、注意事项

（1）层析点样时手要干净，操作中尽可能少接触滤纸，减少污染。

（2）点样样斑不宜过大。

七、思考题

（1）转氨基反应的实验机理是什么？实验中进行对照管试验的目的是什么？

（2）如何根据实验结果分析转氨基反应是否发生？

（3）纸层析实验的操作要点是什么？

第三部分
综合性实验

实验内容紧密围绕生物大分子的制备和相互作用关系研究,共16个项目,涵盖了生物大分子的纯化和性质分析,如卵磷脂的提取、纯化和鉴定,质粒DNA的提取、纯化和鉴定等。

思政触点5:蛋黄中卵磷脂的提取、纯化与鉴定(实验45)——提高学生认识问题、分析问题和解决问题的能力。

基础实验多为验证性内容,学生一般只是按照实验指导按部就班地完成实验,其自主性受到一定限制,学生对实验兴趣不高、重视不够,仅能达到对基本实验技能的锻炼。而综合实验是将多个具有相关性的单一实验综合起来。对于蛋黄中卵磷脂的研究,包含了提取、纯化与性质鉴定,因此对于这部分的实验内容和方法,可以帮助学生加深对分子基本性质的认识,熟练实验基本技能,而且可进一步训练学生的科研能力,提高学生的动手能力,有利于培养学生的创造性、发散性思维。

实验 43　硅胶 G 薄层层析法纯化可溶性糖

一、实验目的
（1）了解薄层层析的一般原理。
（2）掌握硅胶 G 薄层层析的基本技术及其在可溶性糖分离中的应用。

二、实验原理
薄层层析是一种广泛应用于氨基酸、多肽、糖脂和生物碱等多种物质的分离和鉴定的层析方法。因为层析是在吸附剂或支持介质均匀涂布的薄层上进行的，所以称之为薄层层析。

薄层层析的主要原理是，根据样品组分与吸附剂的吸附力及其在展层溶剂中分配系数的不同而使混合物分离。当展层溶剂移动时，会带着混合样品中的各组分一起移动，并不断发生吸附与解吸作用以及反复分配作用。根据各组分在溶剂中溶解度不同和吸附剂对样品各组分的吸附能力的差异，最终将混合物分离成一系列的斑点。如果把标准样品在同一层析薄板上一起展开，便可通过在同一薄板上的已知标准样品的 R_f 值和未知样品各组分的 R_f 值进行对照，初步鉴定未知样品各组分的成分。

薄层层析根据所支持物的性质和分离机制的不同，包括吸附层析、离子交换层析和凝胶过滤等。糖的分离鉴定可在吸附剂或支持剂中添加适宜的黏合剂后再涂布于支持板上，可使薄层粘牢在玻璃板（或涤沦片基）这类基底上。

硅胶 G 是一种已添加黏合剂石膏（$CaSO_4$）的硅胶粉，糖在硅胶 G 薄层上的移动速度与糖的相对分子质量和羟基数等有关，经适当的溶剂展开后，糖在硅胶 G 薄析上的移动距离为戊糖＞已糖＞双糖＞三糖。若采用硼酸溶液代替水调制硅胶 G 制成的薄板可提升高糖的分离效果。如对已分开的斑点显色，而将与它位置相当的另一个未显色的斑点从薄层上与硅胶 G 一起刮下，以适当的溶液将糖从硅胶 G 上洗脱下来，就可用糖的定量测定方法测出样品中各组分的糖含量。

薄层层析的展层方式有上行、下行和近水平等。一般常采用上行法，即在具有密闭盖子的玻璃缸（层析缸）中进行，将适量的展层溶液倒于缸底，把点有样品的薄层板放入缸中。保证层析缸内有充分展层溶剂的饱和蒸气是实验成功的关键。与纸层析、柱层析等方法比较，薄层层析有明显的优点：操作方便，层析时间短，可分离各种化合物，样品用量少，比纸层析灵敏度高 10～100 倍，显色和观察结果方便，如薄层由无机物制成，可用浓硫酸、浓盐酸等腐蚀性显色剂。因此，薄层层析是一项实验常用的分离技术，其应用范围主要在生物化学、医药卫生、化学工业、家业生产、食品和毒理分析等领域，在天然化合物的分离和鉴定中也已广泛应用。

三、试剂与器材

（一）试剂

（1）1% 葡萄糖标准溶液。

（2）扩展剂：氯仿：冰乙酸：水 =18：21：3。

（3）苯胺－二苯胺－磷酸显色剂：2 g 二苯胺、加 2 mL 苯胺、10 mL 85% 磷酸、1 mL 浓盐酸、100 mL 丙酮溶解混匀。

（4）0.1 mol/L 硼酸溶液。

（二）器材

硅胶 G、薄层板、毛细管、层析缸、电吹风、喷雾器、烘箱等。

四、操作方法

（1）硅胶板制备。称取硅胶粉 6 g，加入 12 mL 0.1 mol/L 硼酸溶液，搅拌均匀，铺板。

（2）活化。硅胶板用前放入 110℃烘箱中活化 30 min。

（3）活化后的硅胶板室温冷却后，在距底边 2 cm 水平线上确定 5 个点，用毛细管吸取糖溶液，轻轻接触薄层表面，每次加样后原点扩散直径不超过 3 mm，干后再点一次。

（4）展层。将薄板有样品的一端浸入扩展剂，扩展剂液面应低于点样线。盖好层析缸盖，上行展层。当展层剂前沿离薄板顶端 2 cm 时，停止展层，取出薄板，用铅笔标出溶剂前沿界线，用热风吹干。

（5）显色。用喷雾器均匀喷上显色剂，在 60℃下烘干，即可显出各层析斑点。

五、注意事项

（1）铺板时匀浆不易过稠或过稀。过稠，薄板容易出现拖动或停顿，造成层纹；过稀，水蒸发后，胶板表面粗糙。匀浆配比一般为硅胶 G：水 =1：2～3。

（2）点样时斑点尽量小，这样展开的色谱图分离度好，颜色分明。

（3）温度对薄层影响很大。在不冻结的前提下，通常温度越低，分离越好，较难的分离需在低温下分离。

六、结果计算

测量各层析斑点中心到原点的距离和溶剂前沿到原点的距离，计算各层析点的 R_f 值，根据待测样品与标准样品的 R_f 值比较进行定性。

实验 44　肝糖原的提取和定量测定

一、实验目的

（1）掌握肝糖原的提取方法。
（2）掌握肝糖原定量测定的原理。

二、实验原理

肝糖原储存于细胞内，采用研磨匀浆等方法可使细胞破碎，低浓度的三氯醋酸能使蛋白质变性，破坏肝组织中的酶且使蛋白质沉淀而肝糖原仍稳定地保留于上清液中，从而使肝糖原与蛋白质等其他成分分离开。肝糖原不溶于乙醇而溶于热水，故先用 90% 的乙醇将肝糖原沉淀，再溶于热水中，使肝糖原纯化。肝糖原水解液呈乳样光泽，遇碘呈红棕色，这是肝糖原中葡萄糖长链形成的螺旋中依靠水分子间引力吸附碘分子后呈现的颜色。此螺旋链吸附碘产生的颜色与葡萄糖残基数的多少有关。葡萄糖残基在 20 个以下时使碘呈红色，20～30 个时使碘呈紫色，60 个以上时使碘呈现蓝色。淀粉中分支链较长，故呈现蓝色，而糖原体分枝中的葡萄糖残基在 20 个以下（通常为 8～12 个葡萄糖残基）时，吸附碘后呈现红棕色。糖原在浓酸中可水解成为葡萄糖，通过浓 H_2SO_4 则进一步脱水成糖醛衍生物——5-羟甲基呋喃甲醛，此化合物再和蒽酮作用形成蓝绿色化合物。该化合物在 620 mm 有最大吸附峰，可借此进行比色测定。

三、试剂与器材

（一）试剂

（1）0.9%NaCl。

（2）5% 三氯醋酸。

（3）95% 乙醇。

（4）碘试剂：I_2 100 mg 和 KI 200 mg 溶解于 30 mL 蒸馏水中。

（5）标准葡萄糖溶液 0.5 mL 相当于 50 μg 葡萄糖

（6）蒽酮试剂：取结晶蒽酮 0.05 g 及硫脲 1 g，溶于 66% 硫酸中，加热溶解，置棕色瓶中，冰箱中可贮存两星期。

（二）器材

分光光度计、低速离心机、刻度离心管、白磁皿、研钵等。

四、操作方法

（一）糖原的提取

（1）准确称取 1 g 肝脏，0.8%NaCl 冲洗，吸去多余水分。

（2）在研钵中将肝脏组织剪碎，加入 5% 三氯醋酸 2 mL，将肝组织研磨至糜状，经滤纸过滤后移入刻度离心管中，再用蒸馏水 3 mL 洗残渣两次，最后加入蒸馏水使总体积达到 5.0 mL。

（3）取滤液 2 mL 于另一离心管中，加入 95% 乙醇 4 mL，混匀后静置 10 min，离心（3 000 r/min）5 min，弃去上清液，白色沉淀即为肝糖原。

（二）糖原的鉴定

（1）加蒸馏水 2 mL 于肝糖原沉淀中，沸水浴加热 5 min 使肝糖原溶解，可见有乳样光泽。

（2）取糖原水解液 2 滴于白磁皿中，加入碘试剂 1 滴，观察颜色变化。

（三）糖原的定量

（1）取滤液 0.5 mL 加蒸馏水 4.5 mL 为滤液稀释液。

（2）取糖原水溶液 0.5 mL，加蒸馏水 4.5 mL 为肝糖原水溶液稀释液。

（3）取试管 4 支，标记，按表 3-1 依次加入下列试剂。混匀，置沸水浴中 10 min，冷却后以第 4 管为空白，在分光光度计 620nm 波长处比色，计算肝糖原含量及提取的得率。

表 3-1　　　　　　　　　　　肝糖原含量的测定

试剂 /mL	编号			
	1	2	3	4
样品	滤液稀释液 0.5	肝糖原水溶液稀释液 0.5	标准葡萄糖 0.5	—
蒸馏水	—	—	—	0.5
蒽酮试剂	5.0	5.0	5.0	5.0

五、结果与计算

根据下列公式计算每 100 g 肝脏中肝糖原含量。

$$肝糖原含量（\mu g/100\ g）= \frac{A_{标准管} \times m \times 1}{A_{样品} \times 1.11}$$

式中：m 为标准管中葡萄糖含量，g。

注：1.11 为此法测得葡萄糖含量换算为肝糖原含量的常数，即 100μg 肝糖原用蒽酮试剂呈色相当于 111 g 葡萄糖所显之色。

六、思考题

（1）鉴定肝糖原的方法及其原理有哪些？
（2）根据肝组织用量及提取时稀释情况，列出计算肝糖原含量的公式。
（3）为什么可以用饱食鼠来观察肾上腺素的作用，而用饥饿鼠来观察皮质醇作用？

实验 45　蛋黄中卵磷脂的提取、纯化与鉴定

一、实验目的

（1）掌握从鲜鸡蛋中提取卵磷脂的方法与原理。
（2）掌握磷脂类物质的结构和性质。

二、实验原理

磷脂是一类含有磷酸的脂类，机体中主要含有两大类磷脂：由甘油构成的磷脂称为甘油磷脂；由神经鞘氨醇构成的磷脂，称为鞘磷脂。其结构具有由磷酸相连的取代基团（含氨碱或醇类）构成的亲水头和由脂肪酸链构成的疏水尾。在生物膜中磷脂的亲水头位于膜表面，而疏水尾位于膜内侧。磷脂是重要的两亲物质，它们是生物膜的重要组分、乳化剂和表面活性剂。

蛋黄磷脂属动物胚胎磷脂，含有大量的胆固醇、甘油三酯及许多人体不可缺少的营养物质和微量元素，被誉为与蛋白质、维生素并列的"第三营养素"。蛋黄卵磷脂可将胆固醇乳化为极细的颗粒，这种微细的乳化胆固醇颗粒可透过血管壁被组织利用，而不会使血浆中的胆固醇增加。

卵磷脂和脑磷脂均溶于乙醚而不溶于丙酮，利用此性质可将其与中性脂肪分离开；卵磷脂能溶于乙醇而脑磷脂不溶，利用此性质又可将卵磷脂和脑磷脂分离。卵磷脂为白色，当与空气接触后，其所含不饱和脂肪酸会被氧化而使卵磷脂呈黄褐色。卵磷脂被碱水解后可分解为脂肪酸盐、甘油、胆碱和磷酸盐。甘油与硫酸氢钾共热，可生成具有特殊臭味的丙烯醛；磷酸盐在酸性条件下与钼酸铵作用，生成黄色的磷钼酸沉淀；胆碱在碱的进一步作用下生成无色且具有氨和鱼腥气味的三甲胺。这样，通过对分解产物的检验可以对卵磷脂进行鉴定。

三、试剂与器材

（一）试剂

（1）95%乙醇。

（2）乙醚。

（3）丙酮。

（4）$ZnCl_2$。

（5）无水乙醇。

（6）10%氢氧化钠。

（7）3%溴的四氯化碳溶液。

（8）硫酸氢钾。

（9）钼酸铵溶液：将6 g钼酸铵溶于15 mL蒸馏水中，加入5 mL浓氨水，另外将24 mL浓硝酸溶于46 mL的蒸馏水中，两者混合静置一天后再用。

（10）鲜鸡蛋。

（二）器材

蛋清分离器、恒温水浴锅、蒸发皿、漏斗、铁架台、磁力搅拌器、天平、量筒（25 mL、100 mL）、试管、玻棒、烧杯、滤纸、红色石蕊试纸等。

四、操作方法

（一）卵磷脂的提取

称取 10 g 蛋黄于小烧杯中，加入温热的 95% 乙醇 30 mL，边加边搅拌均匀，冷却后过滤。如滤液仍然混浊，可再次过滤至滤液透明。将滤液置于蒸发皿内，于水浴锅中蒸干（或用加热套蒸干，温度可设在 140℃左右），所得干物即为卵磷脂。

（二）卵磷脂的纯化

取一定量的卵磷脂粗品，用无水乙醇溶解，得到约 10% 的乙醇粗提液，加入相当于卵磷脂质量的 10% 的 $ZnCl_2$ 水溶液，室温搅拌 0.5 h。分离沉淀物，加入适量冰丙酮（4℃）洗涤，搅拌 1 h，再用丙酮反复研洗，直到丙酮洗液为近无色止，得到白色腊状的精卵磷脂，进行干燥并称重。

（三）卵磷脂的溶解性试验

取干燥试管，加入少许卵磷脂，再加入 5 mL 乙醚，用玻棒搅动使卵磷脂溶解，逐滴加入丙酮 3～5 mL，观察实验现象。

（四）卵磷脂的鉴定

1. 三甲胺的检验

取干燥试管一支，加入少量提取的卵磷脂以及 2～5 mL 10% 氢氧化钠溶液，放入水浴中加热 15 min，在管口放一片红色石蕊试纸，观察颜色有无变化，并嗅其气味。将加热过的溶液过滤，滤液供下面检验。

2. 不饱和性检验

取干净试管一支，加入 10 滴上述滤液，再加入 1～2 滴 3% 溴的四氯化碳溶液，振摇试管，观察有何现象产生。

3. 磷酸的检验

取干净试管一支，加入 10 滴上述滤液和 5～10 滴 95% 乙醇溶液，再加入 5～10 滴钼酸铵试剂，观察现象。最后将试管放入热水浴中加热 5～10 min，观察有何变化。

4. 甘油的检验

取干净试管一支，加入少许卵磷脂和 0.2 g 硫酸氢钾，用试管夹夹住并先在小火上略微加热，使卵磷脂和硫酸氢钾混熔，再集中加热。待有水蒸气放出时，嗅有何气味产生。

五、思考题

卵磷酯的用途有哪些？

实验 46　蛋白质分子量的测定——SDS-PAGE 法

一、实验目的

（1）学习 SDS-PAGE 测定蛋白质分子量的原理。
（2）掌握垂直板凝胶电泳的操作方法。

二、实验原理

聚丙烯酰胺（PAGE）凝胶垂直板电泳是以聚丙烯酰胺凝胶做支持物的一种区带电泳，由单体丙烯酰胺（Acr）和交联剂亚甲基双丙烯酰胺（Bis）在催化剂的作用下，聚合交联而成的含有酰胺基侧链的脂肪族大分子化合物。

蛋白质分子在聚丙烯酰胺凝胶中电泳时，它的迁移速度取决于所带净电荷及分子的大小和形状等因素。如果在聚丙烯酰胺凝胶电泳系统中加入 SDS 和巯基乙醇，则蛋白质分子的迁移率主要取决于它的分子量，与所带电荷和形状无关。在蛋白质溶液中加入 SDS 和巯基乙醇后，巯基乙醇能使蛋白质分子中的二硫键还原；SDS 能使蛋白质的氢键、疏水键打开，并结合在蛋白质分子上，形成蛋白质-SDS 复合物。SDS 与蛋白质的结合带来两个后果：第一，使各种蛋白质的 SDS 复合物都带上相同密度的负电荷，掩盖了不同种类蛋白质间原有的电荷差别，使所有的蛋白质-SDS 复合物在电泳时都能以相同的电荷/蛋白质比向正极移动；第二，SDS 与蛋白质结合后，还能引起蛋白质构象的变化。这两个原因使蛋白质-SDS 复合物在凝胶电泳中的迁移率不再受蛋白质原有电荷和形状的影响，而只是蛋白质分子量的函数。选择一系列不同分子量的球形或者基本呈球形的蛋白质作为标准物，使其形成 SDS 复合物。把这些复合物在相同条件下进行电泳分离，分子量小的物质泳动距离大，分子量大的物质泳动距离小。测定出相对泳动率，用相对泳动率对蛋白质的分子量的对数作图，它们在一定范围内呈直线关系，因此可作为标准曲线来检测样品蛋白质的分子量。

不同浓度的 SDS-聚丙烯酰胺凝胶适用于不同范围的蛋白质分子量大小的测定。比如，15% 的凝胶适用于分子量在 10 000～50 000 范围的蛋白质；10% 的凝胶适用于分子量在 10 000～70 000 范围的蛋白质；5% 的凝胶适用于分子量 25 000～2 000 000 范围的蛋白质；3.33% 的凝胶其胶孔径更大，适用于分子量更高的蛋白质的测定。因此，我们应根据待测蛋白质样品的分子量范围选择合适的凝胶浓度，以求获得好的结果。

三、仪器和试剂

（一）仪器

电泳仪、垂直平板电泳槽、微量注射器、灯泡瓶、移液器、染色与脱色缸、量筒、滴管。

（二）试剂

（1）Acr-Bis（30%：0.8%）溶液：30 g 丙烯酰胺和 0.8 g N，N'-亚甲基双丙烯酰胺溶于蒸馏水中，定容至 100 mL，过滤，于 4℃保存备用。

（2）1% 琼脂：称取琼脂糖 1 g，加电极缓冲液 100 mL，加热使其溶解，4℃贮存，备用。

（3）N，N，N'N'-四甲基乙二胺（TEMED）。

（4）10% AP：称取 0.1 g 过硫酸铵于 1 mL 蒸馏水。现用现配（聚合时的催化剂）。

（5）1.5 MTris-HCl 试剂 A（pH8.8）：18.15 g Tirs 碱，溶于 100 mL 去离子水中，加入约浓盐酸调节 pH 值至 8.8。

（6）0.5 M Tris-HCl 试剂 B（pH6.8）：6.05 g Tirs 碱，溶于 100 mL 去离子水中，加入约浓盐酸调节 pH 值至 6.8。

（7）10% SDS：10 g SDS 溶于去离子水中，定容至 100 mL，加热至 68℃助溶。

（8）电解缓冲液：1.5 gTris、7.2 g 甘氨酸和 SDS 0.5 g 混合加水至 500 mL

（9）0.05% 溴酚蓝。

（10）1 moL/L HCl。

（11）蛋白样品：SOD 酶蛋白。

（12）染色液：考马斯亮蓝 R250 1 g，甲醇 450 mL，冰醋酸 100 mL，加水

50 mL，溶解后过滤使用。

四、操作步骤

（一）垂直平板电泳槽的安装

先把垂直平板电泳槽和两块玻璃板洗净，晾干。然后，通过硅胶带将两块玻璃板紧贴于电泳槽（玻璃板之间留有空隙），两边用夹子夹住。之后，将1%琼脂糖融化，冷却至50℃左右，用吸管吸取热的1%琼脂沿电泳槽的两边条内侧加入电泳槽的底槽中，封住缝隙，冷却后琼脂凝固，待用。

（二）凝胶的制备

1. 分离胶的制备

量取 Acr-Bis（30% ∶ 0.8%）溶液 3.3 mL、Tris-HCl 试剂 A(pH8.8) 2.5 mL、10% SDS100 μL、10% APS100 μL，加入 TEMED10 μL、双脱水 4 mL，混匀。用吸管吸取分离胶，沿壁加入垂直平板电泳槽中，直至胶液的高度达电泳槽高度的 2/3 左右，上面再覆盖一层水或正丁醇（防止氧气扩散进入凝胶抑制聚合），室温下静置约 30～40 min 即可聚合。（注意：丙烯酰胺有毒，应避免皮肤直接接触。）

2. 浓缩胶的制备

量取 Acr-Bis 溶液（30% ∶ 0.8%）1.3 mL、Tris-HCl 试剂 A(pH8.8) 2.5 mL、10% SDS100 μL、10% APS100 μL，加入 TEMED10 μL、双脱水 6 mL，混匀。用吸管吸取浓缩胶加到分离胶的上面，直至胶的高度为 1.5 cm，这时将梳板插入，注意梳齿边缘不能带入气泡，室温下静置约 30～40 min 即可聚合。待观察到梳齿附近凝胶中呈现光线折射的波纹时，浓缩胶即凝聚完成。将梳子拔出后，用电极缓冲液冲洗梳孔。

3. 加样

用微量注射器分别吸取 10 mg/L 的标准蛋白样品 20 μL，上面加 20% 甘油 1 滴，溴酚蓝指示剂 1 滴，再用滴管小心加入少量电极缓冲液使之充满梳孔。加样前，样品在沸水中加热 3 min，以除掉亚稳态聚合。

4. 电泳

将电极缓冲液分别倒入上下电泳槽，接通电源，选择适合的电压，保持恒电压，进行电泳，直至样品中染料迁移至离下端 1 cm 时停止电泳。吸尽上、下电泳槽中的电极缓冲液，取下玻璃板，小心地把其中一块玻璃板从凝胶上取下来，在溴酚蓝带中心用牙签戳一个小洞作为标记。

5. 染色和脱色

除去浓缩胶层，将分离胶部分取下，在染色液中浸泡染色 15 min 左右（37℃恒温摇床）。倒去染色液，用蒸馏水漂洗 3 次，然后加入脱色液，室温浸泡凝胶或 37℃加热使其脱色，更换几次脱色液（2～3 次，每次处理 15 min），直至蛋白质区带清晰为止。

6. 电泳迁移率的计算和标准曲线的制作

迁移率 = 蛋白质移动的距离 / 染料移动距离

以各标准蛋白质样品迁移率作横坐标、蛋白质分子量的对数作纵坐标作图，可得一条标准曲线。测得待测蛋白质的迁移率后，由曲线上即可查出去分子量。

五、注意事项

（1）凝胶配制过程中，TEMED 要在注胶前加入，否则凝结后无法注胶。

（2）凝胶聚合时要保持静止，凝胶聚合好的标志是胶与醇层（或者水层）之间形成清晰的界面。

（3）样梳须一次平稳插入。梳口处不得有气泡，梳底须水平。

（4）加样前，样品在沸水中加热 1 min，以除掉亚稳态聚合。

（5）剥胶时要小心，保持胶完好无损。

六、思考题

（1）在 SDS-PAGE 中，当分离胶加完后，在其上加一层乙醇（或者水）的目的是什么？

（2）在 SDS-PAGE 中分离胶与浓缩胶中均含有 TEMED（四甲基乙二胺）和 APS（过硫酸铵），试述其作用。

（3）解释浓缩效应和分子筛效应。

实验 47　葡聚糖凝胶层析脱盐纯化蛋白质

一、实验目的

（1）了解蛋白质在葡聚糖凝胶柱上的脱盐原理。

（2）学习其基本的操作技术。

二、实验原理

分子筛指的是一些多孔介质。当含有大小不同分子的混合物流经这一介质时，小分子能进入介质的孔隙，大分子则被阻在介质之外，从而达到分离的目的，这种作用被称为分子筛效应。具有这种效应的物质很多，其中效果较好的有葡聚糖凝胶、琼脂糖凝胶和聚丙烯酰胺凝胶等。

经盐析分级沉淀得到的蛋白质溶液含有大量的硫酸铵，铵盐的存在对蛋白质的进一步分离纯化产生影响，因此必须除去。葡聚糖凝胶柱脱盐的原理是，当蛋白质液流经凝胶柱时，蛋白质被排阻在凝胶外面先流出来，小分子量的盐类则扩散到凝胶网孔内部后，经较长路径再流出，由于大小分子向下运动的速度不同，最终盐和大分子的酶得以分离。这种方法脱盐的速度不但比透析法脱盐快，而且大分子物质不变性。

三、试剂和仪器

（一）试剂

（1）葡聚糖凝胶 G-50。
（2）洗脱液：适宜 pH 值的 50 mmol/L 磷酸盐缓冲液或 Tris-HCl 缓冲溶液。
（3）奈氏试剂：5 g KI 溶于 5 mL 水中，加入饱和 $HgCl_2$，搅拌至朱红色沉淀不再溶解时，加入 40 mL 50%NaOH，稀释至 100 mL，静置过夜，取上清液备用。

（二）仪器

（1）由 1.6 cm×30 cm 凝胶柱、恒流泵、分部收集器组成的脱盐装置。
（2）紫外分光光度计。

四、操作方法

（一）实验用凝胶的预处理

根据盐析柱的体积和干凝胶的膨胀度，可按下式计算所需干凝胶的用量：

$$干凝胶用量（g）= \frac{\pi\gamma^2 h}{膨胀度（床体积/g干胶）} \times (110\% \sim 120\%)$$

称取一定量的葡聚糖凝胶，按说明书中要求用纯水充分浸发凝胶干粉，然后用倾泻法除去表面悬浮的小颗粒，重复 3～4 次。

（二）装柱

将一定体积的洗脱液加入已溶胀的凝胶中，混匀。尽量将洗脱液沿柱壁一次性徐徐灌入柱中，以免出现不均匀的凝胶带。凝胶浆过稀，易出现不均匀的裂纹；过于黏稠，会吸留气泡。

新装的柱用适当的缓冲液平衡后，将带色的蓝色葡聚糖 −2000 配成 2 mg/mL 的溶液过柱，观察色带是否均匀下降。均匀下降说明柱层床无裂纹或气泡，否则必须重装。

（三）加样和洗脱

打开柱的上盖，让缓冲液流出，直至液面与凝胶床面相平。将一定量的酶液（加样量自定）小心加到凝胶床的表面。待样品恰好通过层床后，用少量洗脱液冲洗凝胶表面，待少量洗脱液流进层床后，补加缓冲液至合适的高度，旋紧柱上盖，开启恒流泵，以一定量的洗脱缓冲液按 0.5 ~ 1.0 mL/min 速度洗脱，每 3 ~ 5 mL 收集一管。

（四）收集液的检测

在 280 nm 波长下，测定各收集管中溶液的蛋白质含量及脱盐情况。

五、结果及讨论

以 $A_{280\,nm}$ 为纵坐标，以收集管数为横坐标，绘制酶脱盐洗脱曲线，收集经脱盐的酶液（有酶活力的洗脱液）。表 3-2 为蛋白质凝胶脱盐效果比较表。

表 3-2　　　　　　　　蛋白质凝胶脱盐效果比较

实验序号	蛋白质上样量 /mg	洗脱速度 /mL·min^{-1}	洗脱液体积 /mL	酶液脱盐效果（用奈氏试剂定性）检验
1				
2				

六、注意事项

（1）在凝胶溶胀过程中，应避免剧烈搅拌，以防止破坏胶联结构。凝胶只能用水溶胀，有机溶剂较多的水溶液会使其收缩，改变孔隙，或降低其分离能力。

（2）加样量应在不影响分离的前提下增大，但为了获得较好的脱盐效果，可减少加量，此时分离效果逐渐加强。一般加样量不超过凝胶床体积的10%。

（3）凝胶柱的流速取决于柱长、凝胶颗粒的大小等因素。一般说来，洗脱流速慢，分离效果好，但是太慢也会因扩散加剧而降低分离效果。

（4）凝胶的洗涤及保存。先用2～3倍层床体积的蒸馏水通过凝胶柱，再将凝胶倒入杯中，用蒸馏水充分漂洗，用布氏漏斗抽洗，以除去盐分或其他杂质。然后，向凝胶浆中加入0.02%的硫抑汞或叠氮化钠，可保存几个月。下次使用前重新洗柱除去防腐剂。

七、思考题

（1）比较透析法和凝胶法脱盐的优缺点。

（2）利用凝胶法脱盐，要达到较好的分离效果，与什么因素有关？

实验48　蛋白质印迹分析（Western Blotting）

一、目的与要求

（1）掌握蛋白质印迹分析的基本原理。

（2）学会蛋白质印迹分析的基本操作。

二、实验原理

蛋白质印迹免疫分析是以某种抗体作为探针，使之与附着在固相支持物上的靶蛋白所呈现的抗原部位发生特异性反应，从而对复杂混合物中的某些特定蛋白质进行鉴别和定量。这一技术将蛋白质凝胶电泳分辨率高与固相免疫测定特异性强的特点结合起来，是一种重要的蛋白质分析测试手段。蛋白质印迹技术结合了凝胶电泳分辨率高和固相免疫测定特异性高、敏感等诸多优点，能从复杂混合物中对特定抗原进行鉴别和定量检测。

具体过程如下：蛋白质经凝胶电泳分离后，在电场作用下将凝胶上的蛋白质条带转移到硝酸纤维素膜上，经封闭后再用抗待检蛋白的抗体作为探针与之结合，最后结合上的抗体可用多种二级免疫学试剂（125I标记的A蛋白或抗免疫球蛋白、与辣根过氧化物酶或碱性磷酸酶偶联的A蛋白或抗免疫球蛋白）检测。

三、试剂、器材与材料

（一）试剂

（1）30% 丙烯酰胺储存液、10%SDS 溶液、10% 过硫酸铵溶液、TEMED、0.5 M Tris-Cl（PH6.8）、1.5 M Tris-Cl（PH8.8）、1 mg/mL DTT。

（2）10× 转移缓冲液：30.3 g Trizma base（0.25 mol/L），144 g 甘氨酸（1.92 mol/L），加蒸馏水至 1 L，此时 pH 约为 8.3，不必调整。

（3）1× 转移缓冲液：在 1.4 L 蒸馏水中加入 400 mL 甲醇及 200 mL 10× 转移缓冲液。

（4）TBS 缓冲液：称取 1.22 g Tris（10 mol/L）和 8.78 g 氯化钠用蒸馏水溶解并定容至 1 L，用 HCl 调 pH 至 7.5。

（5）TTBS buffer：在 1 L TBS 缓冲液中加入 0.5 mL Tween 20（0.025%）。

（6）一抗：兔抗待测蛋白抗体（多克隆抗体）。

（7）二抗：辣根过氧化物酶标记羊抗兔。

（8）0.5% 封阻缓冲液：称取标准牛血清白蛋白 2.5 mg，用 TTBS 缓冲液溶解并定容至 500 mL，过滤，在 4℃ 保持以防止细菌污染。

（9）显影试剂：1 mL 氯萘溶液（30 mg/mL 甲醇配置），加入 10 mL 甲醇，用 TBS 缓冲液定容至 50 mL，加入 30 μL 30% H_2O_2。

（10）染色液：称取 1 g 氨基黑 18B，加入 250 mL 异丙醇和 100 mL 乙酸，用蒸馏水定容至 1 L。

（11）脱色液：量取 350 mL 异丙醇和 20 mL 乙酸，混合，用蒸馏水定容至 1 L。

（二）仪器

电热手提高压锅、电泳仪、垂直版电泳槽、凝胶摄像系统、真空凝胶干胶仪、转移电泳仪、转移电泳槽、封口机、恒温水浴、杂交箱、子外交联仪、恒温摇床、微量加样器、可调式取液器、电炉、平皿、滴管、50 mL 烧杯、吸量管、剪刀、一次性手套、杂交袋、滤纸、吸水纸、1.5 m LEP 管、吸头管、硝酸纤维素膜（NC 膜）、PVDF 膜、诱导前菌体蛋白、诱导后菌体蛋白等。

四、操作方法

（一）蛋白样品的分离

1. 蛋白样品的制备

（1）细菌诱导表达后，样品一般直接用 SDS 凝胶加样缓冲液裂解。

（2）哺乳动物组织通常可机械分散（机械或超声波室温匀浆0.5～1 min）并直接溶于SDS凝胶加样缓冲液，然后于4℃下，13 000 rmp离心15 min，取上清液作为样品。

（3）组织培养的单层细胞可用匀浆缓冲液裂解，也可直接在SDS凝胶加样缓冲液中裂解；制备好的样品用作SDS-PAGE分析。

2. SDS-PAGE的分离

按照常规方法进行SDS-PAGE分离。分离结束后，将样品墙的上边缘用小刀去除，然后在胶板的右上角切一个小口以便定位，小心放入转移缓冲液待用。

（二）蛋白质的电转移

1. 准备PVDF膜

根据胶的大小剪出一片PVDF膜，膜的大小应略小于胶的大小。将膜置于甲醇中浸泡1 min，再移至转移缓冲溶液中待用。

2. 制作胶膜夹心

在一浅盘中打开转移盒，将一个预先用转移缓冲液浸泡过的海绵垫放在转移盒的黑色筛孔板上，在海绵垫的上方放置经转移缓冲溶液浸湿的3层厚滤纸，小心将胶板放在3层厚滤纸上，注意排除气泡。将PVDF膜放在胶的上方并注意排除气泡。再在膜的上方放上一张同样用转移缓冲液浸湿过的3层滤纸并赶出气泡，放置另一张浸泡过的海绵垫，关闭转移盒。将转移盒按照正确的方向放入转移槽中，转移盒的黑色筛孔板贴近转移槽的黑色端，转移盒的白色筛孔板贴近转移槽的白色端，填满转移缓冲液并注意防止出现气泡。

3. 转移

连接电源，在4℃条件下维持恒压100 V，1 h。

（三）免疫检测

1. 膜染色

断开电源，将转移盒从转移槽中移出，用镊子将PVDF膜小心放入一个干净的容器中，用TBS缓冲液进行短暂清洗，从膜上剪下一条宽约5 mm的膜放入另一干净的容器中。将这条膜在染色液中浸泡1 min，然后在脱色液中脱色30 min，确定蛋白质已经转移至PVDF膜上。

2. 膜的封闭和清洗

对于没有进行染色的膜，先倒出TBS缓冲液，加入3%封闭缓冲液，轻轻摇动至少1 h。倒掉30%封闭缓冲液，用TBS缓冲液清洗3次，每次5 min。

3. 一抗

倒掉 TBS 缓冲液，加入 10 mL 0.5% 封闭缓冲液及适量的一抗，轻轻摇动至少 1 h。从容器中倒出一抗及封闭缓冲液，用 TTBS 缓冲液清洗两次，每次 10 min。

4. 二抗

倒掉 TTBS 缓冲液，加入 5 mL 0.5% 封闭缓冲液及适量的二抗，轻轻摇动 30 min。从容器中倒出二抗及封闭缓冲液，用 TTBS 缓冲液清洗两次，每次 10 min。

5. 检测

倒出 TTBS 缓冲液，加入显影剂，轻轻摇动 PVDF 膜，观察显影情况，当能清晰看到显色带时，用蒸馏水在 30 min 内分三次清洗 PVDF 膜以终止显色反应的继续进行。检测完毕后，将 NC 膜浸泡于洗脱液中，50℃，振荡 30 min，以去除膜上抗体，供再次检测用。

五、注意事项

（1）蛋白加样量要合适，加样量太少，条带不清晰；加样量过多，则泳道超载，条带过宽而重叠，甚至覆盖相邻泳道。

（2）一抗的选择是影响免疫印迹成败的主要因素。多克隆抗体结合抗原能力较强、灵敏度高，但易产生非特异性的背景；单克隆抗体识别抗原特异性较好，但可能不识别在样品制备时因变性而失去空间构型的抗原表位，且易发生交叉反应。因此，兼有多克隆抗体和单克隆抗体优点的混合单克隆抗体特别被推荐，它是由一组能与抗原分子中的不同且不易变性的抗原表位结合并不易出现交叉反应的单克隆抗体混合构成的。

（3）如果反应灵敏度不高，可增加凝胶的厚度到 1.5 mm（厚度超过 2.0 mm 时，凝胶转移效率受限），也可在电泳条带不发生变形的前提下，尽量提高蛋白样品的上样量。

（4）滤纸/凝胶/转印膜/滤纸夹层组合中不能存在气泡，可用玻璃棒在夹层组合上滚动将气泡赶出，以提高转膜效率；上下两层滤纸不能过大，避免导致直接接触而引起短路。

（5）如果出现非特异性的高背景，可观察仅用二抗单独处理转印膜所产生的背景强度，若高背景由二抗产生，可适当降低二抗浓度或缩短二抗孵育时间，并考虑延长每一步的清洗时间。

（6）一抗与二抗的稀释度、作用时间和温度对检测不同的蛋白要求不同，必须经预实验确定最佳条件。

六、思考题

比较 PVDF 膜与 NC 膜的优缺点。

实验49　植物组织中原花色素的提取、纯化与测定

一、实验目的

（1）掌握从果蔬中制备原花色素的方法。
（2）掌握盐酸-正丁醇比色法测定原花色素的原理和方法。

二、实验原理

原花色素也称原花青素，是一类从植物中分离得到的在热酸条件下能产生花色素的多酚化合物。其是由不同数量的儿茶素或表儿茶素聚合而成的，最简单的原花色素是儿茶素的二聚体。此外，还有三聚体、四聚体等。依据聚合度的大小，通常将二至四聚体称为低聚体，五聚体以上的则称为高聚体。从植物中提取原花色素的方法一般有两种：用水抽提和用乙醇抽提。其抽提物为低聚物，称之为低聚原花色素（OPC）。原花色素和花青素的分子结构如图3-1所示。

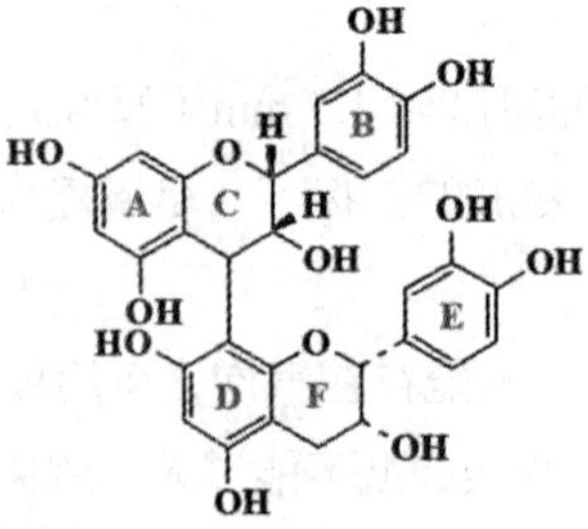

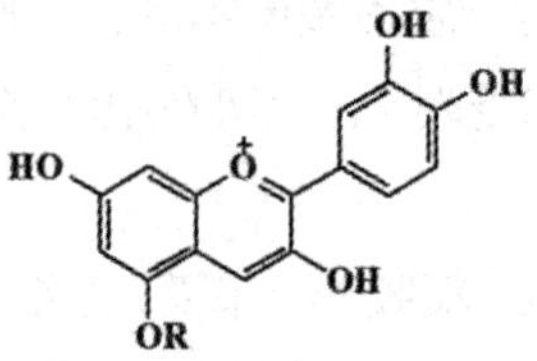

图3-1　原花色素和花青素的分子结构示意图

原花色素具有很强的抗氧化作用，能清除人体内过剩的自由基，提高人体的免疫力，可作为新型的抗氧化剂用于医药、保健、食品等领域。

利用低聚原花色素溶于水的特点,用热水煮沸抽提原花色素,再用大孔吸附树脂吸附、洗脱得到原花色素。

D101 树脂是一种球状、非极性交联聚合物吸附剂,具有相当大的比表面和适当的孔径,对皂苷类、黄酮类、生物碱等物质有特殊的选择性,适用于从水溶液中提取类似性质的有机物质。

原花色素(Ⅰ)的 4～8 连接键很不稳定,易在酸作用下打开。反应过程(以二聚原花色素为例)如下:在质子进攻下单元 C_8(D)生成碳正离子(Ⅱ),4～8 键裂开,下部单元形成(-)-表儿茶素(Ⅲ),上部单元成为碳正离子(Ⅳ),失去一个质子成为黄-3-烯-醇(Ⅴ),在有氧条件下失去 C_2 上的氢,被氧化成花色素(Ⅵ),反应还生成相应的醚(Ⅶ)。若采用正丁醇溶剂可防止醚的形成(图 3-2)。

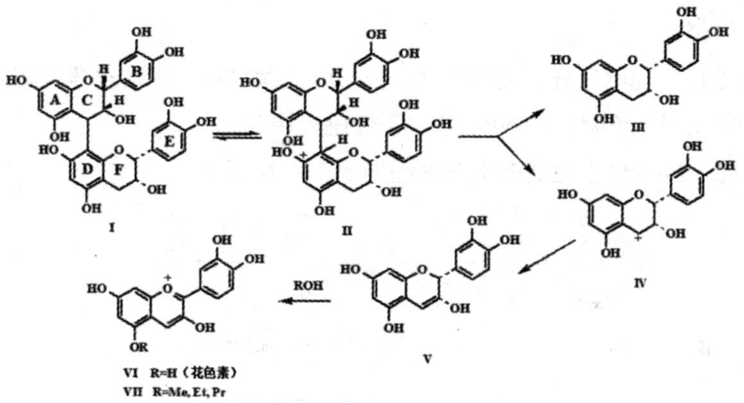

图 3-2 原花色素的酸解反应

在一定浓度范围内,原花色素的量与光吸收值呈线性关系,利用比色法可测定样品中的原花色素含量。但盐酸-正丁醇法受原花色素的结构影响较大,对于低聚度原花色素及儿茶素等单体反应不灵敏。

三、试剂与器材

(一)试剂

(1)60% 乙醇。

(2)95% 乙醇。

(3)1.0 mg/mL 原花色素标(OPC)准品:精确称取 10.0 mg 原花色素标准品,用乙醇溶解于 10.0 mL 容量瓶中,定容至刻度。

（4）HCl-正丁醇：取 5.0 mL 浓盐酸加入 95.0 mL 正丁醇中，混匀即可。

（5）2% 硫酸铁铵：称取 2 g 硫酸铁铵溶于 100 mL 2.0 mol/L HCl 中即可。

（6）2.0 mol/L HCl：取 1 份浓盐酸加入 5 份蒸馏水即可。

（7）新鲜紫色甘薯。

（二）器材

超声波细胞破碎仪、数显恒温水浴锅、紫外分光光度计、电子天平、旋转蒸发仪、真空干燥箱、固体粉碎机、烧杯、玻璃层析柱、大孔吸附树脂 D-101、具塞试管（数支）、移液枪等。

四、操作方法

（一）提取

（1）预处理。选用新鲜、无病虫害、无腐烂的紫甘薯，用水洗净，切成 5 mm 左右颗粒，60℃烘干，粉碎，过 60 目筛，干燥避光保存。

（2）提取。原花色素主要的提取流程如图 3-3 所示。

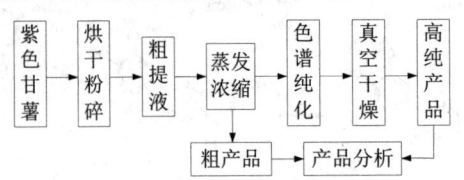

图 3-3　原花色素的提取流程

提取条件：温度为 35℃～60℃，时间为 1 h，料液比为 1∶25，盐酸浓度为 0.5%（或 0.1 M 柠檬酸水溶液），搅拌或超声波辅助提取两次。

（3）提取结束后，将色素提取液放入离心机中，在 4 000 r/min 下离心，得到色素上清液，待其冷却到室温后，备用。

（二）纯化

（1）取一根层析柱（1.5 cm × 20 cm），洗净，竖直装好，关闭出口，加入蒸馏水约 1 cm 高，用烧杯取一定量已处理好的大孔吸附树脂 D-101，搅匀，沿管内壁缓慢加入，待柱底沉积约 1 cm 高时，缓慢打开出口，积蓄装柱至高度 10 cm，液面高于树脂约 3 cm。

（2）平衡：用蒸馏水洗 2 倍柱床体积，控制流速在 1 mL/min 左右，至洗出液的 pH 呈中性。

（3）滤液上样，上样时控制流速在 2 mL/min。上完样后，先用蒸馏水洗两倍柱床体积，然后换 60% 乙醇进行洗脱，控制流速在 1 mL/min。待有红色液体流出时开始收集，直到收集到无红色为止。

（4）将收集液用 60% 乙醇定容至 50 mL，作为下次测定的样品。

（三）含量测定

1. 制作标准曲线

取干净试管 7 支，按表 3-3 所示，分别向各试管中加入原花色素标准品和乙醇，配制成不同浓度的原花色素标准溶液，然后向各试管依次加入 0.1 mL 2% 硫酸铁铵和 3.4 mL HCl-正丁醇溶液，再将试管置于沸水浴中煮沸 30 min，取出，冷水冷却 15 min 后，于紫外分光光度计中在波长 546 nm 下比色测定光吸收值。最后，以吸光度为纵坐标、各标准液浓度为横坐标作图，得标准曲线。

表 3-3　　　　　　　　　原花色素测定标准曲线绘制

试　剂	编　号					
	0	1	2	3	4	5
OPC 标准液 /mL	0	0.10	0.15	0.20	0.25	0.30
乙醇 /mL	0.50	0.40	0.35	0.30	0.25	0.20
2% 硫酸铁铵 /mL	0.10	0.10	0.10	0.10	0.10	0.10
HCl-正丁醇 /mL	3.40	3.40	3.40	3.40	3.40	3.40
处置条件	沸水浴 30 min 取出，冷水冷却 15 min 后测定					
OPC 含量 /μg	0	100	150	200	250	300
A_{546}						

2. 样品含量测定

分别吸取样液 0.01 mL 于试管中，补加 0.4 mL 乙醇，再加入 0.1 mL 2% 硫酸铁铵和 3.4 mL HCl-正丁醇溶液，然后将试管置于沸水浴中煮沸 30 min，取出，冷水冷却 15 min 后，于紫外分光光度计中在波长 546 nm 下比色测定光吸收值。最后，根据测得吸收值，由标准曲线查算出样品液的原花色素含量，并进一步计算原花色素样品的百分含量。

五、结果与计算

按下列公式计算原花色素的含量。

$$原花色素的含量（\%）= \frac{C \times V}{m} \times 100$$

式中：C 为从标准曲线上查出的原花质量浓度，mg/mL；V 为样品稀释后的体积，mL；m 为样品的质量，mg。

六、注意事项

（1）本方法的检测范围为（5～500）$\times 10^{-3}$ mg/0.5 mL 样液。精密度与准确度大于 1×10^{-3} mg。

（2）反应试管应用清洁剂浸泡 24 h，彻底洗涤干净。

（3）显色液应避光放置。

实验50　正交法测定几种因素对蔗糖酶活性的影响

一、实验目的

（1）初步掌握正交法（正交试验设计法）的使用。

（2）运用正交法测定底物浓度、酶浓度、温度和 pH 四种因素对酶活力的影响。

二、实验原理

酶的催化作用是在一定条件下进行的，它受多种因素的影响，如酶浓度、底物浓度、温度、抑制剂和激活剂等都能影响酶催化的反应速度。通常在其他因素恒定的条件下，通过某一因素在一系列变化条件下的酶活力测定求得该因素的影响，这是单因素的试验方法。对于多因素的试验，可以通过正交试验设计法（简称"正交法"）来完成。正交法主要借助正交表，简化表格计算，正确分析结果，找到实验的最佳条件，分清因素的主次，这样就可以通过比较少的实验次数达到好的实验效果。

本实验运用正交法测定底物浓度、酶浓度、温度和 pH 四个因素对酶活性的影响，并探究酶活性最大时四种因素的水平。

三、试剂与器材

（一）试剂

（1）5% 蔗糖：准确称取 5 g 蔗糖，用蒸馏水溶解并定容至 100 mL。

（2）0.2 mol/L 醋酸缓冲液：pH 分别为 3.6、4.6、5.6（见附录 2）。

（3）3,5-二硝基水杨酸试剂（DNS）。

A 液：称取 6.9 g 结晶酚，加入 15.2 mL 10%NaOH 溶液，用蒸馏水稀释至 69 mL。

B 液：称取 25.5 g 酒石酸钾钠，加入 30 mL 10%NaOH 溶液，再加入 80 mL 1% 3,5-二硝基水杨酸溶液。

将 A 液、B 液混合即得黄色试剂，贮于棕色瓶中备用，室温放置 7～10 d 后使用。

（4）纯化的蔗糖酶。

（二）器材

试管及试管架、恒温水浴箱、分光光度计、吸量管、小漏斗及滤纸、pH 计。

四、操作方法

（一）实验设计

1. 确定试验因素和水平

本实验取四个因素，即底物浓度（S）、酶浓度（E）、温度、pH。每个因素选三个水平。实验因素和选用水平如表 3-4 所示。

表 3-4　　　　　　　　因素、水平表

水平	因　素			
	底物浓度（S）	酶浓度（E）	温度 /℃	pH
1	0.5	1.0	50	3.6
2	0.2	0.6	37	5.6
3	0.8	0.2	65	4.6

按一般方法，如对四个因素三个水平的各种搭配都要考虑，共需做 3^4 即 81 次试验，而用正交表只需做 9 次试验。

2.选择合适的正交表

合适的正交表是指要考察的因素的自由度总和应该不大于所选正交表的总自由度。

正交表 Ln(t^q),其中 L 为正交表的代号,n 为处理数(实验次数),t 为水平数,q 为因素数。

实验次数 $n=q\times(t-1)+1$。本实验中 $n=4\times(3-1)+1=9$。

总自由度 $V_总=n-1$。

各列自由度 $V_列=K$(该列水平数)-1。

本实验选用四个因素,每个因素选三个水平,四个因素各占一列,那么四个因素的自由度如下所示。

$$V_1=3-1=2$$
$$V_2=3-1=2$$
$$V_3=3-1=2$$
$$V_4=3-1=2$$

四个因素的自由度总和 $=V_1+V_2+V_3+V_4=8$,没有超过 $L_9(3^4)$,所以选择正交表 $L_9(3^4)$ 是合适的。正交水平设计如表3-5所示。

表3-5　　　　　　　　　　正交水平设计表

实验号	因　素			
	底物浓度(A)	酶浓度(B)	温度(C)	pH(D)
1	1	1	1	1
2	1	2	2	2
3	1	3	3	3
4	2	1	2	3
5	2	2	3	1
6	2	3	1	2
7	3	1	3	2
8	3	2	1	3
9	3	3	2	1

（二）实验安排

将本实验的四个因素依次填入表 3-5 中，再将各列的水平数用该列因素相应的水平写出，可得到实验安排表（表 3-6）。

取 9 支试管，分别标号，按照表 3-6 逐一加入各种试剂，并进行实验处置，在 520 nm 处测光吸收值。

表 3-6　　　　　　　几种因素对蔗糖酶活性影响的实验安排表

试剂 /mL	实验号								
	2	4	9	1	6	8	3	5	7
5% 蔗糖溶液	0.5	0.2	0.8	0.5	0.2	0.8	0.5	0.2	0.8
0.2 mol/L 乙酸缓冲液	pH5.6 1.0	pH4.6 1.0	pH3.6 1.0	pH3.6 1.0	pH5.6 1.0	pH4.6 1.0	pH4.6 1.0	pH3.6 1.0	pH5.6 1.0
蒸馏水	0.9	0.8	1.0	0.5	1.6	0.6	1.3	1.2	0.2
处置条件（1）	37℃预温 5 min			50℃预温 5 min			65℃预温 5 min		
纯化蔗糖酶	0.6	1.0	0.2	1.0	0.2	0.6	0.2	0.6	1.0
处置条件（2）	37℃反应 10 min			50℃预温 10 min			65℃预温 10 min		
DNS	1	1	1	1	1	1	1	1	1
处置条件（3）	沸水浴 5 min								
蒸馏水	5	5	5	5	5	5	5	5	5
A_{520}									

另取 1 支试管作为非酶对照，加入 0.5 mL 5% 蔗糖溶液、1.9 mL 0.2 mol/L 乙酸缓冲液，再加入 1 mL DNS，摇匀后室温放置 5 min 后，向其加入纯化蔗糖酶 0.6 mL，摇匀室温放置 10 min 后沸水浴 10 min，加入 5 mL 蒸馏水混匀后在 520 nm 下测定光吸收值。

五、结果与分析

将实验所得数据填入表 3-7 中，计算极差。极差是指这一列中最好与最坏值之差，从极差的大小来判断因素对酶活力的影响程度，从而找出最优水平。以 A_{520}（k_1、k_2、k_3）为纵坐标、因素的水平数为横坐标作图。

表 3-7　　　　　　　　　　正交实验结果分析表

实验号	因　素				A_{520}
	底物浓度（A）	酶浓（B）	温度（C）	pH（D）	
1	1	1	1	1	
2	1	2	2	2	
3	1	3	3	3	
4	2	1	2	3	
5	2	2	3	1	
6	2	3	1	2	
7	3	1	3	2	
8	3	2	1	3	
9	3	3	2	1	
K_1（A 水平实验结果总和）					
K_2（B 水平实验结果总和）					
K_3（C 水平实验结果总和）					
$\overline{K_1}$					
$\overline{K_2}$					
$\overline{K_3}$					
R 极差					

六、注意事项

（1）各试剂加样要准确，处置条件各管尽量一致。

（2）加入 DNS 后应立即摇匀。

七、思考题

正交法与一般方法比较有何优点？

实验 51　脲酶的分离纯化和活性测定

一、实验目的

（1）掌握交联葡聚糖层析纯化脲酶的方法
（2）掌握紫外分光光度法测定脲酶活性的原理。

二、实验原理

脲酶属于一种寡聚酶，分子量约为 483000，当脲酶粗制品通过交联葡聚糖 Sephadex G-200 层析柱时，此酶本身不易进入凝胶颗粒的网络内，而其他小分子物质及分子量较小的蛋白质可扩散进入凝胶颗粒。因此，用蒸馏水作为洗脱液，分子量大的脲酶先被洗脱下来，从而达到与其他物质分离的目的。定时或定量收集洗脱液，分别在紫外分光光度计 280 nm 波长处测定其吸光度，以 280 nm 的吸光度为纵坐标、收集管号为横坐标，绘出脲酶粗制品蛋白质分离的洗脱曲线，再分别测定洗脱峰内各管的脲酶活性，以酶活性为纵坐标、收集管号为横坐标，绘出酶活性曲线。酶活性与蛋白质洗脱曲线中峰值重叠的部位即为分离所得到的脲酶所在部位。脲酶活性测定系根据脲酶催化尿素水解释放出氨和 CO_2 的作用。

三、试剂与器材

（一）试剂

（1）3% 尿素溶液　称取 3 g 尿素溶于 100 mL 无离子水中。

（2）0.1 mol/L 磷酸缓冲液（pH6.8）：称取 11.18 g $K_2HPO_4 \cdot 3H_2O$ 和 6.9 g KH_2PO_4 溶于 100 mL 蒸馏水中。

（3）1 mol/L HCl：将 12 mol/L 的浓盐酸用蒸馏水稀释 13 倍即成。

（4）Nessler 试剂：于 500 mL 锥形瓶中加入 180 g KI 和 100 g I_2，加水 100 mL 及金属汞 140～150 g。剧烈振摇瓶中的内容物，使其起反应，7～15 min 至碘的颜

色接近消失。以流水冷却锥形瓶，继续振摇，直至溶液呈黄绿色，把溶液倾出倒入大烧杯中，以蒸馏水（无离子）洗涤锥形瓶内的汞，将洗出液移入烧杯中，并添加蒸馏水至 2 L，放置备用。此即为配制 Nessler 试剂之母液。于 1 个 5 L 试剂瓶中，加入 10% NaOH 液溶 3 500 mL 及 750 mL 上述制备的母液、750 mL 蒸馏水，混匀，即为 Nessler 试剂，放置数日待沉淀下沉后，取出上清液供实验使用。

注：Nesseler 试剂中的碱浓度很重要，碱浓度不准会在使用时发生混浊或沉淀，因此应经过滴定。可用 20 mL 1mol/L 标准 HCl 与 Nessler 试剂滴定，最佳终点（以酚酞作为指示剂）应消耗 Nessler 试剂 11～11.5 mL，如碱太多，可用 6 mol/L HCl 调节。

（5）32% 丙酮溶液：32 mL 丙酮加蒸馏水至 100 mL。

（6）3% 阿拉伯胶：称取 3 g 阿拉伯胶，先加 50 mL 蒸馏水，加热溶解，最后加蒸馏水至 100 mL 刻度。

（7）0.02 mol/L 标准硫酸铵溶液：取分析纯 $(NH_4)_2SO_4$ 置 110℃ 烘箱内烘 3 h，取出后置干燥器内冷却，精确称取干燥 $(NH_4)_2SO_4$ 132 mg，置于 100 mL 容量瓶中，加重蒸水若干，使其溶解，再以重蒸水稀释至刻度，即为 0.02 mol/L 标准硫酸铵溶液（母液）。

（8）0.002 mol/L 标准硫酸铵溶液：取 0.02 mol/L 硫酸铵标准液 10 mL 置 100 mL 容量瓶中，用水稀释至刻度，即为 0.002 mol/L $(NH_4)_2SO_4$ 的应用液。

（二）器材

层析柱、恒温水浴、紫外分光光度计等。

四、操作方法

（一）凝胶的准备

称取 1 g SephadexG-200，置于三角烧瓶中，加蒸馏水 60 mL，于沸水浴中加热 5 h（此为加热溶胀；如在室温溶胀，需放置 48～72 h）取出，待冷却至室温后装柱。

（二）装柱

取直径为 0.8～1.2 cm，长度为 45 cm 的层析玻璃管，底部装上带有细玻璃管的橡皮塞，用尼龙布包好塞紧，垂直夹于铁架上。细玻璃管接上一段细塑胶管，夹好。柱中先加入少量水，充满细玻璃管，并残留部分水于层析玻璃管中。关闭细玻璃管的出口，自顶部缓慢加入溶胀处理过的 Sephadex G-200 悬液，待底部凝胶沉积到 1～2 cm 时，再打开出口，待凝胶上升至离层析玻璃管顶 3 cm 左右即可，再用蒸馏水平衡凝胶柱。根据凝胶床所能承受的最大水压，调整细塑胶管位置，把 Sephadex G-200 的层析床承受的水压控制在 10 cm 水柱高度，作为操作压，否则易使凝胶变形而影响流速及层析特征。在加入凝胶时速度应均匀，并使凝胶均匀下沉，以免层析床分层，同时防止柱内混有气泡；如层析床表面不平整，可在凝胶表面用细玻璃棒轻轻搅动，再以凝胶自然沉降，使表面平整。

（三）样品的制备

称取 1 g 刀豆粉置于小三角瓶中，加入 32% 丙酮 5 mL，振摇 10 min，进行提取，然后倒入离心管中，用 32% 丙酮 1 mL 洗小三角瓶一次，洗液也倒入离心管中，离心（3 000 r/min）5 min，将上清液倒入刻度离心管中，量取体积，加入 4 倍体积的冷丙酮，使蛋白质沉淀。进一步离心（3 000 r/min）5 min，弃去上清液置回收瓶中。待沉淀中的丙酮蒸发后，加蒸馏水 0.8 mL，使沉淀溶解。如有沉淀，再离心（300 r/min）5 min，取上清液，为脲酶粗提取液，供凝胶过滤进一步分离纯化。留取 0.1 mL 粗提液，用蒸馏水稀释 20 倍为样品稀释液，用于检测。

（四）加样

加样时先将层析柱下出口打开，使层析床面上的蒸馏水缓慢下流，直到床面将近露出为止（注意：不可使床面干掉，以免气泡进入凝胶。），关紧口。用吸管吸取 0.6 mL 脲酶粗提取液缓慢地沿着层析柱内壁小心加于床表面，尽量不使床面扰动，然后打开出口，使样品进入床内，直到床面重新将近露出为止。再用滴管小心加入 1 mL 蒸馏水，这样可使样品稀释最小，而又能完全进入床内。当少量蒸馏水将近流干时，再加入蒸馏水便其充满层析床上面的空间，接上贮液瓶，进行洗脱，洗脱时必须保持床面的平整（有时可在床面上的液体表面加一塑料薄板，以保护床面的平整）。

（五）洗脱与收集

流速是影响物质分离效果的重要因素之一。凝胶柱的操作压必须控制在 10 cm 水柱以下，流速慢分离效果好，但太慢会因扩散而造成峰形过宽，反而影响分离效果，因此把流速控制在 3 mL/15 min（5～10 滴/分）较好。流出的液体分别收集在刻度离心管中，收集量为 3 mL/管，共收集约 12 管。

（六）检测与制图

1. 蛋白质检测

将所有的收集管分别在紫外分光光度计 280 nm 波长处测定其吸光度，以 280 nm 的吸光度为纵坐标，管数为横坐标，在小方格纸上绘制出蛋白质洗脱曲线。同时，测定样品稀释液在 280 nm 波长的吸光度，乘以 0.75 代表其蛋白质含量（mg/mL）。

2. 脲酶活性的检测

取试管若干，编号，按表 3-8 操作。

表 3-8　　　　　　　　　　　脲酶活性的检测（1）

试 剂	编 号		
	空白	1…n	样品稀释液
3% 尿素 /mL	0.5	0.5	0.5
0.1 mol/L 磷酸缓冲液 pH6.8/mL	1.0	1.0	1.0
处置条件 1	37℃保温 5 min		
洗脱液（酶液）	—	0.5	0.5
无离子水 /mL	0.5	—	—
处置条件 2	37℃保温 15 min		

保温结束，各管中立即加入 1 mol/L HCl 0.6 mL 以终止反应，此为酶促反应液。然后，另取若干支试管同上述编号，按表 3-9 进行操作，进行显色。

表 3-9　　　　　　　　　　　脲酶活性的检测（2）

试 剂	编 号		
	空白	1…n	样品稀释液
酶促反应 /mL	0.5	0.05～0.5	0.05～0.1
无离子水 /mL	2.5	加至 3.0 mL	加至 3.0 mL
3% 阿拉伯胶 / 滴	2	2	2
处置条件	混匀		
Nessler 试剂	0.75	0.75	0.75

立即混匀，在 480 nm 波长比色、测定其吸光度脲酶活性的检测各管用量如表 3-10 所示。

表 3-10　　　　　　　　　　脲酶活性的检测各管用量

A_{280}	酶促反应液 /mL
<0.1	0.5
0.1～0.2	0.4
0.2～0.3	0.3
0.3～0.4	0.2
0.4～0.5	0.1
>0.5	0.05

3. 硫酸铵标准曲线的绘制

取试管 7 支依次编号，按表 3-11 进行操作。

表 3-11　　　　　　　　　　硫酸铵标准曲线的绘制

试　剂	编号						
	1	2	3	4	5	6	7
0.002 mol/L(NH$_4$)$_2$SO$_4$/mL	0.1	0.2	0.3	0.4	0.5	0.6	
含 NH$_3$ 的 μmol 数	0.2	0.4	0.6	0.8	1.0	1.2	
重蒸水 /mL	2.9	2.8	2.7	2.6	2.5	2.4	3.0
3% 阿拉伯胶（滴）	2	2	2	2	2	2	2
处置条件	混匀						
Nessler 试剂 /mL	0.75	0.75	0.75	0.75	0.75	0.75	0.75

加 Nessler 试剂后，立即混匀。在 480 nm 波长处比色。以测定得到的吸光度为纵坐标，所含 NH$_3$ 的 μmol 数为横坐标，绘制标准曲线。

五、结果与计算

根据测得的吸光度从标准曲线查得氨的 μmol 数，然后计算各管中每 mL 洗脱液每小时保温所能产生的氨的 μmol 数作为酶活性单位数，以及每管洗脱液中酶活性单位数。以每管的酶活性为纵坐标、以收集管数为横坐标在方格纸上绘制酶洗脱曲线。试比较上样稀释液及酶活性最高一管的比活性,从而计算酶活性提高倍数。

六、思考题

(1) 为什么交联葡聚糖代号中 G 越大,承受水压愈小?如果要加强分离效果使流速加快,对胶粒的性质有何要求?

(2) 比较分子筛层析与盐析或有机溶剂分离蛋白质的优缺点。

实验 52　果蔬中 SOD 酶的提取及比活力测定——NBT 法

一、实验目的

(1) 掌握 SOD 酶的提取方法及原理。
(2) 掌握氮蓝四唑 (NBT) 法测定 SOD 酶活性。

二、实验原理

超氧化物歧化酶 (Superoxide Dismutase, 简称 SOD) 是一种具有抗氧化、抗衰老、抗辐射和消炎作用的药用酶,能清除体内有氧代谢产生的超氧自由基 $O_2^-\cdot$;是生物体防御氧化损伤的重要金属酶类,对机体的细胞具有保护作用。动植物及微生物细胞中含有较丰富的 SOD,通过组织或细胞破碎后,可用 pH7.8 磷酸缓冲液提取出。在有氧化物质存在下,核黄素可被光还原,被还原的核黄素在有氧条件下极易再氧化而产生 $O_2^-\cdot$,可将氮蓝四唑还原为蓝色的甲腙,后者在 560 nm 处有最大吸收。SOD 可清除 $O_2^-\cdot$,从而抑制了甲腙的形成。于是,光还原反应后,反应液蓝色愈深,说明酶活性愈低,反之酶活性愈高。据此可以计算出酶活性大小。

三、试剂与器材

(一) 试剂

(1) 0.05 mol/L 磷酸缓冲液 (PBS, pH7.8)。
A 液:0.2 mol/L 磷酸氢二钠溶液,取 $Na_2HPO_4 \cdot 12H_2O$ (分子量 358.14) 71.7 g。
B 液:0.2 mol/L 磷酸二氢钠溶液,取 $NaH_2PO_4 \cdot 2H_2O$ (分子量 156.01) 31.2 g。

分别用蒸馏水定容到 1 000 mL。

分别取 A 液 228.75 mL，B 液 21.25 mL，用蒸馏水定容至 1 000 mL。加入 10 g PVP（聚乙烯吡咯烷酮）。

（2）130 mmol/L 甲硫氨酸（Met）溶液：称 1.939 9 g Met 用磷酸缓冲液定容至 100 mL。

（3）750 μmol/L 氮蓝四唑溶液：称取 0.061 33 g NBT 用磷酸缓冲液定容至 100 mL，避光保存。

（4）100 μmol/L EDTA-Na$_2$ 溶液：称取 0.037 21 g EDTA-Na$_2$ 用磷酸缓冲液定容至 1 000 mL。

（5）20μ mol/L 核黄素溶液（维生素 B2）：称取 0.075 3 g 核黄素用蒸馏水定容至 1 000 mL 避光保存。

（6）反应混合液：将试剂（2）、（3）、（4）和（5）溶液等量混合，避光保存。

（二）器材

高速台式离心机、研钵、分光光度计、荧光灯（反应试管处照度为 4 000 lx）；试管数支。

四、操作方法

（一）酶液的粗提

取新鲜植物叶片，冲洗干净，吸干表面水分，去掉叶脉，称取 1.0～2.0 g 于预冷的研钵中，加入 1 mL 预冷的 0.05 mol/L 磷酸缓冲液（pH7.8），进行组织细胞破碎，使 SOD 充分溶解到缓冲液中，然后加缓冲液使终体积为 5 mL，在 5 000 r/min 的速度下离心 15 min，得到的上清液为粗酶液。

（二）酶活力的测定

取试管（要求透明度好）5 支，3 支为样品测定管，2 支为对照管，按表 3-12 加入各溶液。混匀后将空白管置暗处，其他各管于 4 000 lx 日光灯下反应 20 min（要求各管受光情况一致，反应室的温度高时时间可适当缩短，温度低时时间可适当延长）。

表 3-12　　　　　　　　　　　各溶液加入量

试剂 /mL	编　号				
	1	2	3	4	5
0.05 mol/L 磷酸缓冲液	3	3	3	3	3
NBT 反应液	2.4	2.4	2.4	2.4	2.4
0.05 mol/L 磷酸缓冲液	0.2	0.2	—	—	—
酶液	—	—	0.2	0.2	0.2
蒸馏水	0.4	0.4	0.4	0.4	0.4
处置条件	避光，调零	灯管或者日光照射，约 10 min（视反应而定）			

混匀后，给 1 号对照管罩上比试管稍长的双层黑色硬纸套遮光，与其他各管同时置于 4 000 lx 日光灯下反应 10 min（要求各管照光情况一致，反应温度控制在 25℃～35℃，视酶活性高低适当调整反应时间）。反应结束后，以不照光的对照管作为空白，分别测定各管 560 nm 波长的吸光度。

五、结果与计算

实验中，酶活单位定义：每毫克鲜重在 1 mL 反应液中 SOD 抑制率达 50% 时所对应的 SOD 量为一个 SOD 活力单位（U）。

$$\text{SOD 总活性} = \frac{(A_0 - A_s) \times V_T}{A_0 \times 0.5 \times FW \times V_1}$$

式中：A_0 为照光对照管的消光度值；A_s 为样品管的消光度值；V_T 为样液总体积（mL）；V_1 为测定时样品用量（mL）；FW 为样重（g）。

六、注意事项

冰上充分碾磨，使细胞壁破碎。

七、思考题

（1）在 SOD 测定中为什么设暗中和光照两个对照管？

（2）影响本实验准确性的主要因素是什么？应如何克服？

实验 53 碱性磷酸酶米氏常数和酶活力的测定

一、实验目的

（1）通过碱性磷酸酶（AKP）米氏常数的测定，了解其测定方法及意义。

（2）掌握运用标准曲线测定酶的活性的方法，加深对酶促反应动力学的理解。

二、实验原理

底物浓度与反应速度可用米氏方程表示：

$$v = \frac{V\max[S]}{Km+[S]}$$

式中，v 为反应速度；$V\max$ 为最大反应速度；$[S]$ 为底物浓度；Km 为米氏常数。

按此方程，可用作图法求出 Km。

（1）以 v 对 $[S]$ 作图。由米氏方程可知，当 $v=1/2\ V\max$ 时，$Km=[S]$，即米氏常数值等于反应速度达到最大反应速度一半时的底物浓度。因此，可测定一系列不同底物浓度的反应速度 v，以 v 对 $[S]$ 作图，当 $v=1/2\ V\max$ 时，其响应的底物浓度即为 Km。

（2）以 $1/v$ 对 $1/[S]$ 作图。将米曼氏方程转换成林贝氏方程：

$$1/v = Km/V\max \cdot 1/[S] + 1/V\max$$

以 $1/v$ 对 $1/[S]$ 作图可得一直线，如图 3-4 所示。其斜率为 $Km/V\max$，截距为 $1/V\max$。若将直线延长与横轴相交，则该交点在数值上等于 $-1/Km$。

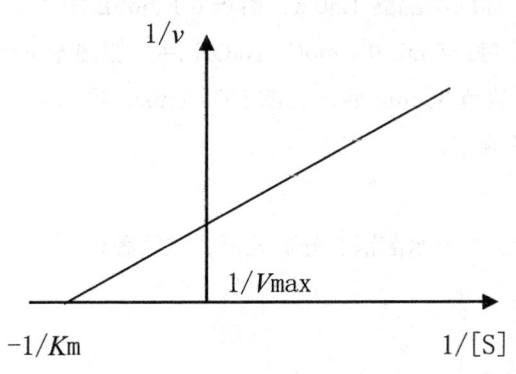

Km 为酶的特征常数，对于每一个酶促反应，在一定条件下都有其特定的 Km 值，

因此常可鉴别酶，大多数酶的 Km 值在 $10^{-2} \sim 10^{-5}$。

本实验以碱性磷酸酶为材料，测定底物不同浓度时的酶活性，再根据林贝法作图，计算 Km 值。

三、试剂与器材

（一）试剂

（1）0.04 mol/L 底物液：磷酸苯二钠（$C_6H_5Na_2PO_4 \cdot 2H_2O$）10.16 g 或磷酸苯二钠（无结晶水）8.72 g，用煮沸冷却的蒸馏水溶解，并稀释至 1 000 mL，加 4 mL 氯仿防腐，盛于棕色瓶中，冰箱内保存。此溶液只能用一周。

（2）AKP 溶液：纯制碱性磷酸酶 5 mg，用 pH8.8 0.01 mol/L Tris（三羟甲基氨基甲烷）缓冲液配制成 100 mL，冰箱中保存。

（3）0.5 mol/L NaOH。

（4）0.3%4-氨基安替比林：4-氨基安替比林 0.3 g 及 $NaHCO_3$ 4.2 g，用蒸馏水溶解，并稀释至 100 mL，置棕色瓶中，冰箱内保存。

（5）0.5% 铁氰化钾：铁氰化钾 5 g 和硼酸 15 g 各溶于 400 mL 蒸馏水中，溶解后用两液混合，再加蒸馏水稀释至 1 000 mL，置棕色瓶中，暗处保存。

（6）pH8.8 Tris 缓冲液：Tris 12.1 g，用蒸馏水溶解并稀释至 1 000 mL 即为 0.1 mol/L Tris 溶液。取 0.1 mol/L Tris 溶液，加蒸馏水约 800 mL，再加 0.1 mol/mL 乙酸镁 100 mL，混匀后，用 1% 乙酸调节至 pH8.8。用蒸馏水稀释至 1 000 mL 即可。

（7）0.1 mol/L 乙酸镁：乙酸镁 21.45 g 溶于蒸馏水中并稀释至 1 000 mL。

（8）0.1 mol/L 碳酸盐缓冲液（pH10.0）：无水 Na_2CO_3 6.36 g 及 $NaHCO_3$ 3.36 g，溶解于蒸馏水中并稀释至 1 000 mL。调 pH 至 10.0。

（9）酚标准液：称取结晶酚 1.50 g，溶于 0.1 mol/L HCl 至 1 000 mL 为储备液。取 25 mL 上述酚液，加 55 mL 0.1 mol/L NaOH 后，加热至 65℃，再加入 0.1 mol/L 溶液 25 mL，盖好放置 30 min 后，加浓 HCl 5 mL，再以 0.1% 淀粉为指示剂，用 0.1 mol/L 硫代硫酸钠滴定。

（二）器材

可见分光光度计、恒温水浴锅、分析天平、试管等。

四、操作方法

（1）酚标准曲线的绘制。取洁净干燥小试管 6 支，按表 3-13 依次加入各种试剂。

充分混匀，室温放置 15 min。以 1 号管为对照，于 510 nm 波长处比色测定，以酚含量（μg）为横坐标，吸光度为纵坐标，绘制酚标准曲线。

表 3-13　　　　　　　　　　　酚标准曲线的绘制

试剂 /mL	编　号					
	1	2	3	4	5	6
0.1 mg/mL 酚标准液	0	0.05	0.10	0.20	0.30	0.40
H_2O	2.0	1.95	1.90	1.80	1.70	1.60
处置条件	37℃水浴保温 5 min					
0.5 mol/L NaOH	1.10	1.10	1.10	1.10	1.10	1.10
0.3%4- 氨基安替比林	1.0	1.0	1.0	1.0	1.0	1.0
0.5% 铁氰化钾	2.0	2.0	2.0	2.0	2.0	2.0

（2）底物浓度对酶促反应速度的影响。取洁净干燥小试管 6 支，按表 3-14 操作，特别注意准确吸取底物液，混匀。

表 3-14　　　　　　　　底物浓度对酶促反应速度的影响

试剂 /mL	编　号					
	1	2	3	4	5	6
0.4 mol/L 底物液	0	0.1	0.2	0.3	0.4	0.8
0.1 mol/L 碳酸盐缓冲液（pH10.0）	0.7	0.7	0.7	0.7	0.7	0.7
H_2O	1.2	1.1	1.0	0.9	0.8	0.4
处置条件	37℃水浴保温 5 min					
AKP 溶液	0.1	0.1	0.1	0.1	0.1	0.1
最终底物浓度 /（μmol/mL）	0	2.0	4.0	6.0	8.0	16.0

加入酶液后，立即计时，混匀后在 37℃水浴中准确保温 15 min。保温结束，立即加入 0.5 mol/L NaOH 1 mL 以终止反应。

（3）各管中分别加入 0.3% 4 - 氨基安替比林 1 mL 及 0.5% 铁氰化钾 2 mL，充分混匀，放置 10 min。以 1 号管为对照，于 510 nm 波长处比色测定，并根据标准曲线计算酶活性。

（4）以（v）的倒数 $1/v$ 为纵坐标，以底物浓度 [S] 的倒数 $1/[S]$ 为横坐标，在坐标纸上描点并连成直线，求该酶的 Km 值。

五、结果与计算

在 37℃保温 15 min 产生 1 mg 酚为 1 个酶活性单位。以标准曲线查出释放的酚量（μg），即可算出酶活性。

$$每百毫升酶液中的活性 = \frac{释放的酚量（ug）\times 1 \times 100 \times 1}{0.1 \times 1000}$$

六、注意事项

碱性磷酸酶溶液取量要准确。

七、思考题

简述 Km 值测定的意义。

实验54 小麦萌发前后淀粉酶活力的比较

一、实验目的

（1）学习测定淀粉酶活力的方法。
（2）了解小麦萌发前后淀粉酶活力的变化。

二、实验原理

种子中贮藏的糖类主要以淀粉的形式存在。淀粉酶能使淀粉分解为麦芽糖。

$$2(C_6H_{10}O_5)_n + nH_2O \rightarrow nC_{12}H_{22}O_{11}$$

麦芽糖有还原性，能使 3，5- 二硝基水杨酸还原成棕色的 3- 氨基 -5- 硝基水杨酸。后者可用分光光度计测定。3，5- 二硝基水杨酸还原反应如下：

休眠种子的淀粉酶活力很弱，种子吸胀萌动后，酶活力逐渐增强，并随着发芽天数增加而增加。本实验观察小麦种子萌发前后淀粉酶活力的变化。

三、试剂与器材

（一）试剂

（1）小麦种子。

（2）0.1%标准麦芽糖溶液：精确称量100 mg麦芽糖，用少量水溶解后，移入100 mL容量瓶中，加蒸馏水至刻度。

（3）0.02 mol/L磷酸缓冲液（pH6.9）：0.2 mol/L磷酸二氢钾67.5 mL与0.2 mol/L磷酸氢二钾82.5 mL混合，稀释10倍。

（4）1%淀粉溶液：1 g可溶性淀粉溶于100 mL 0.02 mol/L磷酸缓冲液中，其中含有0.006 7 mol/L氯化钠。

（5）1% 3,5-二硝基水杨酸试剂：将1 g 3,5-二硝基水杨酸溶于20 mL 2 mol/L NaOH溶液和50 mL水中，加入30 g酒石酸钾钠定容至100 mL。

（6）1%氯化钠溶液。

（二）器材

刻度试管（25 mL）、吸管、离心管、乳钵、分光光度计、恒温水浴、离心机。

四、操作方法

（一）种子发芽

小麦种子浸泡2.5 h后，放入25℃恒温箱内或在室温下发芽。

（二）酶液提取

取发芽第3天或第4天的幼苗15株，放入乳钵内，加入1%氯化钠溶液10 mL，用力磨碎。在室温下放置20 min，搅拌几次，然后将提取液离心（1 500 r/min）6～7 min。将上清液倒入量筒，测定酶提取液的总体积。进行酶活力测定时，用缓冲液将发芽第3天或第4天的幼苗稀释10倍。取干燥种子15粒作为对照（步骤同上）。

（三）酶活力测定

（1）取 25 mL 刻度试管 4 支，编号。按表 3-15 要求加入各试剂（各试剂需要在 25℃预热 10 min）。

表 3-15　　　　　　　　　　酶活力的测定

试　剂	编　号			
	1	2	3	4
	干燥种子的酶提取液	发芽第 3 天或第 4 天的幼苗的酶提取液	标准管	空白管
酶液 /mL	0.5	0.5	—	—
标准麦芽糖溶液 /mL	—	—	0.5	—
1%淀粉溶液 /mL	1	1	1	1
水 /mL	—	—	—	0.5

（2）将各管混匀，放在 25℃水浴中，保温 3 min 后，立即向各管加入 1% 3,5-二硝基水杨酸溶液 2 mL。取出各试管，放入沸水浴加热 5 min。冷却至室温，加水稀释至 25 mL，并混匀。在 $A_{500\,nm}$ 处测定各管的吸光度。

五、结果与计算

根据溶液的浓度与光吸收值成正比的关系，可以下列公式计算酶液的浓度。

$$C_{酶} = \frac{A_{酶} \times C_{标准}}{A_{标准}}$$

实验中：25℃时 3 min 内水解淀粉释放 1 mg 麦芽糖所需的酶量为 1 个酶活力单位（u）。按下列公式计算酶活力。

$$酶活力 = C_{酶} \times V_{酶} \times n_{酶}$$

式中：$C_{酶}$ 是酶液麦芽糖的浓度；$V_{酶}$ 是提取酶液的总体积；$n_{酶}$ 表示酶液稀释倍数。

六、思考题

为什么此酶提纯的整个过程在 0℃～5℃条件下进行？而测定酶的活力时要在 25℃预保温？为什么反应后又放入沸水浴中？

实验 55　酵母 RNA 的提取、鉴定和纯度测定

一、实验目的

（1）学习掌握浓盐法提取酵母 RNA 的原理及方法。
（3）熟悉离心技术、分光光度技术和定性定量等操作技能。

二、实验原理

酵母中 RNA 含量较高，约占菌体重量的 2.67% ～ 10.0%，而干扰物质 DNA 的含量较少，仅占菌体重量的 0.03% ～ 0.516%，因此酵母是提取 RNA 较为理想的材料。

RNA 可溶于稀碱溶液。在碱性提取液中，利用加热煮沸的方法使蛋白质变性，通过离心技术除去蛋白质。RNA 溶液的 pH 较低，约为 2 ～ 2.5，利用 RNA 在乙醇中溶解度低的性质，加入酸性乙醇使 RNA 从溶液中沉淀出来，由此可得到 RNA 的粗制品。

RNA 在强酸和高温条件下可被降解为核糖、嘌呤碱、嘧啶碱和磷酸等组分。用硝酸银、地衣酚和定磷试剂可分别鉴定 RNA 水解液中嘌呤碱、核糖和磷酸等组分的存在。

在 RNA 的含量测定中，采用紫外吸收的方法测定所提取的 RNA 的含量，同时分别于 260 nm 和 280 nm 处测出 A 值，可以鉴定 RNA 的纯度。

三、试剂与器材

（一）试剂

0.04 mol/L NaOH 溶液、95% 乙醇、酵母粉、1.5 mol/L H_2SO_4 溶液、浓氨水、0.1 mol/L $AgNO_3$ 溶液、定磷试剂。

酸性乙醇溶液：10 mL 浓盐酸加到 1 000 mL 乙醇中混匀。

$FeCl_3$ 浓盐酸溶液：1 mL 10% $FeCl_3$ 加到 200 mL 浓盐酸中混匀。

地衣酚乙醇溶液：将 6 g 地衣酚溶于 100 mL 95% 乙醇中，冰箱中保存。

A 液：17% H_2SO_4，将 17 mL 浓硫酸缓缓加入 83 mL 水中。

B 液：2.5% 钼酸铵溶液，2.5 g 钼酸铵溶于 100 mL 水中。

C 液：10% 抗坏血酸溶液，10 g VC 溶于 100 mL 蒸馏水中，用棕色瓶贮存。

临用时将 A：B：C：水按 1:1:1:2 比例混合。

（二）器材

电子天平、紫外－可见分光光度计、量筒（100 mL）、布氏漏斗、离心机、吸量管（1 mL）、三角瓶（250 mL）、沸水浴。

四、操作方法

（一）酵母 RNA 提取

（1）称 4 g 干酵母粉置于 100 mL 三角烧瓶中，加入 0.04 mol/L NaOH 溶液 30 mL，在沸水浴中加热 30 min，期间不时搅拌。

（2）冷却后转入离心管中，3 500 r/min 离心 10 min。将上清液缓缓倾入 20 mL 酸性乙醇溶液中，边加边搅动。加毕，静置，待 RNA 沉淀完全后，3 500 r/min 离心 5 min。弃去上清液。

（3）用 95% 乙醇洗涤沉淀，3 500 r/min 离心 5 min。弃去上清液，再用 10 mL 95% 乙醇洗涤沉淀，离心（同上）5 min，即得 RNA 粗制品。用无水乙醇将沉淀悬浮，3 500 r/min 离心 5 min，沉淀在空气中干燥。称量所得 RNA 粗品的重量。

代入公式计算含量：

$$干酵母粉 RNA 含量（\%）= \frac{RNA 质量（g）}{干酵母粉质量（g）} \times 100$$

（二）酵母 RNA 组分的定性鉴定

称取 100 mg 提取的 RNA 于干净的试管中，再加 1.5 mol/L H_2SO_4 5 mL，在沸水浴中加热 10 min 使 RNA 水解，用流水冲洗管外冷却。取水解液进行下列组分的鉴定。

（1）嘌呤碱的鉴定：取两支试管，编号，按表 3-16 操作。观察有无嘌呤碱的银化合物沉淀产生。静置 15 min 后，再比较两管中的沉淀。

表 3-16　　　　　　　　　　嘌呤碱的鉴定

试　剂	测定管	对照管
核酸水解液 /mL	0.5	—
1.5 mol/L H_2SO_4/ mL	—	0.5
5% 氨水	碱性	碱性
0.1 mol/L $AgNO_3$/ mL	0.5	0.5
实验结果		

注：加浓氨水使呈碱性可用 pH 试纸检测。

（2）核糖的鉴定：取两支试管，编号，按表3-17加入试剂。摇匀后于沸水浴中加热5 min，观察两管颜色的变化。

表3-17　　　　　　　　　　　　　　核糖的鉴定

试　剂	测定管	对照管
核酸水解液 /mL	0.5	-
1.5 mol/L H_2SO_4/ mL	-	0.5
$FeCl_3$ 浓盐酸 / mL	2.0	2.0
地衣酚乙醇溶液 / mL	0.2	0.2
实验结果		

（3）磷酸的鉴定：取试管两支，编号，按表3-18加入试剂。摇匀后于沸水浴中加热，观察两管颜色的变化。

表3-18　　　　　　　　　　　　　　磷酸的鉴定

试　剂	测定管	对照管
核酸水解液 /mL	0.5	-
1.5 mol/L H_2SO_4/ mL	-	0.5
定磷试剂 / mL	0.5	0.5
实验结果		

（三）紫外吸收光谱法测定RNA含量及纯度

准确称取RNA样品50 mg，加少量0.01 mol/L NaOH溶液调成糊状。加适量水，用5%氨水调至pH7.0，然后加水定容至50 mL。取0.5 mL，用水稀释至10 mL。于紫外分光光度计260 nm波长处测定吸光值，根据下列公式计算RNA含量。

$$\text{RNA 含量} = \frac{\frac{A_{260}}{0.024 \times L}(\mu g/mL)}{50(\mu g/mL)} \times 100\%$$

式中：A_{260} 为260 nm 波长处吸光值；L 为比色杯的厚度，1 cm；0.024 为每mL溶液内含1μg RNA 的 A_{260} 值；50为样品浓度，μg/mL。

同时，测定280 nm波长处吸光值，计算 A_{260} 与 A_{280} 比值，鉴定所提取酵母RNA的纯度。

五、注意事项

（1）如果待测样品中含有酸溶性核苷酸或可透析的低聚多核苷酸，则需要对样品进行处理后再测定其 RNA 含量。

（2）RNA 的 260 nm 与 280 nm 吸收的比值在 2.0 以上；DNA 的 260 nm 与 280 nm 吸收的比值在 1.8 左右。当样品中蛋白质含量较高时，比值下降。

六、思考题

（1）为什么用稀碱溶液可以使酵母细胞裂解？

（2）RNA 提取过程中的关键步骤及注意事项有哪些？

（3）现有 3 瓶未知溶液，已知它们分别为蛋白质、糖和 RNA，采用什么试剂或方法鉴定（请自行设计简便的实验）？

实验 56　质粒 DNA 的微量快速提取与鉴定

一、实验目的

（1）了解质粒作为载体在基因工程中的应用。
（2）熟记提取质粒的基本原理，学习提取过程和方法。

二、实验原理

质粒就是一种最常用的载体。它是染色体以外的能自主复制的双链、闭合、环状 DNA 分子，广泛存在于细胞中，在一些动植物细胞中也发现有质粒存在。作为载体的质粒必须具备以下六个特点：①能自主复制；②具有一种或多种限制性内切酶的单一切割位点，并在位点中插入外源基因后，不影响其复制功能；③具有 1~2 个筛选标记；④分子量小，多拷贝，易于操作；⑤是非结合性质粒，即不含有结合转移基因，在自然条件下不能从一个细胞转移到另一个细胞中去；⑥转化效率高。

本次实验是从大肠杆菌中提取和纯化质粒。从大肠杆菌中提取和纯化质粒的方法很多，但不外乎三个主要步骤，即细菌的培养、细菌的收集和裂解、质粒的分离和纯化。

（一）细菌的培养

挑单个菌落接种到适当培养基中培养。通常以细菌培养液的 OD_{600} 值来判断细菌的生长状况，一般情况下，OD_{600}=0.4 时，细菌处于对数生长期；OD_{600}=0.6 时，细菌处于对数生长后期。由于质粒在细菌内进行复制时，往往受到宿主的控制，因此在对数生长后期可加入氯霉素。氯霉素可抑制细菌的蛋白质生物合成和染色体 DNA 的复制，而质粒的复制不受其影响，得以大量扩增。对于新一代的质粒，如 pUC 质粒系列，由于宿主对其复制控制不严，所以添加氯霉素已不十分必要。使用氯霉素的目的是在不降低质粒产量的前提下减少细菌的培养体积和数量，以降低细菌裂解物的复杂性和黏稠度。

（二）细菌的收集和裂解

细菌在生长过程中会将大量代谢物排到培养液中。为提高质粒的纯度，往往通过离心弃除培养液，再将细菌沉淀适当干燥或用缓冲液漂洗 1～2 次，以便尽量将培养液去除干净。

裂解细菌的方法有很多，如 SDS 法、裂解法、煮沸法等。它们各有利弊，应根据质粒的性质、宿主菌的特性及纯化质粒的方法等因素加以选择。

本实验采用碱裂解法，先破坏细菌的细胞壁，再用 SDS 使细胞膜崩解，同时用 NaOH 提高溶液的 pH，使染色体 DNA、蛋白质及质粒均变性。

（三）质粒的分离和纯化

向加入 NaOH 后的溶液中加入酸性溶液使裂解液的 pH 恢复到中性。此时，质粒恢复原型，而染色体 DNA 仍处于变性状态。经离心，染色体 DNA 与细胞碎片一起沉淀。然后，用酚、氯仿等蛋白质变性剂去除蛋白质，用 Rnase 去除 RNA，即可得到质粒的粗制品。之后，可用超离心法、电泳法、离子交换层析法或排组层析法等进一步纯化质粒。

三、试剂与器材

（一）试剂

（1）含有重组质粒（pUC18/GAPDH）的菌株（HB_{101}）。

（2）10× 酶缓冲液。

（3）EcoRI（15 u/μL）。

（4）BamHI（15 u/μl）。

（5）6× 上样缓冲液：50% 甘油，1×TBE，0.5% 溴酚蓝,0.5% 二甲苯青。

（6）1% 浓度的琼脂糖凝胶：琼脂糖 1 g，0.5×TBE100 mL。

（7）5×TEB（pH8.3）缓冲液：Tris5.4 g，硼酸 2.25 g，EDTA 0.46 g，ddH_2O_2 定容至 100 mL。

（8）0.5 mg/mL 溴化乙锭（EB）。

（二）器材

YXQ-S G41-280 型电热手提高压锅、HZ-C 恒温空气振荡器、5415D 型台式高速离心机、WH-861 型旋涡混匀器、SIN-F123 颗粒型制冰机、SC-326 冰箱、可调式移液器、Eppendorf 管。

四、操作方法

（1）酶切：20 μL 酶切体系，按表 3-19 依次加入各种试剂。

表 3-19　　　　　　　　　　20 μL 酶切体系的配置

序号	质粒 DNA	10×酶缓冲液	EcoRI/（15u/μL）	BamHI/（15u/μL）	双蒸水
实验组 1	6 μL	2 μL	1 μL	1 μL	10 μL
实验组 2	6 μL	2 μL	—	1 μL	11 μL
对照组	6 μL	2 μL	—	—	12 μL

混匀，37℃水浴 1～2 h。

（2）向上述反应管中分别加入 4 μL 6× 上样缓冲液。

（3）电泳。将 1% 浓度的琼脂糖凝胶（含 0.5 μg/mL EB）铺于水平电泳槽上，并插上梳子。待凝胶凝固，将梳子拔出。往电泳槽中注入 0.5×TEB 缓冲液，直至刚没过凝胶。按表 3-20 所示顺序上样。

表 3-20　　　　　　　　　　电泳凝胶上样顺序

1 道	2 道	3 道	4 道
DNA 分子量标准（Marker）	对照组样品（未酶切质粒）	实验组 1 样品	实验组 2 样品

（4）将加样一端接上负极，另一端接上正极，电场强度 5 V/cm，待溴酚蓝移动到接近正极一端停止电泳。

（5）将凝胶移至黑暗处，用紫外灯观察电泳结果。

实验 57　多聚酶链式反应（PCR）技术

一、实验目的

掌握 PCR 技术的原理和操作。

二、实验原理

PCR（Polymerase Chain Reaction，聚合酶链反应）是一种在体外大量扩增特异 DNA 片段的分子生物学技术。其利用合成的两段已知序列的寡核苷酸作为引物，将位于两引物之间的特定 DNA 片段进行复制，经过多次循环，使模板上特定 DNA 拷贝数呈指数级增长。PCR 具有省时、操作简便、特异性强、灵敏度高、效率高、应用范围广等特点。PCR 技术在医学、分子生物学领域得到广泛应用，可用于 DNA 扩增、DNA 克隆、突变分析、基因融合、基因定量、遗传性疾病的诊断等。

PCR 反应过程分三步：变性、退火、延伸，如图 3-5 所示。

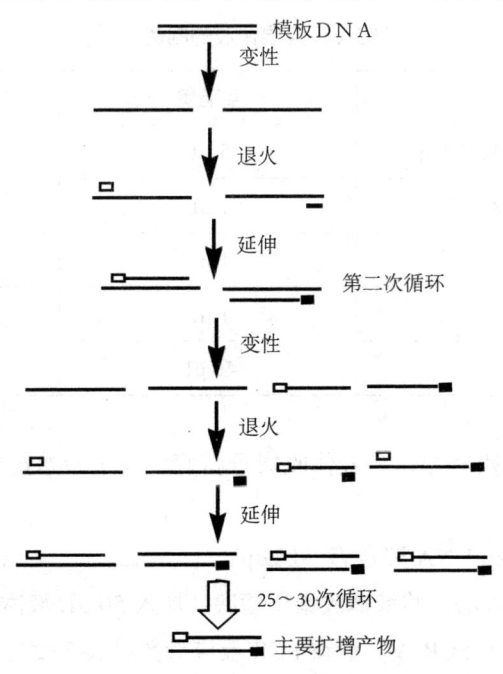

图 3-5　PCR 反应过程示意图

三、试剂与器材

（一）试剂

（1）10×buffer: 500 mmol/L KCl、100 mmol/L Tris-HCl(pH9.0)、0.1%明胶、1% TritionX-100、25 mmol/L MgCl$_2$、四种 dNTP 混合液（1 mmol）。

（3）引物: TGGCCGAGCTG 5.0 μmol/L。

（4）模板: 20 ng/μL。

（5）Taq DNA 聚合酶: 1 U/μL。

（二）器材

基因扩增仪（PCR 仪）、台式冷冻离心机、电泳仪、电泳槽、恒温水浴箱、紫外分光光度计、紫外检测仪、制冰机、可调式取样器、取血用具、Ep（1.5 mL）、tip 头若干个。

四、操作方法

（1）取两支 0.5 mL Ep 管，分别按表 3-21 依次加入下列试剂。

表 3-21　　　　　　　　　　PCR 反应混合液的制备

试　剂	实验管	对照管
10×Taq DNA 聚合酶缓冲液	5 μL	5 μL
dNTP 混合液	1 μL	1 μL
引物	1 μL	1 μL
模板 DNA	1 μL	—
双蒸水	40 μL	41 μL

（2）预变性: 短暂离心，将液体收集于管底，置于沸水浴中 5～10 min，冰浴冷却。

（3）加入 1 μL Taq DNA 聚合酶（1 U/μL）。

（4）混匀后短暂离心，将液体收集于管底，加入 50 μL 液体石蜡。

（5）将离心管移入 PCR 仪，设置 PCR 反应参数见表 3-22。

表 3-22　　　　　　　　　　PCR 反应参数

变性	94℃	30 s
退火	55℃	30 s
延伸	72℃	45 s

（6）进行 30 次循环，然后 72℃延伸 10 min。

（7）PCR 产物电泳鉴定：制备含 1 μg/mL EB 的 1.0% 琼脂糖凝胶，铺板，取 10 μL PCR 产物，加入 2 μL 6× 上样缓冲液，上样后于 14 V/cm 电压电泳 1 h，用紫外检测仪检查并分析结果。

五、注意事项

（1）所有的溶液都应该没有核酸和核酸酶的污染。

（2）所有试剂以大体积配置，再分装使用，从而确保实验之间的连续性。

（3）PCR 反应操作中注意防止污染。

实验 58　质粒 DNA 的提取、酶切和鉴定

一、实验目的

学习质粒的酶切及鉴定方法和原理。

二、实验原理

本实验采用碱变性法抽提质粒 DNA，是基于染色体 DNA 与质粒 DNA 的变性与复性的差异而达到分离目的。在 pH 高达 12.6 的碱性条件下，染色体 DNA 的氢键断裂，双螺旋结构解开而变性。质粒 DNA 的大部分氢键也断裂，但超螺旋共价闭合环状的两条互补链不会完全分离。当以 pH4.8 的醋酸钾高盐缓冲液去调节其 pH 至中性时，变性的质粒 DNA 又恢复原来的构型，保存在溶液中，而染色体 DNA 不能复性而形成缠连的网状结构，通过离心，染色体 DNA 与不稳定的大分子 RNA、蛋白质−SDS 复合物等一起沉淀下来而被除去。

限制性内切核酸酶（也可称限制性内切酶）是在细菌对噬菌体的限制和修饰现象中发现的。细菌内同时存在一对酶，分别为限制性内切酶（限制作用）和DNA甲基化酶（修饰作用）。它们对DNA底物有相同的识别顺序，但生物功能却相反。Ⅱ型限制性内切酶具有能够识别双链DNA分子上的特异核苷酸顺序的能力，能在这个特异性核苷酸序列内，切断DNA的双链，形成一定长度和顺序的DNA片段。限制性内切酶对环状质粒DNA有多少切口，就能产生多少个酶解片段，因此根据鉴定酶切后的片段在电泳凝胶中的区带数，就可以推断酶切口的数目，从片段的迁移率可以大致判断酶切片段大小的差别。以已知相对分子质量的线状DNA为对照，通过电泳迁移率的比较，可以粗略地测出大分子形状相同的未知DNA的相对分子质量。

三、试剂与器材

（一）试剂

（1）溶液Ⅰ：50 mmol/L 葡萄糖、10 mmol/L EDTA、25 mmol/L Tris-HCl pH8.0，用前加溶菌酶 4 mg/mL。

（2）溶液Ⅱ：200 mmol/L NaOH、1% SDS。

（3）溶液Ⅲ：pH4.8 醋酸钾缓冲液（60 mL 5 mol/L 醋酸钾、11.5 mL 冰醋酸、28.5 mL 蒸馏水）。

（4）TE 缓冲液（pH8.0）。

（5）EcoR I 酶解反应液（10×）:1 mol/L pH7.5 Tris-HCl, 0.5 mol/L NaCl, 0.1 mol/L $MgCl_2$。

（6）Hind III 酶解反应液（10×）：1 mol/L pH7.4 Tris-HCl, 1 mol/L NaCl, 0.07 mol/L $MgCl_2$。

（7）50×TAE 电泳缓冲液：称取 242 g Tris，加入 57.1 mL 冰乙酸，100 mL 0.5 mol/L EDTA，调节 pH 至 8.0，加蒸馏水至 1 000 mL。

（8）凝胶加样缓冲液：0.25% 溴酚蓝、0.25% 二甲苯青 FF、40% 蔗糖水溶液。

（9）1% 琼脂糖凝胶：1×TAE 100 mL 含 1 g 琼脂糖。

（二）器材

台式高速离心机、1.5 mL 塑料离心管、凝胶成像系统、电泳仪、电泳槽、样品槽模板（梳子）、锥型瓶（100 mL 或 50 mL）等。

四、操作方法

（一）质粒 DNA 的提取

（1）培养细菌。将带有质粒 pUC19 的大肠杆菌接种于 5 mL 含 100 μg/mL 氨苄青霉素的 1×LB 中，37℃培养过夜。

（2）取液体培养菌液 1.5 mL 置塑料离心管中，10 000 r/min 离心 1 min，去掉上清液。加入 150 μL 溶液 I，充分混匀，在室温下放置 10 min。

（3）加入 200 μL 新配制的溶液 II，加盖后温和颠倒 5～10 次，使之混匀，冰上放置 2 min。

（4）加入 150 μL 冰冷的溶液 III，加盖后温和颠倒 5～10 次，使之混匀，冰上放置 10 min。

（5）在台式高速离心机上 10 000 r/min 离心 5 min，将上清液移入干净的离心管中。

（6）向上清液中加入等体积酚/氯仿（1:1，v/v），振荡混匀，转速 10 000 r/min，离心 2 min，将上清液转移至新的离心管中。

（7）向上清液加 5 mol/L NaCl 至终浓度为 0.3 mol/L，混匀，再加入 2 倍体积的无水乙醇，混匀，室温放置 2 min，离心 5 min，倒去上清液乙醇溶液，把离心管倒扣在吸水纸上，吸干液体。

（8）加 0.5 mL 70% 乙醇，摇荡并离心，倒去上清液，真空抽干或室温自然干燥。

（9）加入 50 μL 含 20 μg/mL RNase A 的 TE 缓冲液溶解提取物，室温放置 30 min 以上，使 DNA 充分溶解。

（二）质粒 DNA 的酶解

去清洁、干燥、灭菌的塑料离心管，按下列顺序加试剂。

（1）10× 酶解反应液：2 μL

（2）pUC19：10 μL

（3）EcoR I：1 μL

（4）Hind III：1 μL

（5）H_2O：6 μL

加样后，小心混匀，置于 37℃水浴中，酶解 2～3 h，然后向管子中加入 1/10 体积的酶反应终止液，混匀以终止酶解反应。

（三）琼脂糖凝胶电泳

1. 琼脂糖凝胶的制备

称取 1 g 琼脂糖，置于锥形瓶中，加入 100 mL 1×TAE，加热溶解，待其冷却至 65℃左右，小心地将其倒在有机玻璃内槽上。室温下静置 30～60 min，待凝固完全后，轻轻拔出样品梳，在胶板上即形成相互隔开的样品槽。

2. 加样

用微量移液器将上述样品分别加入胶板的样品槽内。

3. 电泳

加完样品后的凝胶立即通电，进行电泳。样品进胶前，应使电流控制在 10 mA，样品进胶后电流为 20 mA 左右。当溴酚蓝染料移动到距离板下沿约 2 cm 处停止电泳。

4. 观察和拍照

在波长为 245 nm 的紫外光下，观察染色后的凝胶。DNA 存在处应显示出清晰的橙红色荧光条带，用凝胶成像系统摄下。

第四部分
设计性实验

内容设计以食品中的糖、脂、蛋白质和核酸为研究方向，在价值引领方面，培养学生形成良好的科研意识、严谨的科学态度和创新的科研思维。潜移默化地培养学生刻苦钻研的精神，激发学生追求科学的志趣，更是通过德育元素引导学生建立知识与人、与事物、与生活的交融关系，增强学生的政治意识和家国情怀。

思政触点6：设计性实验—强化学生的科学思维的训练，培养学生精益求精的大国精神。

设计性实验是综合实验的拓展和延伸，旨在让本科生有机会进入实验室，在专业教师的指导下开展真正的科研工作。而设计性实验整个过程需要学生刻苦钻研的精神。

屠呦呦课题组经过漫长而又艰苦卓绝的研究，在经历了190次失败之后，课题组于1971年在第191次低沸点实验中发现了抗疟效果为100%的青蒿提取物。要使学生认识到成功道路上的艰辛困苦，学习其"路漫漫其修远兮，吾将上下而求索"的坚定意志和奋斗精神。

由于大学生业已成人，理解能力强，所以很多情况下对他们的育人教育只要画龙点睛的一笔，就能事半功倍。很多具有新意和警醒作用的名言警句或古诗词就可以起到这样的作用，而且不仅在一定程度上促进了民族优良文化的传承，还可以为"食品生物化学"这门理工科课程注入一些人文情怀，提高对本专业的认同感和自信心。

实验 59　多糖的分离纯化及性质研究

一、实验目的

多糖在功能性食品功效中有着重要作用，研究多糖的性质、功能都是建立在多糖分离纯化基础上的。在多糖的提取分离过程中，学生必须掌握分级柱层析技术，进一步理解生物化学中有关成分分离提纯的基本理论。本实验通过对多糖进行分离纯化、相对分子质量测定、简单理化性质测定等，使学生掌握和理解多糖的研究方法。

二、实验仪器与试剂

主要仪器：研钵、纱布、离心机、层析柱、微量加样器、水浴锅、可见与紫外-可见分光光度计、试管、烧杯、试剂瓶、冰箱、旋转蒸发仪等。

主要试剂：苯酚、硫酸、双缩脲试剂、Folin-酚试剂、HCl、Tris、NaOH、乙醇、丙酮、乙醚、牛血清、硫酸、葡萄糖、DEAE-52纤维素、SephadexG-100等。

三、要求运用的实验技术

主要包括柱层析技术、透析技术、离心技术、分光光度技术等。

实验 60　脂的分离纯化及性质研究

一、实验目的

脂类物质的研究也是基于分离纯化的基础上的。对脂的分离，使学生掌握非极性物质的柱层析技术，进一步理解生物化学中有关成分分离提纯的基本理论。本实验通过对脂类物质进行分离纯化、皂化脂与非皂化脂的分离、脂的简单理化性质测定等，从而使学生掌握和理解脂的研究方法。

二、实验仪器与试剂

主要仪器：研钵、纱布、离心机、层析柱、索氏抽提仪、冰箱等。

主要试剂：硅胶 H、石油醚、乙酸乙酯、KOH、甲醇、乙醇、硫酸钠、磷钼酸、硅胶板、β-谷甾醇等。

三、要求运用的实验技术

主要包括索氏抽提技术、薄层层析技术、萃取技术、柱层析技术等。

实验61　蛋白质的分离纯化及性质研究

一、实验目的

蛋白质（包括酶）的性质、结构和功能的研究，以及生物体内物质代谢途径的阐明等都是建立在蛋白质和酶的分离纯化基础上的。在蛋白质的分离过程中，必须通过浓度、纯度和活性的测定来决定分离步骤的取舍。酶促反应动力学，尤其是抑制剂酶促反应动力学是研究酶的结构与功能关系的一个重要方面。本实验通过对蛋白质（或酶）的分离纯化、浓度、纯度和活性的测定、动力学进行研究，从而使学生掌握蛋白质和酶的系列研究方法。

二、实验仪器与试剂

主要仪器：研钵、纱布、离心机、紫外分光光度计、试管、烧杯、试剂瓶、冰箱、真空泵、层析柱、自动收集器、漏斗等。

主要试剂：pH 试纸、乙酸、硫酸、NaOH、HCl、硼酸、Tris、硫酸铵、胰蛋白酶等。

三、要求运用的实验技术

主要包括盐析技术、离心技术、柱层析技术、紫外分光光度技术、聚丙烯酰胺凝胶电泳技术、透析技术等。

实验62 核酸的分离提取及性质研究

一、实验目的

核酸纯化是核酸制备及分析的前提和基础。通过本实验将学会和掌握核酸制备的一些基本操作和方法，使用分光光度法和电泳等实验技术研究核酸的性质，同时掌握RFLP 技术分析不同材料之间亲缘关系的方法。

二、实验仪器与试剂

主要仪器：研钵、高速离心机、紫外分光光度计、涡旋仪、水浴锅、微量加样器、电泳仪、紫外投射反射分析仪、PCR 仪、试管、烧杯、试剂瓶、冰箱等。

主要试剂：液氮、SDS、CTAT、Tris、乙醇、巯基乙醇、EDTA、氯仿、异丙醇、HCL、蔗糖、NaCl、苯、PCR 试剂盒等。

三、要求运用的实验技术

主要包括紫外－可见分光光度技术、琼脂糖凝胶电泳技术、高速离心技术、限制性内切酶酶解技术、PCR 技术等。

设计性实验案例一：植物多糖分离纯化与性质鉴定

一、植物多糖的提取和纯化

（一）实验目的
了解水提醇沉法提取多糖的原理。

（二）实验原理
多糖又称多聚糖，由 10 个以上相同或不同的单糖分子通过糖苷键聚合、脱水形成的多羟基聚合物。多糖参与细胞的各种生理活动，具有多种药理及生物学功能。植物多糖的提取方法主要有酶提取法、超声波辅助提取法、微波辅助提取法、超高压提取法、CO_2 超临界萃取法等。多糖易溶于水和醇，根据这一特性，用水提出，并将其提取液浓缩，加入适当的乙醇反复数次沉降，除去其不溶物质。采用超声波辅助水提沉法，超声波辅助提取法可缩短提取时间，提高提取率，所以超声波提取在植物多糖的提取中得到了广泛应用。超声波具有较强的剪切作用，长时间作用会导致可溶性多糖发生降解，造成多糖得率降低。然而，超声波并不影响水溶性多糖的生物活性。因此，超声波辅助提取法是一种高效实用的多糖提取方法。

（三）试剂与器材

1. 试剂

无水乙醚、0.3 mol/L NaOH、80% 乙醇、无水乙醇、香菇。

2. 器材

超级数显恒温水浴槽、旋转蒸发仪、真空干燥箱、高速冷冻离心机、索氏抽提器、电子天平、滤膜、20 mL 具塞刻度试管、移液器、容量瓶（1 000 mL、100 mL、50 mL、10 mL）等。

（四）操作方法

1. 粗多糖的提取

（1）香菇切碎后经 60℃ 真空干燥至恒重，粉碎成粗粉过筛。

（2）取 250 g 香菇干粉，加无水乙醇 2.5 L，60℃ 旋转回流提取 2 h，过滤，重复操作 1 次，除去脂溶性成分，滤渣烘干。

（3）加 40 倍 0.3 mol/L NaOH 溶液，70℃ 加热搅拌提取 2 h，加盐酸中和，过滤，滤液浓缩，加入无水乙醇至 67%，4℃ 静置过夜，4 500 r/min 离心 20 min，80% 乙醇洗涤 3 次，沉淀减压干燥，得香菇粗多糖。

2. 粗多糖的纯化

（1）粗多糖用 2.5 L 纯化水复溶，滤液流经预处理的聚酰胺层析柱脱色，滤液与聚酰胺湿填料的体积之比为 1 : 1，纯化水洗脱，收集洗脱液。

（2）洗脱液用孔滤膜过滤，所得滤液用超滤膜超滤浓缩后，加入无水乙醇至 67%，4℃ 静置过夜，4 500 r/min 离心 20 min，80% 乙醇洗涤 3 次，沉淀减压干燥，得香菇多糖。

（五）注意事项

超声波破碎时间不宜过长。

二、多糖含量测定和纯度鉴定

(一) 实验目的与要求

掌握旋光仪鉴定多糖纯度的原理和方法。

(二) 实验原理

糖类在较高温度下被浓硫酸作用而脱水生成糠醛或羟甲基糠醛后，与蒽酮（$C_{14}H_{10}O$）脱水缩合，形成糠醛的衍生物呈蓝绿色。该物质在 625 nm 波长处有最大吸收峰，在 150 μg/mL 范围内，其颜色的深浅与可溶性糖含量成正比。该法有很高的灵敏度，糖含量在 30 μg 左右就能进行测定。

不同的多糖具有不同的比旋度，它们在不同浓度的乙醇中具有不同的溶解度。所以，如果多糖水溶液经不同浓度的乙醇沉淀后所得的沉淀物，具有相同比旋度，则证明该多糖为均一组分。

(三) 实验仪器及试剂

1. 仪器

分光光度计、分析天平、国产 WXG-6 型自动旋光仪、磁力搅拌器、容量瓶（100 mL、50 mL、10 mL）等。

2. 试剂

(1) 80% 浓 H_2SO_4：向 20 mL 水中缓缓加入 80 mL 浓 H_2SO_4。

(2) 蒽酮试剂：精密称取 0.1 g 蒽酮，加 80% 浓 H_2SO_4 100 mL 使溶解，摇匀。现用现配。

(3) 葡萄糖标准液：将无水葡萄糖置于五氧化二磷干燥器中，12 h 后精密称取 100 mg，用蒸馏水定容至 100 mL。

(4) 5% 葡萄糖溶液。

(四) 操作方法

1. 葡萄糖标准曲线的制作

取 7 支具塞试管，按表 4-1 依次配制一系列不同浓度的葡萄糖溶液，每个浓度做 2～3 个重复。

表 4-1　　　　　　　　　　　　葡萄糖标准曲线的制作

试剂 /mL	编　号						
	0	1	2	3	4	5	6
葡萄糖标液	0	0.2	0.4	0.6	0.8	1.0	1.2
蒸馏水	2.0	1.8	1.6	1.4	1.2	1.0	0.8
蒽酮试剂	6	6	6	6	6	6	6
处置条件	立即加入 6 mL，振荡混匀沸水浴中加热 15 min 后取出迅速冷水浴冷却 15 min						
A_{625}							

在 625 nm 波长下以第 0 管为空白，迅速测定其余各管吸光值。以标准葡萄糖含量（g）为横坐标，以吸光值为纵坐标，绘制标准曲线。

2. 多糖含量的测定

称取多糖样品配置成溶液，吸取样品溶液 2 mL 置于干燥洁净试管中，在每支试管中立即加入蒽酮试剂 6 mL，振荡混匀，各管加完后一起置于沸水浴中加热 15 min。取出，迅速浸于冰水浴中冷却 15 min。在 625 nm 波长下迅速测定各管吸光值。根据葡萄糖含量的标准曲线，由样品溶液吸光值计算各样品溶液中糖的浓度，并计算多糖含量。

3. 多糖纯度鉴定

将上述多糖配成近似半饱和溶液，置于磁力搅拌器上，在搅拌下滴加乙醇，使溶液中乙醇浓度达到 20%，搅拌片刻，使沉淀完全，离心得沉淀。往上清液中再继续滴加乙醇，使溶液中乙醇浓度达到 40%，所产生的沉淀再经离心。前后两次沉淀，分别干燥后在相同条件下测定其水溶液的比旋度。使用自动旋光仪时，以蒸馏水调零点。

（五）注意事项

（1）蒽酮要注意避光保存。配置好的蒽酮试剂也应注意避光，当天配制好的当天使用。

（2）试管要保证干燥清洁，无残留水滴。

（3）一定要注意温度要控制在 100℃。

三、多糖抗氧化性试验

（一）实验目的
掌握水杨酸法测定多糖清除羟基自由基能力的原理和方法。

（二）实验原理
在最利于 Fenton 反应进行的 pH 下，溶液中的 Fe 主要以 $Fe(OH)_2$ 形式存在，呈络合态的亚铁离子能够比游离状态的离子更快地催化过氧化氢产生的羟基自由基，这可能是由于络合中间体降低了铁离子表面电荷，减少了水化半径，有利于电子传递，从而加快了反应速率。

利用 Fenton 反应产生羟自由基：$H_2O_2 + Fe^{2+} = \cdot OH + H_2O + Fe^{3+}$。在反应体系中加入水杨酸，Fenton 反应生成的羟自由基与水杨酸反应，生成于 517 nm 处有特殊吸收的 2,3-二羟基苯甲酸。如果向反应体系中加入具有清除羟自由基功能的被测物，就会减少生成的羟自由基，从而使有色化合物的生成量相应减少。采用固定反应时间法，在 517 nm 处测量含被测物反应液的吸光度，并与空白液比较，以测定被测物对羟自由基的清除作用。

（三）实验仪器及试剂
1. 仪器

分光光度计、分析天平、20 mL 具塞刻度试管（6 支）、移液器、移液器枪头、容量瓶（100 mL、50 mL、10 mL）、刻度试管、试管架、烧杯、废液缸等。

2. 试剂

（1）9 mmol/L 乙醇-水杨酸：称 1.243 g 水杨酸，用乙醇溶解并定容至 100 mL，然后稀释 10 倍。

（2）9 mmol/L 硫酸亚铁：称 2.502 g $FeSO_4 \cdot 7H_2O$，去离子水溶解并定容至 100 mL，然后稀释 10 倍。

（3）8.8 mmol/L H_2O_2：称 0.249 3 g 30%H_2O_2，去离子水定容至 250 mL。

（4）样品溶液：样品（具体数值视实验而定）溶水。

（5）VC 溶液：VC 加蒸馏水（现用现配）。

（四）操作方法
各溶液的加入量按照表 4-2 配制，比色管中依次先加入 1 mL 9 mmol/L $FeSO_4$，然后加入 1 mL 9 mmol/L 乙醇-水杨酸，混匀。再加入不同浓度的多糖提取液或 VC

溶液，并用去离子水将反应补至 12 mL。最后加入 1 mL 8.8 mmol/L H_2O_2 启动反应，摇匀，于 37℃水浴加热 30 min 后取出，在 517 nm 处测定吸光值 $A_{样品}$。

表 4-2　　　　　　　　　　多糖清除羟基自由基能力的测定

试　剂	组成 /mL		
	A_0	$A_{对照}$	$A_{样品}$
$FeSO_4$	1	1	1
乙醇 – 水杨酸	1	1	1
样品（或 VC）	0	0	1
去离子水	10	11	9
双氧水	1	0	1

$A_{对照}$ 测定时，为不加木槿花多糖提取液和 H_2O_2 的吸光度。
A_0 为不加合欢花多糖提取液的吸光度。

（五）结果与分析

其清除率计算公式为

$$羟基自由基清除能力（\%）=\left(1-\frac{A_{样品}-A_{对照}}{A_0}\right)\times 100$$

式中：$A_{对照}$ 为不加多糖提取液的吸光度；A_0 为不加多糖提取液和 H_2O_2 的吸光度。

设计性实验案例二：活性干酵母蔗糖酶的提取、纯化及性质研究

一、蔗糖酶的提取

（一）实验目的

（1）了解蔗糖酶的性质及提取生物大分子常用的方法，确定从干酵母中取蔗糖酶的实验方法。

（2）通过蔗糖酶活力的测定，比较各提取方法的优缺点，提出实验方案的改进措施。

（二）实验原理

生物大分子的提取过程是把生物大分子（如蛋白质、酶、核酸等）从生物材料的组织或细胞中，以溶解的状态释放出来的过程，以便再进一步分离与纯化。合适的提取方法的确立与该生物大分子在生物体中存在的部位和状态有关。一些细胞的胞外酶在代谢过程中已分泌到细胞或组织的外部，它们的提取比较方便；对于胞内酶，其活性物质分布在细胞内部或是细胞的结构物中，提取这类物质，首先必须破碎细胞壁，将生物大分子有效提出并制备成无细胞的提取液后再分级分离。

生化实验中常用的细胞破碎法有以下几种：

（1）菌体自溶法：将欲破碎的细胞，置于一定温度、pH条件下，通过细胞自身存在的酶系作用，将细胞破坏，使胞内物质释放出来。

（2）机械破碎法：包括机械捣碎、研磨、高压泵挤压法。研磨是最简单的破壁方法，直接或用少量石英砂或氧化铝与浓稠的菌泥相混后，置于研钵中研磨即可破碎细胞。挤压法是使微生物细胞在高压泵中，在几百公斤的压力作用下，通过一个狭窄的孔道高速冲出，由于突然减压而引起的一种孔穴效应，致使细胞破碎。

（3）超声波破碎法：超声波具有频率高、波长短、定向传播等特点。它在液体中传播时，能使液体中某一点一瞬间受到巨大的压力，而另一瞬间压力又迅速消失，由此产生了巨大的拉力，使液体拉伸而破裂并出现细小的空穴，这种空穴在超声波的继续作用下，可产生几万个大气压的局部附加压强。介质中悬浮的细胞在这样大的压力作用下，会产生一种应力，促使内部液体流动而使细胞破碎。超声波破壁的效果与样品的浓度、仪器的频率、输出功率、超声波处理的时间、液体介质的性质、温度等因素有关。

蔗糖酶属水解酶。蔗糖在蔗糖酶的作用下，水解为D-葡萄糖和D-果糖。蔗糖酶分布广泛，在酵母（如产朊假丝酵母、啤酒酵母、面包酵母）中的含量较高。酵母蔗糖酶是胞内酶，提取前必须进行预处理以使菌体细胞破壁。

（三）试剂和仪器

1. 试剂

0.2 mol/L 醋酸－醋酸钠缓冲溶液（pH5.5）、石英砂、活性干酵母、Folin-酚法或考马斯亮蓝法测定蛋白质试剂、3,5-二硝基水杨酸定糖试剂。

2. 仪器

超声波细胞破碎仪、冷冻离心机、721分光光度计、电热恒温水浴锅、秒表或手表。

(四）操作方法

（1）细胞破碎。

①研磨破壁：称取一定量的干酵母（记录），加入一定量的石英砂，分次加入适量的水或缓冲液研磨至一定时间使之破壁，也可加入少量的甲苯溶剂一起研磨，以溶解细胞膜的脂质化合物，有助于加速细胞结构的破坏。

②超声波破壁：称取一定量的干酵母，加入经预冷的蒸馏水或适宜的pH缓冲液，充分混匀。选择适宜的输出功率、破壁时间，进行超声波破壁处理。

③自溶法破壁：设计酵母菌自溶的参数、自溶温度、pH、缓冲液的浓度、时间等。在恒温装置中完成实验。

（2）离心分离：在冷冻条件下，选择合适的离心分离速度，去除母液中的菌体细胞，吸取中层清夜备用。

（3）测定酶提取液的酶活力、蛋白质含量。

(五）结果与讨论

（1）记录提取酶的方法、条件及粗酶提取液体积。测定酶液中蔗糖酶活力和蛋白质含量。

（2）测定结果记录（表4-3）。

表4-3　　　　　　　活性干酵母蔗糖酶提取、纯化及性质研究实验记录

实验序号	干酵母重量/g	粗酶液提取体积/mL	蔗糖酶活力/（U/mL）	蛋白质含量/（mg/mL）	总活力	酶比活力（U/mg 蛋白质）

（3）根据设计的酶提取实验分析结果，总结评价所设计实验的效果并提出改进方案。

(六）思考题

酶是一种有活性的大分子物质，在外界作用下容易发生变性，导致酶活力下降甚至失活。故蔗糖酶提取实验中应注意哪些问题？

二、蔗糖酶的分离纯化——离子交换柱层析法

（一）实验目的

（1）学习离子交换柱层析法分离纯化蔗糖酶的原理和方法。

（2）掌握离子交换柱层析法的基本技术。

（二）实验原理

离子交换柱层析是根据物质的解离性质的差异，而选用不同的离子交换剂进行分离、纯化混合物的液-固相层析分离法。样品加入后，被分离物质的离子与离子交换剂上的活性基团进行交换（未被结合的物质会被缓冲液从交换剂上洗掉）。当改变洗脱液的离子强度和 pH 时，基于不同分离物的离子对活性基团的亲和程度不同，会使之按亲和力大小顺序依次从层析柱中洗脱下来。离子交换机制主要由 5 步组成：

（1）离子扩散到树脂表面，在均匀的溶液中这个过程进行得很快。

（2）离子通过树脂扩散到交换位置，这由树脂的交联度和溶液的浓度所决定。该过程是控制整个离子反应的关键。

（3）在交换位置上进行离子交换。这是瞬间发生的，并且是一个平衡过程。被交换的分子所带的电荷越多，它与树脂结合得也就越紧密，被其他离子取代也就越困难。

（4）被交换的离子通过树脂扩散到表面。

（5）用洗脱液洗脱，被交换的离子扩散到外部溶液中。

离子交换剂是由高分子的不溶性基质和若干与其以共价结合的带电荷的活性基团组成。根据基质的组成和性质，其可分为疏水性离子交换剂和亲水性离子交换剂两大类，如由苯乙烯和二乙烯聚合的聚合物——树脂为基质的离子交换剂属疏水性离子交换剂；以纤维素、交联葡聚糖、琼脂糖凝胶为离子交换剂基质的则属亲水性离子交换剂。这是一类常用的分离高分子生物活性物质的离子交换剂，对生物大分子的吸附及洗脱条件均比较温和，且不会破坏被分离物质。其中，DEAE Sepharose CL-6B 弱阴离子交换剂、CM-Sepharose CL-6B 弱阳离子交换剂特别适合生物大分子等物质的分离，具有在快流速操作下不影响分辨率的特点。

离子交换剂的活性基团可以解离在水溶液中，并能与流动的带有相反电荷的离子相结合，而那些带有相同电荷的离子之间又可以进行交换。例如：

阳离子交换反应

$$R-SO_3^-H^+ + Na^+ \Longleftrightarrow R-SO_3^-Na^+ + H^+$$

阴离子交换反应

$$R-N^+(CH_3)_3OH^- + Cl^- \rightleftharpoons R-N^+(CH_3)_3Cl^- + OH^-$$

离子交换剂所带的活性基团可以是阳离子型的酸性基团，如强酸性的磺酸基（$-SO_3H$）、中强酸性的磷酸基（$-PO_4H_2$）、弱酸性的羧基（$-COOH$）或酚羟基（$-OH$）等；也可以是阴离子型的碱性基团，如强碱性的季胺 $[-N(CH_3)_3]$、弱碱性的叔胺 $[-N(CH_3)_2]$、仲胺（$=NH$）、伯胺（$-NH_2$）等。

对于可呈两性离子的蛋白质（含酶类）、多肽和核苷酸等物质与离子交换剂的结合力，与其在特定 pH 条件下所呈现的离子状态密切相关，当 pH 低于等电点时，它们能被阳离子交换剂吸附；反之，当 pH 高于等电点时，它们能被阴离子交换剂吸附。因此，一般应根据被分离物在稳定的 pH 范围内所带的电荷来选择交换剂的类型。

经分级沉淀提取的蔗糖酶，仍含有杂蛋白，可对其进一步分离纯化。蔗糖酶的等电点 pH<6.0，在弱酸性至中性的 pH 范围内稳定，在合适 pH 缓冲液（pH ≥ 6.0）中可使之带负电荷，因此可选用弱阴离子交换柱层析进行纯化。先使带负电荷的蛋白质与阴离子交换剂活性基团进行交换，然后选用梯度洗脱，通过改变洗脱液的离子强度，把蔗糖酶从混合物中分离。

在离子交换层析中，洗脱液的 pH、洗脱液的洗脱体积以及洗脱液的离子强度等因素是影响酶分离纯化效果的主要因素。

（三）试剂和仪器

1. 试剂

（1）50 mmol/L Tris-HCl pH 缓冲溶液：称取 6.06 g 三羟甲基氨基甲烷（Tris），加 900 mL 水溶解，在 pH 计上用 HCl 调至一定的 pH，加水至 1 000 mL。

（2）50 mmol/L Tris-HCl, NaCl pH 缓冲溶液：称取 6.06 g Tris，一定量 NaCl（待定），溶解至 900 mL，在 pH 计上用 HCl 调 pH 与试剂（1）相同，加水至 1 000 mL。

（3）DEAE Sepharose CL-6B（二乙基氨基交联琼脂糖）弱阴离子交换剂或 DEAE 纤维素（二乙基氨基纤维素）弱阴离子交换剂。

（4）聚乙二醇 6000（PEG-6000）。

（5）测定蔗糖酶活力试剂。

（6）测定蛋白质含量试剂。

2. 仪器

离子交换柱、梯度洗脱装置、紫外-可见光分光光度计等。

（四）操作方法

1. 柱的装填及平衡

（1）柱的装填：垂直固定离子交换柱，将已用20%乙醇溶胀了的DEAE Sepharose阴离子交换剂分次装入柱中，每当树脂在柱底出现沉淀层时，再继续补加交换剂，直至交换剂装至约90%的层床体积。

（2）柱的平衡：上样前以1.0 mL/min流速，让0.05 mol/L Tris-HCl pH缓冲液以至少2～3倍床体积冲洗层析柱，使交换剂与缓冲液达到平衡。平衡后的层析柱应进一步对光检查，观察填充是否均匀，是否有裂层，必要时应重装。

2. 上样

首先把一定量等体积的试剂（1）和试剂（2）加入梯度混合仪，连接洗脱装置。按实验三的方法，把一定体积经分级沉淀提取并脱盐的蔗糖酶液装入柱中。

3. 洗脱

上样后用0.05 mol/L Tris-HCl pH缓冲液与NaCl缓冲溶液共同进行梯度洗脱，洗脱速度为1 mL/min，以4 mL/管收集梯脱液，直至梯度混合器中缓冲液全部洗脱完毕。

4. 收集洗脱液的检验

在280 nm波长下，测定分管收集液的$A_{280 nm}$值。以$A_{280 nm}$为纵坐标，洗脱管数为横坐标，制作洗脱曲线。

5. 蛋白质溶液的收集及浓缩

根据$A_{280 nm}$的峰值大小，分别合并各组分的洗脱高峰管中的溶液，然后装入已处理的透析袋中，扎紧袋口。并于透析袋外铺撒PEG-6000粉末，在4℃中浓缩。按情况更换干燥的PEG-6000粉末，直至样品浓缩到所需的体积。

（五）结果分析及讨论

填写干酵母蔗糖酶纯化记录表4-4，由实验结果评价、比较离子交换纯化蔗糖酶效果，提出改进实验的意见和方法。

表4-4　　　　　　　　　　干酵母蔗糖酶纯化表

蔗糖酶样品	干酵母抽提液	上样酶液	离子交换纯化收集酶液
体积（mL）			
洗脱液pH值			

续 表

蔗糖酶样品	干酵母抽提液	上样酶液	离子交换纯化收集酶液
洗脱液盐浓度变化			
洗脱液体积（mL）			
洗脱液流速（mL/min）			
酶活力（U/mL）			
蛋白质含量（mg/mL）			
比活力（U/mg）			
总活力（U）			
提纯倍数			
回收率（%）			

注：比活力为样品中单位质量蛋白质所具有的酶活力单位数，一般表示为 U/mg 蛋白质。

纯化后，收集酶液留作电泳分析。

（六）问题讨论

（1）交换剂母体的选择：以合成高分子聚合物为母体的离子交换树脂交联度大，结构紧密，孔径较小。此外，电性基团在这类母体上的取代程度高，电荷密度大，与蛋白质等生物大分子的结合较紧密。所以，吸附在树脂上的物质不易洗脱，易造成不可逆的离子交换作用，而使具有活性的大分子物质变性失活。由于其具有流速快、对小分子物质的交换容量大的特点，可用于氨基酸、核酸等小分子物质的分离。以天然多糖、纤维素为母体的亲水性离子交换剂克服了合成高分子树脂的一些缺点，适用于生物大分子的分离纯化，可根据分离物的分子量大小、交换剂孔径大小、交换当量等参数来选择使用。

（2）缓冲液 pH 的选择：对于一个未知等电点的试样，可用下列方法确定离子交换层析的起始 pH：

①取若干支容量为 15 mL 的试管，每支试管分别加 1.5 mL Sepharose。

②每支试管用 10 mL 0.5 mol/L 不同 pH 的缓冲液平衡洗涤 10 次，阳离子交换剂取 pH 为 4～8，阴离子交换剂取 pH 为 5～9，每管间隔 0.5pH 单位。

③用相同的低离子强度缓冲液（0.01 mol/L），对上述相应各试管平衡洗涤 5 次，每次 10 mL。

④于上述平衡后的试管中分别加入等量的试样，与交换剂混合 5~10 min，静置使交换剂沉入试管底部。测定上清液中样品的含量，含量低的表示交换量高，据此可确定上柱 pH。

（3）离子交换实验完成后若洗脱液盐离子强度较低，为防止杂蛋白未被洗脱，需用 1 mol/L NaCl-50 mmol/L Tris-HCl pH 缓冲液清洗层析柱，流动相速度为 1 mL/min，洗脱液体积约为 2~3 倍层床体积。

（4）离子交换剂的再生：离子交换剂使用一定时间后，交换能力下降，必须进行离子交换剂再生处理。可用 0.1 mol/L HCl 洗柱，用蒸馏水洗至中性，然后用 0.1 mol/L NaOH 洗柱，再用蒸馏水洗至中性备用，或用起始缓冲液平衡处理。

（5）离子交换剂的保存：冲洗干净的 DEAE-Sepharose CL-6B 离子交换剂，若长期不用，可用 20% 乙醇或 0.02% 叠氮化钠过柱保存。若使用 DEAE- 纤维素阴离子交换剂，则应查阅有关资料，对其进行浸泡膨化，再用酸碱处理、洗涤后才能使用。

（6）酶液浓缩：使用聚乙醇（PEG）-6000 试剂将酶液浓缩到所需的体积，是一种既安全无毒又浓缩时间短的方法。但应注意 PEG 不可受热烘干，否则会使其变为无用的蜡状物。

（7）透析袋的预处理及保存：市售的透析袋在制备时为防止干燥脆裂，已用 10% 的甘油处理。透析时，只要浸泡润湿，并用蒸馏水充分洗涤，即可使用。对于要求较高的实验，除将甘油充分洗涤外，还应将所含有微量的硫化物及痕量的重金属除去。处理方法：可用 10 mmol/L $NaHCO_3$ 浸洗，也可用煮沸方法或用 50% 乙醇 80℃ 浸泡 2~3 h；10 mmol/L EDTA 可除去重金属，用 EDTA 处理过的透析袋要用去离子水或超纯水保存。

（8）新的干燥透析袋应保存在密封聚乙烯袋中，需防潮防霉或避免被微生物蚀孔。最好能保存在 10℃ 的冷柜中。用过的透析袋应将其充分洗净，或用含有 NaCl 的溶液清洗，以除去袋中黏附的蛋白质，再用蒸馏水洗净，存于 50% 甘油或 50% 乙醇中。注意，已使用过的透析袋，因原来加入的保湿剂已被除去，故不允许使其再次干燥，否则极易脆裂破损，无法使用。

（七）思考题

（1）离子交换柱层析能分离纯化蔗糖酶的主要依据是什么？

（2）影响离子交换作用的主要因素是什么？

（3）梯度洗脱的分离效果与什么因素有关？

三、蔗糖酶纯度测定——PAGE 法

(一) 实验目的

(1) 学习聚丙烯酰胺凝胶电泳分离蛋白质的原理。
(2) 掌握聚丙烯酰胺凝胶垂直平板电泳分离测定蔗糖酶纯度的操作方法。

(二) 实验原理

聚丙烯酰胺凝胶是由单体丙烯酰胺（Acrylamide，简称 Acr）和交联剂 N，N′-甲叉双丙烯酰胺（Methylence-bisacry-lamide，简称 Bis）在催化剂和加速剂的作用下聚合交联形成的具有分子筛效应的三维网状结构凝胶。凡以此凝胶为支持物的电泳均称为聚丙烯酰胺凝胶电泳（Polyacrylamide gel electrophoresis，简称 PAGE）。凝胶筛孔大小、机械强度和透明度等物理参数主要取决于凝胶浓度及交联度，随着这两个参数的改变，可获得对待测分子进行分离、分辨的最适孔径。

丙烯酰胺凝胶电泳根据其有无浓缩效应，分为连续系统与不连续系统两大类。在连续系统中，缓冲溶液 pH 及凝胶浓度相同，带电颗粒在电场的作用下主要靠电荷及分子筛效应得以分离；在不连续系统中，不仅具有前两种效应，还具有浓缩效应，使电泳具有良好的清晰度和分辨率。

电泳时样品的浓缩效应主要由以下原因产生：①凝胶孔径的不连续。在不连续的 PAGE 中，电泳凝胶由上、下两层不同 pH、不同孔径的浓缩胶和分离胶组成，在电场的作用下，蛋白质颗粒在大孔的浓缩胶中泳动的速度快，当进入小孔分离胶时，其泳动过程受阻，因而在两层凝胶交界处，由于凝胶孔径的这种不连续性造成样品位移受阻而压缩成很窄的区带。②缓冲体系离子成分及 pH 的不连续性。在 Tris- 甘氨酸缓冲体系中，各胶层中均含有 HCl，HCl 在任何 pH 溶液体系中均容易离解出 Cl^-，它在电场中迁移率最大；甘氨酸等电点为 6.0，在 pH6.8 的浓缩胶中，离解度很低，仅有 0.1% ~ 1% 的 $NH_2CH_2COO^-$，因而在电场中的迁移速度很慢；大部分蛋白质 pH 在 5.0 左右，在此电泳环境中都以负离子形式存在。通电后，这三种负离子在浓缩胶中都向正极移动而且它们的泳动率按 $m_d a_{ch} > m_p a_p > m_q a_q$ 排序（有效迁移率等于迁移率 m 与离解度 a 的乘积）。于是，蛋白质就在快、慢离子形成的界面处，被压缩成极窄的区带。③电位梯度的不连续性。电泳开始后，Cl^- 的迁移率最大，很快超过蛋白质，因此在快离子后面，形成一个离子浓度低的电导区，由此产生一个高的电位梯度，使蛋白质和慢甘氨酸离子在快离子后面加速移动，当快离子和慢离子的移动速度相等的稳定状态建立后，由于蛋白质的有效迁移率正好介于快、慢离子之间而被浓缩

形成一个狭小的区带。

当样品进入分离胶后，凝胶pH变为8.8，此时甘氨酸解离度大大增加，其有效迁移率也因此加大，并超过所有蛋白质分子。这样，快慢离子的界面（由溴酚蓝指示剂标记）总是跑在被分离的蛋白质样品之前，不再存在不连续的高电势梯度区域。于是，蛋白质样品在一个均一的电势梯度和均一的pH条件下，通过凝胶的分子筛作用，根据各种蛋白质所带的净电荷不同并具有不同迁移率而达到分离的目的。

垂直平板电泳凝胶是在两块垂直放置、间隔几毫米的平行玻璃中进行的，所得的是垂直平板状的凝胶。垂直平板电泳有以下优点：一系列样品能在同一块凝胶板上进行，显色条件也相同；平板表面大，有利于凝胶冷却；易于进行光密度扫描测定。

采用连续或不连续聚丙烯酰胺凝胶电泳，选用合适的凝胶浓度，对各纯化步骤所收集的具有高活力的蔗糖酶溶液样品进行电泳分析，可判断蔗糖酶的纯化效果。

（三）试剂和仪器

1. 试剂

（1）30%单位胶贮备液（Acr∶Bis=29∶1）：称58 g丙烯酰胺（Acr）溶于180 mL双蒸水，再加入2 g甲叉双丙烯酰胺（Bis），溶解后定容至200 mL，过滤备用。

（2）分离胶缓冲液（pH8.8，3 mol/L Tris-HCl）：称取36.33 g Tris溶于80 mL双蒸水中，在pH计上用HCl调pH至8.8，然后定容至100 mL。

（3）浓缩胶缓冲液（pH6.8，1 mol/L Tris-HCl）：称12.11 g Tris溶于80 mL双蒸水中，在pH计上用HCl调pH至6.8，加水定容至100 mL。

（4）10%过硫酸铵（AP，聚合用催化剂）：称5 g AP溶解于50 mL双蒸水中，最好临用之前新鲜配制，也可置于4℃冰箱中避光保存，7天后重配。

（5）10% N，N，N′，N′-四甲基乙二胺（TEMED）（聚合用加速剂）：移取0.1 mL TEMED稀释至1.0 mL。置于4℃保存。

（6）Tris-Gly电极缓冲液：称取7.5 g Tris和36 g甘氨酸溶于双蒸水中，定容至500 mL，使用时稀释5倍。

（7）50 mmol/L Tris-HCl（pH6.8）缓冲液：称取0.606 g Tris溶于80 mL双蒸水中，在pH计上用HCl调pH至6.8，然后加水至100 mL。

（8）加样缓冲液：分别取50 mmol/L Tris-HCl缓冲液4 mL，溴酚蓝2 mg，甘油5 mL，用双蒸水溶解后定容至50 mL。

（9）固定液：取 50% 甲醇 454 mL、冰醋酸 46 mL 混匀。

（10）染色液：称取 0.5 g 考马斯亮蓝 R-250 溶于甲醇和冰醋酸混合液（80 mL/20 mL）中，过滤备用。

（11）脱色液：取 150 mL 甲醇与 50 mL 冰醋酸混溶，加双蒸水至 500 mL。

（12）2%～3% 琼脂溶液。

（13）低分子量或高分子量的标准蛋白质试剂。

2．仪器

直流稳压稳流电泳仪、夹芯式垂直电泳槽等。

（四）操作方法

1．电泳槽安装

夹芯式垂直电泳槽两侧为有机玻璃制成的电极槽，两电极槽中间夹有一个由凹形硅胶框、长、短玻璃板及样品槽模板组成的凝胶模。电泳槽分上贮槽（白金电极面对短玻璃板）、下贮槽（白金电极面对长玻璃板），回纹状玻璃管用于冷凝。两电泳槽与凝胶模间靠贮液槽螺钉固定。

（1）组装前各部件应做彻底清洗，尤其是长、短玻璃及凹形带槽橡胶框，须用少许洗衣粉彻底清洗，晾干后才能使用。

（2）把长短玻璃分别插入相应的凹形橡胶框，注意手指不要接触胶面的玻璃板。

（3）用点滴管或进样枪，把已经溶化的琼脂密封于长、短玻璃板的间隙，琼脂以渗入长、短两玻璃键间隙的高度 1.0 cm 为宜，可略抬起胶框的一端在琼脂未凝固之前排去琼脂胶层的气泡，而后垂直放置胶框，让琼脂完全凝固。

（4）把带正极的电泳槽有机玻璃板仰放于台面，将已经用琼脂密封好的玻璃板凝胶模，以长玻璃板面对正极的方式，平放于玻璃板上方，然后把带有负极的另一侧电泳槽有机玻璃板按螺丝销钉装好，并以对角线的方式逐渐旋紧螺丝帽，松紧程度以电泳槽不渗漏电极缓冲液而样品槽梳子又能够方便插入为宜。

2．灌胶

（1）分离胶制备：取大小适中的小烧杯，见表 4-5，依次将配制好的分离胶，连续缓慢地沿长玻璃板板壁注入凝胶模，直至胶液的高度达到低玻璃板板面 2/3 左右，用注射器小心加入 2 cm 左右高度的双蒸水覆盖胶面，其加水速度应控制在不破坏胶层分度。约 60 min 左右后，当凝胶与水层间出现折射率不同的分层面时，表明凝胶聚合完成。倾去胶层蒸馏水，再用双蒸水洗涤胶面，以除去未聚合胶液，并用滤纸吸干多余的水。

表 4-5　　　　8% 凝胶浓度的分离胶和 4% 凝胶浓度的浓缩胶的配制

试剂名称	8% 分离胶 /mL	4% 浓缩胶 /mL
分离胶缓冲液	3.15	—
浓缩胶缓冲液	—	2.5
单体胶贮备液	6.7	2.7
双蒸水	14.57	14.4
10% AP	0.2	0.2
TEMED[①]	0.04	0.04
总体积	25.0	20.0

① TEMED 试剂应在临灌胶时最后加入，以免胶液凝固影响胶。

（2）浓缩胶置备：用微量的未加 TEMED 的浓缩胶洗涤分离胶面一次，倾去洗涤用的浓缩胶液，用滤纸吸干多余的胶液。按照表 4-5，将试剂快速混合均匀，将配制好的浓缩胶连续缓慢加到已聚合的分离胶的上方，直至距离短玻璃板上缘约 1 mm 处为止，随后将样品槽梳子轻轻插入浓缩胶内。待凝胶聚合后，小心拔出槽梳板，注意不要弄断或弄裂胶层。用长针头轻而有序地将每个凹形样品槽修饰整理，加双蒸水清洗槽坑，最后用针筒抽干凹槽内的双蒸水。

将稀释 5 倍的 Tris-Gly 电极缓冲液，倒入上、下贮槽中，缓冲液高度以浸泡短玻璃板 0.5 cm 以上为宜，即可准备加样。

3. 加样

将一定量的待测酶液、标准蛋白质样品分别与一定量的加样缓冲液混合。蛋白质的最后浓度尽可能控制在 3～5 mg/μL。

上样前若样品槽出现气泡，可用注射器剔除。然后用注射器吸取 20～25 μL 样液，把装有样液注射器的针头小心伸进样品槽内，并尽量接近其底部，切勿捅穿胶层，轻轻推动注射器将样液注入样品槽底部。加样缓冲液中含有甘油，从而使样品液的比重增加并可自动沉降于样品槽的底部。一般以上样体积小于等于样品槽总体积的 2/3 为宜。

为防止玻璃板两边缘样品点产生"边缘效应"，出现电泳分离效果不理想现象，一般胶板首、末样品槽只加溴酚蓝缓冲溶液。

4. 电泳

正确连接电泳槽与电泳仪的正负极，接通冷凝水，开启电泳仪开关，采用稳流电泳，首先调整电压把电位器向右旋 6～7 圈，使电泳过程电压有足够的上升区间，而后调整电流旋钮将电流调至 25 mA 后开始电泳。当蓝色染料泳动迁移至距离橡胶框前沿约 1.5 cm 时，将电流回调至零，关闭电源及冷却水，电泳结束。

5. 凝胶剥离

旋松电泳槽固定螺丝，取下凝胶模，卸下硅橡胶框，用不锈钢小铲撬离短玻璃板，弃去浓缩胶，小心剥离分离胶，并在凝胶片基线处切下一角作为加样基线标记，用双蒸水略冲胶面。

6. 染色与脱色

把胶片移入染色液中，染色 6 h 以上，用蒸馏水漂洗数次，再用脱色液脱色，更换脱色液直到电泳区带清晰为止。

（五）结果分析与讨论

将脱色的凝胶片平放在玻璃板上，观察并记录实验结果，判断蔗糖酶的纯度。计算出各蛋白带的位置，与已知分子量的蛋白带比较估算柱层析分离物的分子量大小。

（六）问题讨论

（1）Acr 和 Bis 均为神经毒剂，对皮肤有刺激作用，使用时应予注意。Acr 和 Bis 的贮液在保存过程中，会由于水解作用而产生丙烯酸和 NH_3，虽在 4℃置于棕色瓶内保存可有效防止水解作用，但也只能贮存 1～2 个月。因此，可通过 pH 值 (4.9～5.2) 判断检查试剂是否失效。

（2）玻璃板表面的不洁净，可能会导致电泳时发生凝胶板与玻璃板或硅橡胶条剥离，产生气泡或滑胶；剥胶时胶板极易断裂。所以，使用的电泳槽组件务必彻底清洗。为保证样品槽平整，槽梳子使用前必须用 95% 乙醇洗净，风干后才可使用。

（3）用琼脂密封长、短玻璃间隙及灌胶时，胶层不能包裹有气泡，以免影响系统导电性。

（4）为防止电泳后区带拖尾，影响分辨率，样品中盐离子强度应尽量低，含盐量高的样品可经脱盐后再进行电泳分析。

（5）进行电泳分析时，不同分子量的样品应选用不同的分离胶浓度。蛋白质分子量在 65～200 KDa，可选用 7.5%；21～200 KDa，可选用 10% 凝胶；14～100 KDa，可选用 12% 凝胶；6.5～200 KDa，可选用 15% 凝胶。浓缩胶浓度均可选 4%。操作时，若不知分子量也可先选用 7.5% 分离胶浓度尝试，因为生物体内大多数蛋白质在此范围内电泳，均可取得较满意的电泳效果，而后根据分离情况选择适宜的浓度进一步取得理想的分离效果。

（七）思考题

（1）在不连续电泳体系中，样品在浓缩胶中是怎样被压缩成"层"的？
（2）加样缓冲液中甘油和溴酚蓝的作用是什么？可用何物代替甘油？
（3）根据实验过程，做好电泳的关键步骤有哪些？
（4）脱色液可否重新使用？应如何处理？处理时应注意什么问题？
（5）电极缓冲液电泳后，能否重新使用，重新使用应做什么处理？
（6）酶样品电泳染色图谱中出现多条谱带意味着什么？

四、蔗糖酶分子量的测定

（一）实验目的

（1）学习SDS-聚丙烯酰胺凝胶电泳测定蛋白质分子量的实验原理。
（2）掌握相应的实验技术。

（二）实验原理

SDS-聚丙烯酰胺凝胶电泳是聚丙烯酰胺凝胶电泳的一种特殊形式。实验证明，在蛋白质溶液中加入十二烷基硫酸钠（SDS）和巯基乙醇后，巯基乙醇能使蛋白质分子中的二硫键还原；SDS能使蛋白质的氢键、疏水键打开，并结合到蛋白质分子上，形成蛋白质-SDS复合物。大约每克蛋白质可结合1.4 g SDS，蛋白质分子结合了一定量的SDS阴离子后，所带负电荷量远远超过了它原有的电荷量，从而消除了不同种类蛋白质间原有电荷的差别。此外，SDS与蛋白质结合后，还引起了蛋白质构象的变化，使它们在水溶液中的形状近似于长椭圆棒，不同蛋白质的SDS复合物的短轴长度均为1.8 mm，而长轴则随蛋白质的相对分子量成正比变化。

这样的蛋白质-SDS复合物在凝胶电泳中的迁移率不再受蛋白质原有电荷和形状的影响，而仅取决蛋白质分子量的大小。故可根据标准蛋白质分子量的对数和迁移率所做的标准曲线，求出未知物的分子量。

（三）试剂与仪器

1. 试剂（所用水为重蒸水）

（1）30%单体胶贮备液。（配制方法与聚丙烯酰胺凝胶电泳相同）
（2）pH8.8，3 mol/L Tris-HCl分离胶缓冲液。（配制方法与聚丙烯酰胺凝胶电泳相同）

（3）pH6.8，1 mol/L Tris-HCl 浓缩胶缓冲液。（配制方法与聚丙烯酰胺凝胶电泳相同）

（4）10%SDS：称取 10 g SDS，在 65℃下用水溶解并定溶至 100 mL。

（5）10% 过流酸铵：称取 5.0 过硫酸铵用水溶解并定容至 50 mL，临用时配置。放置冰箱避光保存 7 天。

（6）N, N, N', N'- 四甲基乙二胺。（TEMED）

（7）Tris-Gly 电极缓冲溶液：称取 7.5 g Tris 盐和 36 g 甘氨酸用水溶解，再加入 10%SDS 25 mL，用水定容至 500 mL，备用。临用时稀释 5 倍。

（8）50 mmol/L Tris-HCl（pH6.8）缓冲溶液。（配制方法与聚丙烯酰胺凝胶电泳相同）

（9）加样缓冲溶液：吸取 50 mmol/L Tris-HCl（pH6.8）缓冲溶液 3.2 mL、10%SDS 溶液 11.5 mL、β-巯基乙醇 2.5 mL、溴酚蓝 2 mg 以及甘油 5 mL，用水溶解并定容至 50 mL。

（10）染色液。（配置与聚丙烯酰胺凝胶电泳相同）

（11）脱色液。（配置与聚丙烯酰胺凝胶电泳相同）

（12）3% 琼脂溶液。

（13）标准分子量蛋白。（电泳专用试剂）

2. 仪器

（1）直流稳压稳流电泳仪，电流 100 mA，电压 400～500 V。

（2）夹芯式垂直电泳槽，DYY Ⅲ 2A 型，1.0 mm 梳槽。

（四）操作方法

1. 电泳槽安装

参考聚丙烯酰胺凝胶电泳操作。

2. 灌胶

参考聚丙烯酰胺凝胶电泳操作。

（1）配胶。由于 SDS 电泳分离不取决于蛋白质的电荷密度，只取决于所形成 SDS-蛋白质胶束的大小，因而凝胶浓度的正确选择尤为重要。例如，凝胶浓度太大，孔径太小，电泳时样品分子不能进入凝胶。例如，凝胶浓度太小，孔径太大，则样品中各种蛋白质分子均随着凝胶缓冲液流向前推进，而不能得以很好地分离。因此，实验中可根据分析样品的分子量大小选择合适的凝胶配比。不同浓度分离胶配比参考见表 4-6。

表 4-6　　不连续缓冲系统电泳中不同网孔凝胶溶液配方参考表

试　剂	分离胶凝胶浓度 （12.5 T%）	分离胶凝胶浓度 （10 T%）	分离胶凝胶浓度 （7.2 T%）	浓缩胶凝胶浓度 （4 T%）
分离胶缓冲液	3.15 mL	3.15 mL	3.15 mL	/
浓缩胶缓冲液	/	/	/	2.5 mL
单体胶储备液	10 mL	8.5 mL	6.0 mL	2.7 mL
10%SDS	0.25 mL	0.25 mL	0.25 mL	0.25 mL
重蒸水	11.2 mL	12.7 mL	15.2 mL	14.2 mL
10% 过硫酸铵	0.2 mL	0.2 mL	0.2 mL	0.2 mL
TEMED*	40μL	40μL	40μL	40μL
总体积	25 mL	25 mL	25 mL	20 mL

* 此溶液在灌胶前最后加入，以避免胶体凝固无法灌胶。

（2）灌胶。按需要配制分离胶和浓缩胶后，与聚丙烯酰胺电泳灌胶方法灌制实验用胶板，最后向电泳槽中加入 Tris-Gly 缓冲液，备用。

3. 样品处理与上样

（1）电泳样品前处理。标准蛋白样处理：按购置标准蛋白样品说明书操作，取一定体积标准蛋白样品溶液于 1.5 mL 离心管，加入适量加样缓冲液，混匀，在 100℃沸水中浴中加热 3～5 min，取出冷却后上样。若上样液中浑浊，离心后备用。待分析蛋白样品前处理：根据待测样品蛋白含量，加入适量的加样缓冲溶液溶解，使样品浓度约为 0.5～2 mg/mL，混匀，按上述方法加热处理，冷却，离心后备用。处理后的样品可放在 4℃的冰箱中短期保存，−20℃冰箱中保存 6 个月，使用前在仍须在沸水浴中加热 3～5 min 后上样。

（2）加样。向样品槽加入 20～25 μL 样品，一般以上样体积小于等于样品槽总体积的 2/3 为宜。例如，样品槽出现气泡，可用注射器剔除。加样时把装有样液注射器的针头小心伸进样品槽内，并尽量接近其底部，切勿捅穿胶层，轻轻推动注射器将样液注入样品槽底部。加样缓冲液中含有的甘油，使样品液的比重增加并可自动沉降于样品槽的底部。

由于两端样品槽的样点易产生边缘效应影响，影响分子量分布的分析结果，所以凝胶板两端的样品槽一般不作点样用，仅注入溴酚蓝指示液跟踪样品在电场中的泳动情况。

4. 电泳

正确连接电泳槽与电泳仪的正负极,接通冷凝水,开启电泳仪开关,采用稳流电泳。首先把电压调整电位器向右旋转 6～7 圈,使电泳过程电压有足够的上升区间,调整电流旋钮将电流调至 25 mA 后开始电泳。当溴酚蓝指示液泳动迁移至距离橡胶框前沿约 1.5 cm 时,将电流回调至零,关闭电源及冷却水,电泳结束。

5. 凝胶剥离

操作方法与聚丙烯酰胺凝胶电泳相同。

6. 染色与脱色

操作方法与聚丙烯酰胺凝胶电泳相同。

(五) 结果计算与分析

根据电泳实验结果,记录标准蛋白质分子以及样品蛋白分子相对迁移加样端距离(cm)、溴酚蓝染料相对迁移加样端距离(cm)。根据下式计算各标准蛋白质分子的相对迁移率:

$$相对迁移率 = \frac{标准蛋白质分子迁移距离（cm)}{染料迁移距离（cm)}$$

以标准蛋白质相对分子质量的对数(lgM_w)为纵坐标,标准蛋白质分子的相对迁移率为横坐标作标准曲线,根据样品蛋白的相对迁移率从标准曲线中求出其相对分子量。

注意:记录溴酚蓝染料相对迁移加样端距离(cm)应在凝胶脱色前完成。

(六) 思考题

比较聚丙烯酰胺凝胶电泳与 SDS- 聚丙烯酰胺凝胶电泳的异同点及适用范围。

五、蔗糖酶的酶活特性研究

(一) 实验目的

(1) 通过检测不同温度、pH 对蔗糖酶活力的影响,了解蔗糖酶的酶活特性。
(2) 学习设计测定蔗糖酶动力学参数的方法。

(二) 实验原理

酶是生物体中具有催化功能的蛋白质,其催化作用受反应温度的影响。一方面与一般化学反应一样,提高温度可以增加酶反应的速度;另一方面,酶是一种蛋白质,温度过高会引起酶蛋白的变性,导致酶钝化甚至失活。在一定条件下,反应速度达到最大值时的温度称为某种酶的最适温度。同样酶的活性受环境 pH 的影响极其显著,每一种酶都有一个特定的 pH，在此 pH 下酶反应速度最快，而在此两侧酶反应速度都比较缓慢。因为酶是两性电解质，在不同的酸碱环境中，酶结构中可离解基团的解离状态不同，所带电荷不同，而它们的解离状态对保持酶的结构、底物与酶的结合能力以及催化能力都起着重要作用。因此，酶表现最大活性的 pH 即为该酶的最适 pH。

蔗糖酶酶促反应的底物和产物均为非极性物质，无离解基团，所以实验测出的 pH 对蔗糖酶活力影响的实验值，可以反映出酶蛋白上相关基团的解离对酶活力的影响。

（三）试剂与仪器

1. 试剂

（1）蔗糖酶（纯化后产品）。

（2）0.2 mol/L NaAc 溶液。

（3）不同 pH 醋酸－醋酸钠缓冲溶液：取一定体积 0.2 mol/L NaAc 溶液，用 pH 计监控，加醋酸调至所需 pH，然后加水至 100 mL。

（4）蔗糖酶活力测定试剂。

2. 仪器

用蔗糖酶活力测定。

（四）操作方法

1. pH 对蔗糖酶活力的影响

选取一定 pH 范围，在一定的底物浓度、温度和酶浓度下，测定蔗糖酶活力随 pH 的变化。

2. 温度对蔗糖酶活力的影响

测定方法与 pH－酶活力关系测定类似，即把酶浓度、底物浓度和 pH 固定在较适状态，在不同温度条件下测定蔗糖酶活力。

以上实验步骤及结果均需要以表格形式记录。

（五）结果分析与讨论

根据实验结果，作 pH－酶活力曲线、温度－酶活力曲线。确定实验条件下，蔗糖酶催化蔗糖水解反应的最适 pH 及最适温度。

（六）思考题

（1）什么是酶的最适温度？ pH 对酶活力有何影响？

（2）实验中必须注意控制哪些实验条件才能较好地完成实验？

（3）蔗糖酶的酶活特性研究有何实践意义？

设计性实验案例三：植物黄酮的提取及应用

一、植物黄酮的提取

（一）实验目的

了解植物黄酮的提取原理及方法。

（二）实验原理

在植物体内经光合作用所固定的碳，约有 2% 转变为黄酮类化合物或与其密切相关的其他化合物。黄酮类化合物是自然界存在的酚类化合物的最大类别之一。

植物黄酮（Flavonoids），亦称生物类黄酮，是以 2-苯基苯并吡喃为母体的一大类天然化合物及其衍生物，广泛存在于食用蔬菜、水果等植物活细胞内，根据结构的异同分为二氢黄酮醇、异黄酮、二氢异黄酮、查耳酮、橙酮、黄橙酮、花色素等不同类型，是植物界广泛分布的还原性次生代谢组分。已知的黄酮类化合物单体达 8 000 多种。

黄酮类化合物是一类具有天然生理活性成分的物质，1978 年人们首次发现黄酮类化合物具有抑制 CAMP 磷酸二酯酶的作用，后来相继发现各种黄酮类化合物对不同组织和细胞中的酶具有一定选择性的抑制作用。目前，许多研究表明黄酮类化合物具有抗氧化、淬灭自由基、消除人体细胞毒素、增强细胞免疫力、强化细胞基础代谢，延缓细胞衰老等多种生理特性；在解除酒精中毒、抗高血压、抑制体外血小板聚集和体内血栓的形成、降低血脂和血糖水平，以及保肝护肝等方面具有特殊功效。

如图 4-1 所示，由结构可知在 C 环 2 位与 3 位碳原子上具有氢原子，没有双键，故此化合物在黄酮化合物分类中属二氢黄酮类化合物，其结构命名为 3,5,7,3',4',5'-六羟基 -2,3- 双氢黄酮。

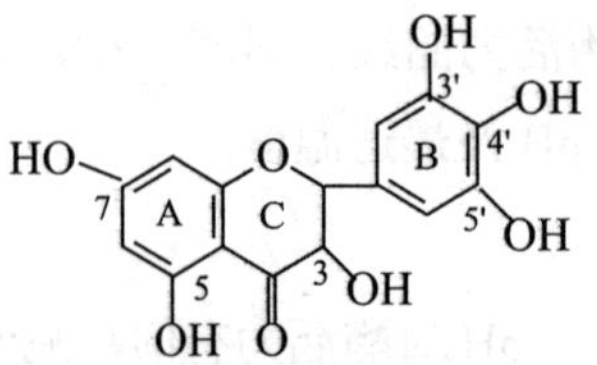

图 4-1　植物黄酮分子结构示意图

该化合物具有一定的极性，起始熔点为 245℃，易溶于热水，溶于乙醇、甲醇，微溶于水、醋酸乙脂，难溶于氯仿、石油醚。在酸性至中性条件下是稳定的。

黄酮存在植物体细胞质内，故采用合适的方法将植物细胞有效破坏，使有效成分从生物组织中溶出是实验的目的所在。对于天然有机化合物的提取方法有破碎加热煮提、加压煮提、溶剂渗透回流法、酶法提取、超声波提取及微波提取等。提取有效成分的方法及溶剂可根据被提物的性质以及共存杂质的性质决定，同时结合提取溶剂的安全性，提取物易得、杂质易分离、对环境污染小等方面综合考虑，水和乙醇可作为首选的提取溶剂。

（三）仪器和试剂

1. 试剂

乙醇、甲醇、盐酸。

2. 仪器

加压蒸煮锅、恒温水浴锅、旋转蒸发仪、减压过滤装置、恒温鼓风干燥箱。

3. 材料

新鲜的芹菜叶。

（四）实验步骤

1. 水煮热提法

称取一定量的原料，加一定体积的水，浸泡，沸水煮提，趁热过滤，滤液静置，冷却，粗黄酮化合物沉淀，过滤，干燥。调整水溶液的 pH 呈酸性，比较黄酮的提取率。

2. 溶剂浸提法

称取一定量的原料于烧瓶中，加入一定体积的有机溶剂，加热回流提取，冷却，减压过滤，提取液采用旋转蒸发器，水浴加热蒸发去除部分溶剂，冷却，提取液静置一定时间，粗黄酮化合物沉淀，过滤，干燥。

3. 加压蒸煮法

称取一定量的原料，加一定体积的水，加压条件下提取一定时间，料液分离，冷却，粗黄酮化合物沉淀，过滤，干燥。

（五）提取物结果计算

$$黄酮提取率（\%）= \frac{黄酮提取物（g）}{原料用量（g）} \times 100$$

（六）结果讨论与分析

（七）思考题

（1）黄酮化合物的提取率可能与哪些因素有关？实验选用提取黄酮化合物的方法依据是什么？

（2）有机溶剂法提取黄酮化合物后，提取液用旋转蒸发器去除部分溶剂的目的是什么？还可用什么方法使有机溶剂提取液中的黄酮沉淀析出？

二、黄酮提取物的纯化

（一）实验目的

（1）学习重结晶纯化固体化合物的实验原理，熟悉重结晶实验的单元操作。

（2）了解结晶滤液纯度、结晶温度、结晶速度、结晶介质等因素对重结晶化合物晶体形态的影响。

（二）实验原理

重结晶是纯化固体化合物的一种重要方法，当第一次结晶（或沉淀物）得到的晶体产品的纯度不合乎要求时，可进行重结晶除杂。物质重结晶的原理是利用晶体化合物在溶剂中的溶解度一般随温度的升高而增大以及溶剂对被提纯物质和杂质的溶解度不同，使被提纯物在热的溶剂中达到饱和，在冷却时因被提纯物溶解度的降低，溶液变成过饱和溶液而被提纯物质从溶液中析出结晶，使杂质的全部或大部分仍留在溶液中（在热溶液中不溶的杂质被趁热过滤除去），从而达到提纯的目的。

植物黄酮提取物含有植物游出色素、鞣质、蛋白质、糖类及无机盐等杂质，可采用重结晶法对植物黄酮的有效成分进一步分离纯化。重结晶溶剂的选择主要从被重结晶物在溶剂中的溶解度方面考虑，有机化合物多数是极性不大或非极性的共价型化合物，分子结构千差万别，但绝大多数有机化合物均不溶于水而溶解于有机溶剂。植物黄酮化合物的有效成分为 3,5,7,3',4',5'- 六羟基 -2,3- 双氢黄酮醇，是多酚羟基化合物。酚羟基上氧原子的孤对电子与苯环的 π 电子云的离域，使之是具有一定极性的化合物（表4-7）。

表 4-7　　　　　　　　　　黄酮在不同溶剂中的溶解度

试　剂	溶解度（g/100 g）
丙二醇	30.6
乙醇	12.1

续 表

试 剂	溶解度（g/100 g）
甲醇	8.6
水	0.05
沸水	1.6
正己烷	0.000 3

从重结晶介质的安全性及廉价易获考虑，水是首选的重结晶溶剂。

实验以水作为溶解介质，采用加热溶解，冷却结晶的方法，利用其温度差控制体系的饱和度，对黄酮粗提取物进行纯化。

活性炭是一种具有多微孔结构的炭，对气体、蒸汽、胶体、色素等物质具有较强的吸附作用，根据用途不同可制成粉状或颗粒状，每克活性炭的总面积可达 $500 \sim 1\,000\,m^2$，常用于糖液、油脂、醇类、药类等方面的脱色净化。活性炭对杂质的吸附是分子间相互吸引，属物理吸附过程，不改变体系各物质分子原有的性质。在重结晶过程中，加入适量的活性炭对结晶母液进行前处理，会对植物色素有较强的吸附能力，表现出良好的纯化效果，经多次重结晶植物黄酮的纯度可达 98% 以上。

但活性炭在吸附杂质的同时，对黄酮也有一定的吸附作用，从而造成产品回收率的下降。

（三）仪器与试剂

1. 仪器

减压过滤装置、恒温水浴锅。

2. 试剂

乙醇、甲醇、活性炭粉。

（四）实验步骤

1. 样品处理

称取一定量的植物黄酮粗提取物，置于烧杯中，加入适量体积水，加热溶解。

2. 样品溶液的减压过滤除杂

利用减压过滤装置，趁热过滤，弃去不溶物，收集滤液。

若溶液中含有色素等杂质，待样品溶解后，移去热源，待溶液温度下降，然后加入活性炭，继续煮沸 5～10 min，趁热过滤，弃去活性炭，收集滤液。

3. 样品重结晶

（1）物质的快速结晶。将盛有滤液的容器浸入冷水浴或冰水浴中，迅速冷却并剧烈搅拌，静置。

（2）物质的保温结晶。将盛有滤液的容器重新加热至沸，而后放入恒温水浴锅中保温结晶（水浴温度自定），观察晶体的形成。若长时间不见晶体析出，可用玻璃棒轻轻摩擦容器内壁以形成粗糙面，或向滤液中投入极少量的晶种，使晶体慢慢形成。

4. 将晶体与母液分离

采用布氏漏斗进行减压过滤。

5. 晶体干燥与称量

植物黄酮固体对热有较好的稳定性，可采用烘箱直接干燥，干燥温度60℃。冷却后，称重。保留重结晶晶体，用于晶体形态观察摄像实验及纯度测定实验。

（五）结果计算

$$重结晶物回收率（\%）= \frac{晶体质量（g）}{样品质量（g）} \times 100$$

（六）实验结果讨论分析

（七）注意事项及说明

（1）重结晶晶体的纯度与结晶条件有关，其中与结晶速度关系密切。结晶速度过快，得到晶体颗粒很小，小晶体内包含的杂质少，但因其表面积较大而吸附了较多的杂质，所以结晶滤液冷却不宜过快。但冷却速度也不宜过慢，否则将形成过大的晶体颗粒，也会因颗粒内包含有较多的母液而影响晶体的纯度。可通过系列实验得到较大晶体的同时也使之具有较高的纯度。

（2）结晶晶体干燥的方式及条件与晶体化学性质有关，常用的干燥方法有空气干燥法，干燥过程在室温下完成；烘干法对热稳定性较好的固体化合物适合，将其置于烘箱中干燥，干燥温度设定在化合物熔点的温度以下进行；滤纸吸干法，若结晶物吸附的溶剂在过滤时很难抽干，可将晶体放在两三层滤纸上面，上面再用滤纸挤压以吸出溶剂，此法的缺点是晶体表面易污染滤纸纤维。

（3）减压过滤装置由抽滤装置及真空泵组成，真空泵的类型有油泵与水泵之分，应定时更换水泵箱中的水，以及定时更换油泵中真空油，确保仪器的真空度及水泵电动机的正常运行。

（八）思考题

（1）重结晶操作的主要步骤有哪些？

（2）实验中得到较大的结晶的条件是什么？进行重结晶操作时应注意哪些问题？

（3）真空泵（水泵及油泵）仪器维护的要点有哪些？

三、总黄酮含量测定

（一）实验目的

（1）理解紫外分光光度法测定总黄酮含量的实验原理。

（2）学习紫外分光光度法测定其含量的方法。

（二）实验原理

紫外、可见分光光度法是物质对光的选择性吸收，使分子内电子跃迁而产生吸收光谱而对其进行分析的方法，在一定浓度范围内，其定量分析符合朗伯—比耳定律。许多物质的结构由于具有可吸收光子而产生能级跃迁的生色团（原子基团），故不经显色反应能对其进行定量分析。

以乙醇或甲醇为溶剂，在 260～360 nm 有主要吸收带，吸收带的形成可认为是 A 环苯甲酰结构的苯环与羰基形成 $\pi-\pi$ 共轭，由于 $\pi-\pi$ 共轭区域的增长和多个羟基的相互影响，$\pi \rightarrow \pi^*$ 跃迁使紫外吸收更向近紫外偏移。

此化合物在 293 nm 处有最大吸收峰，在一定浓度范围内，蛇葡萄属植物黄酮化合物的含量与吸光度成比例关系，可用于定量测定。

（三）仪器与试剂

1. 试剂

（1）乙醇。

（2）3,5,7,3',4',5'-六羟基-2,3-双氢黄酮标准样贮备液：称取标准样 50 mg（±0.000 1 g），用无水乙醇溶解并定容至 100 mL。

（3）3,5,7,3',4',5'-六羟基-2,3-双氢黄酮标准样使用液：准确吸取上述标准溶液 1.0 mL，用无水乙醇稀释至 10 mL，此溶液的浓度为 10 μg/mL。

（4）不同纯度的植物黄酮结晶物。

2. 主要仪器

紫外-可见光分光光度计。

（四）实验步骤

1. 黄酮标准工作曲线的制备

取 6 支试管，编号后按表 4-8 所示进行操作。

表 4-8　　　　　　　　　　　黄酮标准曲线的绘制

试　剂	序　号					
	0	1	2	3	4	5
标准使用液 /mL	0	1	1.5	2	2.5	3.0
相当于 /μg	0	10	15	20	25	30
处置条件	分别用 60% 乙醇定容至 10 mL，混匀，用 1 cm 石英比色皿，以 0 号管为参比，测定 $A_{293\,nm}$ 吸光值					
$A_{294\,nm}$						

2. 样品测定

称取待测样 50 mg（±0.000 1 g），用无水乙醇溶解并定容至 100 mL。准确吸取 1.0 mL 样品稀释液并用 60% 乙醇稀释至 10 mL。再吸取一定量的样品稀释液（据实际测定量调整），用 60% 乙醇定容至 10 mL，以 60% 乙醇溶液为参比，测定样品溶液 $A_{293\,nm}$ 吸光值。

3. 建立回归方程

以标准黄酮样品含量与吸光度的变化关系求出 a 和 b，建立回归方程：

$$Y_m = aA + b$$

式中：Y_m 为测定量黄酮含量（μg）；A 为黄酮吸光度自变量。

（五）结果计算

$$X = \frac{Y_m}{\dfrac{m}{100} \times \dfrac{V_1}{10} \times 1\,000 \times 1\,000} \times 100$$

式中：X 为测定样品总黄酮含量（g/100 g）；Y_m 为由标准液回归方程计算测定量含黄酮质量（μg）；m 为测定样品取样量（g）；V_1 为吸取样品稀释液的体积（mL）；V_2 为测定样品所用体积（mL）。

（六）结果与讨论

（七）思考题

（1）紫外分光光度法测定物质含量的操作要点？

（2）根据蛇葡萄属植物黄酮化合物的纯度，提出进一步纯化黄酮化合物的方法或改善纯化方法的措施。

四、高效液相色谱法测定黄酮的含量

（一）实验目的

（1）了解高效液相色谱法分离测定样品含量的实验原理及测定方法。

（2）了解高效液相色谱仪的主要组成、操作要点及其维护知识。

（二）实验原理

高效液相色谱法又称高压液相色谱法，是于 20 世纪 60 年代末，在经典液相色谱（采用普通规格的固定相及流动相常压输送的液相色谱）的基础上，引入气相色谱的理论和实验方法，流动相改为高压输送、采用高效固定相及在线检测手段发展起来的一种分离分析方法。高效液相色谱法与经典液相色谱法相比具有适用性广、分离性能好、测定灵敏度高、分析速度快、流动性可选择性范围宽、色谱柱可反复使用、分离组分易收集等特点。

高效液相色谱仪主要组成。高效液相色谱仪由输液泵、进样器、色谱柱、检测器及数据处理系统等组成，其中输液泵、色谱柱及检测器是仪器的关键部件。

高效液相色谱法类型按色谱的分离模式有多种，其中正相色谱、反相色谱、离子交换色谱是常见的几种色谱法。正相色谱流动相的极性小于固定相的极性的液相色谱法；反相色谱流动相的极性大于固定相的极性的液相色谱法。离子交换色谱是以离子交换剂为固定相，用缓冲溶液为流动相，靠选择性系数差别而分离的离子交换液相色谱法。

高效液相色谱法是以液体作为流动相，借助于高压输液泵获得相对较高流速的液体以提高分离速度，采用颗粒极细的高效固定相制成的色谱柱进行分离和分析的一种色谱方法。

高效液相色谱对流动相的基本要求：①不与固定相起反应；②对样品有适宜的分离度；③必须和检测器相适应；④黏度要小。

组分分离时对流动相的选择：

（1）溶剂的极性：正相色谱中，溶剂的极性越大，其洗脱能力就越强；反相色谱中，溶剂的极性越大，其洗脱能力越弱。

（2）流动相选择的原则：在正相色谱中，可先选用中等极性的溶剂作为流动相。观察组分保留时间的长短，调整合适的流动相。常采用乙烷、庚烷、异辛烷、苯、二甲苯等有机溶剂作流动相，必要时还加入一定量的四氢呋喃等极性溶剂。在反相色谱中，流动相一般以极性最大的水作为主体，然后按比例加入适量有机溶剂而成。常用的洗脱剂包括水、乙腈、甲醇、四氢呋喃等。洗脱液的洗脱能力强弱顺序：水（最弱)＜甲醇＜乙腈＜乙醇＜四氢呋喃＜二氯甲烷(最强)。二氯甲烷不溶于水,常用于清洗被强保留样品污染物的反相柱。为得到低的柱压,首选乙腈,其次是甲醇,再之是四氢呋喃。离子交换色谱的流动相通常采用具有一定 pH 的缓冲溶液。必要时可在流动相中加入甲醇以增加某些酸碱物质的溶解度,有时也可改变盐的浓度,以控制离子强度,减小某些样品组分的脱尾现象,从而使分离效果得到改善。

高效液相色谱的固定相是对色谱柱中的固定相而言,它直接关系到柱效与分离度。常用的液固色谱固定相有硅胶和化学键合相。化学键合固定相的基本理论是将各种不同的有机官能团通过化学反应共价键合到硅胶(载体)表面的游离羟基上形成的一种高效液相色谱固定相载体,使色谱柱具有柱效高、使用寿命长、重现性好的特点。

化学键合相根据极性可分为以下几种。①非极性键合相:这类键合相表面基团为非极性烷基,如十八烷基、辛烷基、乙基、甲基苯基,可作反相色谱的固定相。常用的有十八烷基键合硅胶(ODS 或 C_{18})、辛烷基(C_8)键合相、苯基键合相。②中等极性键合相:常见的是醚基键合相,其既可作正相色谱又可作反相色谱的固定相。③极性键合相:常用氨基、氰基键合相为极性键合。比如,分别将氨丙硅烷基及氰乙硅烷基键合在硅胶上制成用作正相色谱的固定相。氨基键合相是分离糖类常用的固定相。在高效液相色谱中,70% ～ 80% 的分析任务都是由反相键合相色谱来完成的。

高效液相色谱分析法的洗脱方式:色谱分析系统分离时,常用等度洗脱和梯度洗脱两种方式。梯度洗脱具有单位时间的分离能力增加,检测灵敏度提高的优点。

蛇葡萄属植物黄酮经甲醇溶液溶解,经高速离心分离,微孔滤膜过滤后直接进样,用 C_{18} 反相色谱柱分离,经紫外检测器检测,与标准比较定量,用外标法计算含量。

(三)仪器与试剂

1. 试剂

(1)乙腈(色谱纯)。

(2)二次蒸馏水。

(3)冰醋酸。

(4)流动相:乙腈 - 水 - 醋酸(1 : 9 : 0.1)混合液。临用时超声波脱气处理 10 min。

(5)3,5,7,3',4',5'- 六羟基 -2,3- 双氢黄酮标准贮备液:称取 50 mg(±0.000 1 g)标准样品,用甲醇溶解至 50 mL,高速离心,用 0.45 μm 滤膜过滤,备用。此时溶液浓度为 1 mg/mL。

2. 仪器

高效液相色谱仪、超声波脱气装置、高速离心机、0.45 μm 滤膜过滤器（滤头、滤膜及注射器组成）。

（四）实验步骤

1. 样品溶液配置

称取黄酮提取物 50 mg（±0.000 1 g），用甲醇溶解至 100 mL，高速离心，用 0.45 μm 滤膜过滤，备用。

2. 样品测定

液相色谱检测条件。

色谱柱：Symmetry C_{18}，5μm，3.9 cm×150 cm。

流动相：乙腈、水、醋酸。

检测波长：293 nm。

柱温：25℃。

流速：1 mL/min 等速洗脱。

（1）按仪器使用操作要求开启仪器，进入分析软件，设置相关的实验参数及实验条件，用流动相平衡色谱柱，待检测基线平衡后，开始进样分析。

（2）标准工作曲线制备。用标准贮备液按一定比例配置成：0.2 mg/mL、0.4 mg/mL、0.6 mg/mL、0.8 mg/mL、1.0 mg/mL 五个不同浓度的黄酮标准使用液。

分别注入各不同浓度的黄酮标准使用液 10 μL 上机分析，记录各标样色谱峰的保留时间、峰面积（或峰高）。

（3）样品测定。注入样品溶液 10 μL 上机分析（可根据检测结果调整进样量），与标准样品峰保留时间作对照，确定植物黄酮峰的检出峰。记录样品峰的保留时间及峰面积（或峰高）。重复两次平衡检测。

3. 记录实验结果

实验结果见表 4-9。

表 4-9　　　　　高效液相色谱法测定黄酮的含量实验记录

序 号	进样量 /μL	相当标样含量 /μg	检测峰保留时间 /min	峰面积	峰 高
浓度 1	10	2			
浓度 2	10	4			

续表

序 号	进样量/μL	相当标样含量/μg	检测峰保留时间/min	峰面积	峰 高
浓度3	10	6			
浓度4	10	8			
浓度5	10	10			
样品	10	/			

4.样品检测完毕对柱子的保存操作

样品检测完毕，以 1.0 mL/min 流速，用流动相冲洗柱子 30 min，再用二次蒸馏水冲洗柱子 20 min，甲醇冲洗柱子 30 min 保存柱子。

（五）结果与计算

（1）以标样的峰面积及所对应的含量（μg）计算一次线性回归方程：

$$Y_m = aS + b$$

式中：S 为峰面积；Y_m 为黄酮含量（μg）。

（2）外标法计算样品黄酮含量

$$X = \frac{Y_m}{\frac{m}{V} \times V_1 \times 1\,000 \times 1\,000} \times 100$$

式中：X 为样品植物黄酮（3,5,7,3',4',5'-六羟基-2,3-双氢黄酮）含量（g/100 g）；Y_m 为样品进样量黄酮含量（μg）；m 为样品称取量（g）；V 为样品稀释体积（mL）；V_1 为样品进样量（mL）。

（六）注意事项及说明

1.使用色谱柱注意事项

（1）了解色谱柱的性能。细看柱使用说明书，知道所用柱能承受的最大柱压、流速、pH 的应用范围（因与所配制的流动相 pH 密切相关）、柱温等参数。

（2）正确安装色谱柱。安装色谱柱时确定柱子安装方向十分重要，反向装柱有可能导致色谱柱报废，正常操作是根据柱身标记的箭头方向安装色谱柱，通用接头与色谱柱的松紧连接程度以不漏为宜，避免接头的变形或滑丝，影响柱子连接质量。所配置的预柱起到保护色谱柱的作用，其参数与性能与相应的色谱柱相同，也有方向性。

不同型号或不同用途的预柱不能互换使用，应按实际情况及时更换预柱。

（3）根据实际情况正确选用流动相平衡分析柱。安装更换色谱柱后，首先了解系统当前管路中所存溶剂的性质：是极性溶剂或是非极性溶剂；是有机溶剂还是无机盐溶液。结合柱子的性能，决定是否需要先用过渡溶剂冲洗系统后再装柱，否则容易由于流动相性质的不相溶，造成瞬间柱子的堵塞或检测器的堵塞。

（4）色谱柱的清洗及保存。分析检测完毕一定要对色谱柱进行认真冲洗，从清洗流动相到保存柱子试剂一般有一个过度过程。例如，使用 C_{18} 反向柱分析样品，若分析流动相用的是盐缓冲溶液，检测完毕不可直接用有机溶剂保存柱子，而是先用纯水清洗系统和柱子约 30 min，再用甲醇或乙腈保存柱子，避免由于盐在有机溶相中析出，导致检测池或管道堵塞的现象。GPC 柱可用含有叠氮化钠的水溶液冲洗系统，同时保存柱子。

2. 对流动相及检测样品的要求

（1）流动相的要求：使用色谱纯试剂及高纯水，使用前须进行脱气处理（可采用超声波脱气法）以除去流动相中溶解的气体（如氧气），以防止在洗脱过程中流动相由色谱柱至检测器时，因压力降低而产生气泡造成分析灵敏度下降，严重时甚至无法进行分析。

（2）待测样品的要求：固体样品用流动相溶解，然后高速离心除杂 10～15 min（转速 13 000～15 000 rpm），再用 0.45 μm 滤膜过滤，才能进样分析。液体样品应澄清透明，并与流动相有良好的互溶性。

3. 色谱柱常见故障及原因

（1）柱压过高：微粒堵塞，或样品、流动相不可逆的吸附，或细菌生长污染柱子。

（2）柱效低：柱可能被污染，或流动相的 pH 及组成不合适。

（3）实验重复性差：样品被污染，或样品与流动相不相溶，或样品不稳定，或流动相流失，或样品自身降解。

（4）柱回收率低/不出峰：出现"不可逆"吸附，或固定相过强或流动相过弱，或非特异性吸附。

（5）管路不断出现气泡：流动相经正确的脱气处理后，管路仍不断出现气泡，可能是溶剂滤头不洁净或堵塞所至，可用 10% 硝酸溶液浸泡滤头，用蒸馏水彻底冲洗，再用超声波清洗器超声清洗 20 min。溶剂滤头不允许在纯水中长期保存，须保存在 50% 甲醇或 50% 乙腈或 0.05% 叠氮化钠等具有防腐性能的溶液中。

4. 检测器的维护

（1）检测器维护：紫外检测器是高效液相色谱仪使用最广泛的一种检测器，它是用氘灯作光源。氘灯是有一定使用寿命的，检测过程尽量在较短时间内完成，洗柱或平衡柱时可在关灯状态下完成，以延长氘灯的使用寿命。

（2）泵系统的维护：注意泵的最大工作速度、泵头排气阀的操作、进样阀的操作等。

（3）软件系统的保护：控制仪器运行的软件系统，不同网络相连，以免病毒袭击软件使其不能正常运行。

（4）注意工作间的干燥，有条件的最好采用抽湿装置（中央空调最理想）。

5. 做好实验检测工作记录的必要性

每次实验完毕认真做好实验记录是保证仪器正常运行的前提，不容忽视。因为只有进行相关参数的详细记录，如使用色谱柱的类型、流动相的成分、柱压等，才能确保另一位使用者顺利进入实验，否则可能会干扰下一位实验者进行实验。例如，检测系统由非极性系统向极性系统转换时（系统使用的是 C_{18} 正相柱，使用的流动相是非极性溶剂，而下一位使用者使用的是 C_{18} 反相柱，所用的流动相是极性溶剂），这就存在一个过渡溶剂冲洗系统的过程，否则将对下一位使用者所用的柱子造成很大的干扰以至无法正常使用。异丙醇、四氢呋喃是清洗系统残留正己烷非极性溶剂的试剂，其具体操作：在检测系统处于开路的情况下（溶剂不过色谱柱），先用过渡溶剂冲洗系统，再用纯水冲洗系统，最后向极性溶剂过渡。

（七）思考题

（1）简述样品前处理的操作要点及必要性。

（2）提高色谱分析检测结果准确性主要与哪些因素有关？

（3）高效液相分析法与紫外分光光度法测定黄酮含量结果的不同所在？

（4）正确使用及维护色谱柱应注意哪些问题？

五、植物黄酮稳定性试验

（一）实验目的

了解不同 pH 对植物黄酮结构稳定性的影响，学习利用紫外光谱扫描法判断比较黄酮结构稳定性的方法。

（二）实验原理

蛇葡萄属植物黄酮化合物分子结构中具有紫外吸收的生色基团，在紫外光区形成紫外吸收带，使黄酮分子在紫外区显示出特有的吸收曲线图谱。在酸性条件下，黄酮化合物在 294 nm 下有特征吸收峰，在 324 nm 左右没有肩峰，可见光区没有明显的特征吸收峰；在中性条件下，黄酮化合物在 294 nm 下的吸收峰略有下降趋势，而在 324 nm 左右的肩峰明显增加，可见光区仍无明显吸收峰出现；随着 pH 的增大，在碱性条件下，黄酮化合物结构中更多的酚羟基转化成氧钠基，改变了分子上电子云的分布，使紫外吸收峰向近紫外红移。即当黄酮分子结构发生变化，其紫外吸收光谱也随之发生改变，因此可用于黄酮分子结构稳定与否的快速判断方法。

（三）试剂与仪器

1. 试剂

50% 乙醇、pH5 和 pH6 0.1 mol/L 柠檬酸 – 柠檬酸钠缓冲溶液、pH8 和 pH9 0.1 mol/L 甘氨酸 – 氢氧化钠缓冲溶液、重结晶黄酮乙醇溶液（5 μg/mL）。

2. 仪器

紫外 – 可见分光光度计（带波长自动扫描功能）。

（四）操作方法

1. 样品处理

分别称取 0.005 g 重结晶植物黄酮提取物，各加入 100 mL 不同 pH 的缓冲溶液，其中一样品加入蒸馏水，加热溶解，冷却。取一定量样品处理液，用 50% 乙醇稀释配制样品扫描分析使用液。

2. 样品紫外扫描

对重结晶黄酮乙醇溶液及不同实验条件的黄酮溶液进行紫外扫描。

（1）开启仪器电源开光，进入 UVin5.0 软件，等待仪器自检完成，进入检测界面。

（2）点击工具栏 P 按钮，选择 仪器 子菜单进入，关闭检测光源，仪器预热 30 min。

（3）预热完毕，重新打开检测光源，3 min 后仪器进入正常工作状态。

（4）用鼠标点击光谱扫描窗口，点击工具栏 P 按钮，点击 测量 子菜单进入，进行光谱扫描波长参数的设置。

（5）把 50% 乙醇参比对照液加入石英比色皿，并放置进 1 号比色槽；将需检测的样品加入另一石英比色皿并放进 2 号比色槽。

（6）点击附件菜单，把 1 号比色皿推进光路，点击工具栏 基线 按钮，对参比液进行基线扫描。然后把 2 号比色皿（样品液）推进光路，点击工具栏 开始 按钮，对样品进行特定波长范围内的光谱扫描。（检测过程更换比色皿时注意小心放置比色皿，不要造成比色架移动，否则必须重新进行基线扫描校正）

（7）点击 峰值检出 ，可显示吸收光谱 λ_{max} 和对应的吸光度。

（8）扫描完毕把检测样品保存在个人文件夹中。

（9）数据处理：把检测后的图谱数据以"Microsoft Excel"方式导出。

（10）退出应用软件，关闭仪器电源开关。

（11）检测完毕，取出比色皿，冲洗干净，放回原处。

（五）实验结果数据处理

制作紫外扫描检测样品光谱图，评价不同实验条件对植物黄酮稳定性的影响。

（六）实验注意事项及说明

若使用的仪器是普通的紫外－可见分光光度计（无自动扫描功能），对样品溶液进行吸收光谱曲线测定时，可先每间隔 10～20 nm 测量一次吸光度，而后在出现峰值的波长区间每间隔 2 nm、1 nm 测量一次吸光度。总之，在仪器最小波长有效选择范围内，越靠近吸收峰值，检测波长的间隔应越小，可得到较准确的吸收曲线。

（七）思考题

（1）样品溶液的浓度对紫外－可见吸收光扫描光谱结果有何影响？

（2）举例说明紫外－可见吸收光谱扫描的实际应用。

附 录

附录 A　常用缓冲液的配置

缓冲溶液一般是由溶度较大的弱碱（或弱酸）及其共轭酸（或共轭碱）组成，可通过弱酸解离平衡的移动达到消耗掉外来的少量强酸、强碱，或对抗稍加稀释的作用，使溶液 pH 不发生明显的变化。本书将对生化实验中常用的缓冲溶液及配制方法进行简单的介绍。

一、PB 和 PBS 缓冲溶液

PB 和 PBS 缓冲溶液是生化实验中最为常用的缓冲液，0.1 mol/L 的磷酸盐缓冲液（PB）常用于配制固定液、蔗糖等；0.01 mol/L 的磷酸盐缓冲生理盐水（PBS）主要用于漂洗组织标本、稀释血清等，其 pH 应在 7.25～7.35。

（一）磷酸盐缓冲液（Phosphate Buffer, PB）

配制时，常先配制 0.2 mol/L 的 NaH_2PO_4 和 0.2 mol/L 的 Na_2HPO_4，两者按一定比例混合即成 0.2 mol/L 的磷酸盐缓冲液（PB），根据需要可配制不同浓度的 PB（表 A-1）。

表 A-1　0.2 mol/L 磷酸盐缓冲液（pH5.7～8.0）

pH	0.2 mol/L NaH_2PO_4（mL）	0.2 mol/L Na_2HPO_4（mL）
5.7	93.5	6.5
5.8	92.0	8.0
5.9	90.0	10.0
6.0	87.7	12.3
6.1	85.0	15.0
6.2	81.5	18.5
6.3	77.5	22.5
6.4	73.5	26.5
6.5	68.5	31.5

续 表

pH	0.2 mol/L NaH$_2$PO$_4$（mL）	0.2 mol/L Na$_2$HPO$_4$（mL）
6.6	62.5	37.5
6.7	56.5	43.5
6.8	51.0	49.0
6.9	45.0	55.0
7.0	39.0	61.0
7.1	33.0	67.0
7.2	28.0	72.0
7.3	23.0	77.0
7.4	19.0	81.0
7.5	16.0	84.0
7.6	13.0	87.0
7.7	10.5	89.5
7.8	8.5	91.5
7.9	7.0	93.0
8.0	5.3	94.7

（二）磷酸盐缓冲生理盐水（Phosphate Buffered Saline, PBS）

称取 NaCl 8.5～9.0 及 0.2 mol/L 的 PB 50 mL，加入 1 000 mL 的容量瓶中，最后加重蒸水至 1 000 mL，充分摇匀即可得到 0.01 mol/L 的 PBS。一般情况下，0.2 mol/L PB 的 pH 稍高些，稀释成 0.01 mol/L 的 PBS 时，常可达到要求的 pH，如果需要调整，通常通过调整 PB 的 pH 来实现。

二、Tris 缓冲溶液

Tris 缓冲溶液除被广泛用作核酸和蛋白质的溶剂外，还被用于不同 pH 条件下的蛋白质晶体生长和线虫核纤层蛋白中间纤维的形成，同时也是蛋白质电泳缓冲液的主要成分之一。

（一）Tris-HCl 缓冲液

生化实验中常用的 Tris-HCl 缓冲液浓度为 0.05 mol/L，pH 为 7.6，主要用于配制 Tris 缓冲生理盐水（TBS）、DAB 显色液。配制时，先以少量重蒸水（300～500 mL）溶解 60.57 g Tris，加入 HCl 后，用 1 N 的 HCl 或 1 N 的 NaOH 将 pH 调至 7.6，最后加重蒸水至 1 000 mL，得储备液，于 4℃冰箱中保存。用时取储备液稀释 10 倍即可（表 A-2）。

表 A-2　　　0.05 mol/L Tris-HCl 缓冲液（pH7.19～9.10）

pH	0.2 mol/L Tris（mL）	0.2 mol/L HCl（mL）	H_2O
7.19	10.0	18.0	12.0
7.36	10.0	17.0	13.0
7.54	10.0	16.0	14.0
7.66	10.0	15.0	15.0
7.77	10.0	14.0	16.0
7.87	10.0	13.0	17.0
7.96	10.0	12.0	18.0
8.05	10.0	11.0	19.0
8.14	10.0	10.0	20.0
8.23	10.0	9.0	21.0
8.32	10.0	8.0	22.0
8.41	10.0	7.0	23.0
8.51	10.0	6.0	24.0
8.62	10.0	5.0	25.0
8.74	10.0	4.0	26.0
8.92	10.0	3.0	27.0
9.10	10.0	2.0	28.0

（二）Tris 缓冲生理盐水（Tris Buffered Saline，TBS）

TBS 主要用于漂洗标本，常用于免疫酶技术中。先以重蒸水少许溶解 3.5～9 g NaCl，再加 0.5 mol/L Tris-HCl 缓冲液 100 mL，最后加重蒸水至 1 000 mL，充分摇匀使 Tris 终浓度为 0.05 mol/L。

（三）Tris-TBS（PBS）

常用浓度为 1% 和 0.3%，1%Tris-TBS 主要用于漂洗标本，3%Tris-TBS 主要用于稀释血清。先以重蒸水少许溶解 8.5～9 g NaCl 后，加入 10 mL (1%) 或 3 mL (0.3%) Triton X-100，再加 0.5 mol/L Tris 缓冲液 100 mL，最后加重蒸水至 1 000 mL，充分摇匀。

三、MOPS 缓冲液

MOPS Buffer，即 3-吗啉丙磺酸缓冲液，属于生物缓冲剂，可作为二维凝胶电泳中等电聚焦电泳（IEF）的电解质系统成分；还可应用于 Northern 杂交，作为 RNA 的分离和转膜时的缓冲液。常用的 10×MOPS Buffer 配制方法如下：

（1）称量 41.8 g MOPS，溶解于约 700 mL DEPC 处理水中。

（2）使用 2 N NaOH 调节 pH 至 7.0。

（3）向溶液中加入 DEPC 处理的 1 M NaOAC 20 mL、0.5 M EDTA（pH8.0）20 mL。

（4）定容至 1 L，用 0.45 μm 滤膜过滤除去杂质，室温避光保存。

四、甘氨酸-盐酸缓冲液（0.05 mol/L）

X mL 0.2 mol/L 甘氨酸 + Y mL 0.2 mol/L HCl，再加水稀释至 200 mL（表 A-3）。

表 A-3　　　　　　　　　甘氨酸-盐酸缓冲液 (pH2.2～3.6)

pH	X	Y	pH	X	Y
2.2	50	44.0	3.0	50	11.4
2.4	50	32.4	3.2	50	8.2
2.6	50	24.2	3.4	50	6.4
2.8	50	16.8	3.6	50	5.0

甘氨酸分子量 =75.07。0.2 mol/L 甘氨酸溶液含 15.01 g/L。

五、邻苯二甲酸－盐酸缓冲液（0.05 mol/L）

X mL 0.2 mol/L 邻苯二甲酸氢钾 + Y mL 0.2 mol/L HCl，再加水稀释至 20 mL（表 A-4）。

表 A-4　　　　　　　　　邻苯二甲酸盐酸缓冲液 (pH2.2～3.8)

pH（20℃）	X	Y	pH（20℃）	X	Y
2.2	5	4.670	3.2	5	1.470
2.4	5	3.960	3.4	5	0.990
2.6	5	3.295	2.6	5	0.597
2.8	5	2.642	3.8	5	0.263
3.0	5	2.032			

邻苯二甲酸氢钾分子量 =204.23。0.2 mol/L 邻苯二甲酸氢钾溶液含 40.85 g/L。

六、磷酸氢二钠－柠檬酸缓冲液

pH	0.2 mol/L Na$_2$HPO$_4$（mL）	0.1 mol/L 柠檬酸（mL）	pH	0.2 mol/L Na$_2$HPO$_4$（mL）	0.1 mol/L 柠檬酸（mL）
2.2	0.40	19.60	5.2	10.72	9.28
2.4	1.24	18.76	5.4	11.15	8.85
2.6	2.18	17.82	5.6	11.60	8.40
2.8	3.17	16.83	5.8	12.09	7.91
3.0	4.11	15.89	6.0	12.63	7.37
3.2	4.94	15.06	6.2	13.22	6.78
3.4	5.70	14.30	6.4	13.85	6.15
3.6	6.44	13.56	6.6	14.55	5.45
3.8	7.10	12.90	6.8	15.45	4.55
4.0	7.71	12.29	7.0	16.47	3.53
4.2	8.28	11.72	7.2	17.39	2.61

续表

pH	0.2 mol/L Na$_2$HPO$_4$（mL）	0.1 mol/L 柠檬酸（mL）	pH	0.2 mol/L Na$_2$HPO$_4$（mL）	0.1 mol/L 柠檬酸（mL）
4.4	8.82	11.18	7.4	18.17	1.83
4.6	9.35	10.65	7.6	18.73	1.27
4.8	9.86	10.14	7.8	19.15	0.85
5.0	10.30	9.70	8.0	19.45	0.55

Na$_2$HPO$_4$ 分子量 =141.98；0.2 mol/L 溶液为 28.40 g/L。
Na$_2$HPO$_4$·2H$_2$O 分子量 =178.05；0.2 mol/L 溶液为 35.61 g/L。
Na$_2$HPO$_4$·12H$_2$O 分子量 =358.22；0.2 mol/L 溶液为 71.64 g/L。
C$_6$H$_8$O$_7$·H$_2$O 分子量 =210.14；0.1 mol/L 溶液为 21.01 g/L。

七、柠檬酸－氢氧化钠－盐酸缓冲液

pH	钠离子浓度（mol·L）	柠檬酸（g） C$_6$H$_8$O$_7$·H$_2$O	氢氧化钠（g） NaOH 97%	盐酸（mL） HCl（浓）	最终体积（L）[1]
2.2	0.20	210	84	160	10
3.1	0.20	210	83	116	10
3.3	0.20	210	83	106	10
4.3	0.20	210	83	45	10
5.3	0.35	245	144	68	10
5.8	0.45	285	186	105	10
6.5	0.38	266	156	126	10

[1] 使用时可以每升中加入 1 g 酚，若最后 pH 有变化，再用少量 50% 氢氧化钠溶液或浓盐酸调节，冰箱保存。

八、柠檬酸－柠檬酸钠缓冲液（0.1 mol/L）

pH	0.1 mol/L 柠檬酸（mL）	0.1 mol/L 柠檬酸钠（mL）	pH	0.1 mol/L 柠檬酸（mL）	0.1 mol/L 柠檬酸钠（mL）
3.0	18.6	1.4	5.0	8.2	11.8
3.2	17.2	2.8	5.2	7.3	12.7

续表

pH	0.1 mol/L 柠檬酸（mL）	0.1 mol/L 柠檬酸钠（mL）	pH	0.1 mol/L 柠檬酸（mL）	0.1 mol/L 柠檬酸钠（mL）
3.4	16.0	4.0	5.4	6.4	13.6
3.6	14.9	5.1	5.6	5.5	14.5
3.8	14.0	6.0	5.8	4.7	15.3
4.0	13.1	6.9	6.0	3.8	16.2
4.2	12.3	7.7	6.2	2.8	17.2
4.4	11.4	8.6	6.4	2.0	18.0
4.6	10.3	9.7	6.6	1.4	18.6
4.8	9.2	10.8			

柠檬酸：$C_6H_8O_7 \cdot H_2O$ 分子量 =210.14；0.1 mol/L 溶液为 21.01 g/L。
柠檬酸钠：$Na_3C_6H_5O_7 \cdot 2H_2O$ 分子量 =294.12；0.1 mol/L 溶液为 29.41 g/L。

九、醋酸－醋酸钠缓冲液（0.2 mol/L）

pH（18℃）	0.2 mol/L NaAc（mL）	0.2 mol/L HAc（mL）	pH（18℃）	0.2 mol/L NaAc（mL）	0.2 mol/L HAc（mL）
3.6	0.75	9.35	4.8	5.90	4.10
3.8	1.20	8.80	5.0	7.00	3.00
4.0	1.80	8.20	5.2	7.90	2.10
4.2	2.65	7.35	5.4	8.60	1.40
4.4	3.70	6.30	5.6	9.10	0.90
4.6	4.90	5.10	5.8	6.40	0.60

$NaAc \cdot 3H_2O$ 分子量 =136.09；0.2 mol/L 溶液为 27.22 g/L。冰乙酸 11.8 mL 稀释至 1 L（需标定）。

十、磷酸二氢钾－氢氧化钠缓冲液（0.05 mol/L）

X mL 0.2 mol/L KH_2PO_4 + Y mL 0.2 mol/L NaOH 加水稀释至 20 mL。

pH（20℃）	X（mL）	Y（mL）	pH（20℃）	X（mL）	Y（mL）
5.8	5	0.372	7.0	5	2.963

续 表

pH (20℃)	X (mL)	Y (mL)	pH (20℃)	X (mL)	Y (mL)
6.0	5	0.570	7.2	5	3.500
6.2	5	0.860	7.4	5	3.950
6.4	5	1.260	7.6	5	4.280
6.6	5	1.780	7.8	5	4.520
6.8	5	2.365	8.0	5	4.680

十一、巴比妥钠－盐酸缓冲液

pH (18℃)	0.04 mol/L 巴比妥钠 (mL)	0.2 mol/L HCl (mL)	pH (18℃)	0.04 mol/L 巴比妥钠 (mL)	0.2 mol/L HCl (mL)
6.8	100	18.4	8.4	100	5.21
7.0	100	17.8	8.6	100	3.82
7.2	100	16.7	8.8	100	2.52
7.4	100	15.3	9.0	100	1.65
7.6	100	13.4	9.2	100	1.13
7.8	100	11.47	9.4	100	0.70
8.0	100	9.39	9.6	100	0.35
8.2	100	7.21			

巴比妥钠分子量 =206.18；0.04 mol/L 溶液为 8.25 g/L。

十二、硼酸－硼砂缓冲液（0.2 mol/L 硼酸根）

pH	0.05 mol/L 硼砂 (mL)	0.2 mol/L 硼酸 (mL)	pH	0.05 mol/L 硼砂 (mL)	0.2 mol/L 硼酸 (mL)
7.4	1.0	9.0	8.2	3.5	6.5
7.6	1.5	8.5	8.4	4.5	5.5
7.8	2.0	8.0	8.7	6.0	4.0
8.0	3.0	7.0	9.0	8.0	2.0

硼砂：$Na_2B_4O_7 \cdot 10H_2O$ 分子量 =381.43；0.05 mol/L 溶液（等于 0.2 mol/L 硼酸根）含 19.07 g/L。

硼酸：H_3BO_3 分子量 =61.84；0.2 mol/L 的溶液为 12.37 g/L。
硼砂易失去结晶水，必须在带塞的瓶中保存。

十三、甘氨酸 - 氢氧化钠缓冲液（0.05 mol/L）

X mL 0.2 mol/L 甘氨酸 + Y mL 0.2 mol/L NaOH 加水稀释至 200 mL。

pH	X（mL）	Y（mL）	pH	X（mL）	Y（mL）
8.6	50	4.0	9.6	50	22.4
8.8	50	6.0	9.8	50	27.2
9.0	50	8.8	10.0	50	32.0
9.2	50	12.0	10.4	50	38.6
9.4	50	16.8	10.6	50	45.5

甘氨酸分子量 =75.07；0.2 mol/L 溶液含 15.01 g/L。

十四、硼砂 - 氢氧化钠缓冲液（0.05 mol/L 硼酸根）

X mL 0.05 mol/L 硼砂 + Y mL 0.2 mol/L NaOH 加水稀释至 200 mL。

pH	X（mL）	Y（mL）	pH	X（mL）	Y（mL）
9.3	50	6.0	9.8	50	34.0
9.4	50	11.0	10.0	50	43.0
9.6	50	23.0	10.1	50	46.0

硼砂：$Na_2B_4O_7 \cdot 10H_2O$ 分子量 =381.43；0.05 mol/L 硼砂溶液（等于 0.2 mol/L 硼酸根）为 19.07 g/L。

十五、碳酸钠 - 碳酸氢钠缓冲液（0.1 mol/L）

碳酸钠 - 碳酸氢钠缓冲液在 Ca^{2+}、Mg^{2+} 存在时不得使用。

pH 20℃	pH 37℃	0.1 mol/L Na_2CO_3（mL）	0.1 mol/L $NaHCO_3$（mL）
9.16	8.77	1	9
9.40	9.22	2	8
9.51	9.40	3	7
9.78	9.50	4	6
9.90	9.72	5	5

续 表

pH		0.1 mol/L	0.1 mol/L
20℃	37℃	Na_2CO_3(mL)	$NaHCO_3$(mL)
10.14	9.90	6	4
10.28	10.08	7	3
10.53	10.28	8	2
10.83	10.57	9	1

$Na_2CO_3·10H_2O$ 分子量 =286.2；0.1 mol/L 溶液为 28.62 g/L。
$NaHCO_3$ 分子量 =84.0；0.1 mol/L 溶液为 8.40 g/L。

附录 B 硫酸铵饱和度计算表

一、调整硫酸铵溶液饱和度在 0℃的情况

调整硫酸铵溶液饱和度在 0℃的情况见表 B-1。

表 B-1　　　　　　　　调整硫酸铵溶液饱和度计算表（0℃）

硫酸铵初浓度,%饱和度 \ 在0℃硫酸铵终浓度,%饱和度	20	25	30	35	40	45	50	55	60	65	70	75	80	85	90	95	100
	每 100 mL 溶液加固体硫酸铵的克数
0	10.6	13.4	16.4	19.4	22.6	25.8	29.1	32.6	36.1	39.8	43.6	47.6	51.6	55.9	60.3	65.0	69.7
5	7.9	10.8	13.7	16.6	19.7	22.9	26.2	29.6	33.1	36.8	40.5	44.4	48.4	52.6	57.0	61.5	66.2
10	5.3	8.1	10.9	13.9	16.9	20.0	23.3	26.6	30.1	33.7	37.4	41.2	45.2	49.3	53.6	58.1	62.7
15	2.6	5.4	8.2	11.1	14.1	17.2	20.4	23.7	27.1	30.6	34.3	38.1	42.0	46.0	50.3	54.7	59.2
20	0	2.7	5.5	8.3	11.3	14.3	17.5	20.7	24.1	27.6	31.2	34.9	38.7	42.7	46.9	51.2	55.7
25		0	2.7	5.6	8.4	11.5	14.6	17.9	21.1	24.5	28.0	31.7	35.5	39.5	43.6	47.8	52.2
30			0	2.8	5.6	8.6	11.7	14.8	18.1	21.4	24.9	28.5	32.3	36.2	40.2	44.5	48.8
35				0	2.8	5.7	8.7	11.8	15.1	18.4	21.8	25.4	29.1	32.9	36.9	41.0	45.3
40					0	2.9	5.8	8.9	12.0	15.3	18.7	22.2	25.8	29.6	33.5	37.6	41.8
45						0	2.9	5.9	9.0	12.3	15.6	19.0	22.6	26.3	30.2	34.2	38.3
50							0	3.0	6.0	9.2	12.5	15.9	19.4	23.0	26.8	30.8	34.8
55								0	3.0	6.1	9.3	12.7	16.1	19.7	23.5	27.3	31.3
60									0	3.1	6.2	9.5	12.9	16.4	20.1	23.1	27.9
65										0	3.1	6.3	9.7	13.2	16.8	20.5	24.4
70											0	3.2	6.5	9.9	13.4	17.1	20.9
75												0	3/2	6.6	10.1	13.7	17.4
80													0	3.3	6.7	10.3	13.9
85														0	3.4	6.8	10.5
90															0	3.4	7.0
95																0	3.5
100																	0

· 255 ·

二、调整硫酸铵溶液饱和度在 25℃ 的情况

调整硫酸铵溶液饱和度在 25℃ 的情况见表 B-2。

表 B-2　　　　　　　　　调整硫酸铵溶液饱和度计算表（25℃）

	在 25℃ 硫酸铵终浓度，% 饱和度														
		10	20	25	30	33	35	40	45	50	55	60	65	70	75	80	90	100
	每 1 000 mL 溶液加固体硫酸铵的克数														
硫酸铵初浓度，% 饱和度	0	56	114	144	176	196	209	243	277	313	351	390	430	472	516	561	662	767
	10		57	86	118	137	150	183	216	251	288	326	365	406	449	494	592	694
	20			29	59	78	91	123	155	189	225	262	300	340	382	424	520	619
	25				30	49	61	93	125	158	193	230	267	307	348	390	485	583
	30					19	30	62	94	127	162	198	235	273	314	356	449	546
	33						12	43	74	107	142	177	214	252	292	333	426	522
	35							31	63	94	129	164	200	238	278	319	411	506
	40								31	63	97	132	168	205	245	285	375	469
	45									32	65	99	134	171	210	250	339	431
	50										33	66	101	137	176	214	302	392
	55											33	67	103	141	179	264	353
	60												34	69	105	143	227	314
	65													34	70	107	190	275
	70														35	72	153	237
	75															36	115	198
	80																77	157
	90																	79

三、不同温度下饱和硫酸铵溶液的数据

不同温度下饱和硫酸铵溶液的相关数据见表 B-3。

表 B-3　　　　　　　　　　不同温度下饱和硫酸铵溶液的相关数据

温度 /℃	0	10	20	25	30
重量百分数 /%	41.42	42.22	43.09	43.47	43.85
摩尔浓度	3.9	3.97	4.06	4.10	4.13
每 1 000 g 水中含硫酸铵摩尔数	5.35	5.53	5.73	5.82	5.91
1 000 mL 水中用硫酸铵克数	706.8	730.5	755.8	766.8	777.5
每 1 000 mL 溶液中含硫酸铵克数	514.8	525.2	536.5	541.2	545.9

附录 C　部分 Sephadex G 型葡聚糖凝胶应用参数特性

Sephadex G 型葡聚糖凝胶应用参数特性如表 C-1 所示。

表 C-1　　　　　　　Sephadex G 型葡聚糖凝胶应用参数特性

Sephadex 型号	粒度范围（湿球）（μm）	得水值（mL/g）/干胶	床体积（mL/g）干胶	有效分离范围 多糖	有效分离范围 球型蛋白	pH 稳定性（工作）	最大流速/（mL/min）[①]
G-10	55～166	1.0±0.1	2～3	$<7\times10^2$	$<7\times10^2$	2～13	D
G-15	60～181	11.5±0.2	2.5～3.5	$<1.5\times10^3$	$<1.5\times10^3$	2～13	D
G-25 粗	172～156	2.5±0.2	4～6	1×10^2 ～ 5×10^3	1×10^2 ～ 5×10^3	2～13	D
G-50 粗	200～606	5.0±0.3	9～11	5×10^2 ～ 1×10^4	1.5×10^3 ～ 3×10^4	2～10	D
G-75	92～277	7.5±0.5	12～15	1×10^3 ～ 5×10^4	3×10^3 ～ 8×10^4	2～10	6.4
G-100	103～31	10.0±1.0	15～20	1×10^3 ～ 1×10^5	4×10^3 ～ 1.5×10^5	2～10	4.2

续表

Sephadex型号	粒度范围(湿球)(μm)	得水值(mL/g)/干胶	床体积(mL/g)干胶	有效分离范围 多糖	有效分离范围 球型蛋白	pH稳定性(工作)	最大流速/(mL/min)①
G-150	116~34	15.0±1.5	20~30	$1×10^3$~$1.5×10^5$	$5×10^3$~$3×10^5$	2~10	1.9
G-200	129~388	20.0±2.0	30~40	$1×10^3$~$2×10^5$	$5×10^3$~$6×10^5$	2~10	1.0

① 本表数据取自 Pharmacia Biotech Biodirectory。流速值为 2.6×30 cm 层析柱在 25℃用蒸馏水测定之值。D=Darcy's law。

附录 D 食品生物化学实验问答

1. 醋酸纤维薄膜电泳时点样端应靠近电极的哪一端，为什么？

答：电泳时点样端应靠近负极，因为血清中各种蛋白质在 pH 为 8.6 的环境中均带负电，根据同性相吸、异性相斥原理，点样端在负极时，蛋白质向正极泳动，从而实现蛋白质分离。

2. 用分光光度计测定物质含量时，设置空白对照管的作用，为什么？

答：空白对照是为了排除溶剂对吸光度的影响。溶液的吸光度表示物质对光的吸收程度，但是作为溶剂也能吸收、反射和透射一部分光，因此必须以相同的溶剂设置对照，排除溶剂对吸光度的影响。

3. 简述血清蛋白的醋酸纤维薄膜的电泳原理。

答：血清蛋白中各种蛋白质离子在电场力的作用下向着与自身电荷相反的方向涌动，而各种蛋白质等电点不同，且在 pH 为 8.6 时所带电荷不同，分子大小不等，形状各有差异，所以在同一电泳下永动速度不同，从而实现分离。

4. 何谓 RF 值？影响 RF 值的因素？

答：RF 是原点到层析中心的距离与原点到溶剂前沿的距离之比。RF 的大小与物质的结构、性质，溶剂系统，层析滤纸的质量和层析温度有关，对同一种物质来说，RF 是一个常量。

5. 什么是盐析？盐析会引起蛋白质的变性吗？一般用什么试剂？

答：盐析是指当溶液中的中性盐持续增加时，蛋白质的溶解度下降，当中性盐的浓度达到一定程度的时候，蛋白质从溶液中析出的现象。盐析不会引起蛋白质的变性，因为蛋白质的结构并未发生改变，去掉引起盐析的因素，蛋白质仍能溶解。一般用饱和硫酸铵溶液进行盐析。

6. 简述 DNS 法测定还原糖浓度的实验原理。

答：还原糖与 DNS 在碱性条件下加热被氧化成糖酸，而 DNS 被还原为棕红色的 3- 氨基 -5- 硝基水杨酸。在一定范围内，还原糖的量与 3- 氨基 -5- 硝基水杨酸颜色的深浅成正比，用分光光度计测出溶液的吸光度，通过查对标准曲线可计算出 3- 氨基 -5- 硝基水杨酸的浓度，从而得出还原糖的浓度。

7. 影响蛋白质沉淀的因素是什么？沉淀和变性有什么联系？

答：水溶液中的蛋白质分子因表面形成水化层和双电层而形成了稳定的亲水胶体颗粒，在一定的理化因素影响下，蛋白质颗粒因失去电荷和脱水而沉淀。这些因素包括溶液的酸碱度、盐溶液的浓度、温度、重金属离子以及有机溶剂等。变性蛋白质不一定沉淀，沉淀的蛋白质不一定变性。沉淀时，蛋白质可能仍然保持天然构像，而变性是蛋白质的高级结构被破坏失去活性。

8. 简述薄层层析法分离糖类的原理。

答：薄层层析的实质就是吸附层析，也就是在铺有吸附剂的薄层上，经过反复地被吸附剂吸附以及被扩展剂扩展的过程。而吸附剂对不同物质的吸附力不同，从而使糖在薄层上的涌动速度不同，进而达到分离的目的。

9. 等电点的定义。蛋白质在等电点时有哪些特点？

答：当溶液的 pH 为一定数值时，其中的蛋白质正负电荷相等，即净电荷为零，此时的 pH 就是该蛋白质的等电点。蛋白质在等电点时的溶解度最小。

10. 蛋白质显色黄色反应的原理是什么？反应结果为什么深浅不一？

答：含有苯环的氨基酸，如酪氨酸和色氨酸，能被硝酸硝化成黄色的物质，而且不同蛋白质中所含的苯环数量不同，造成与试剂反应的程度不同，因此呈现颜色深浅不一。

11.RNA 水解后的三大组分是什么？怎样各自验证的？

答：核糖、磷酸、嘌呤碱。

核糖经浓盐酸或浓硫酸作用，脱水生成糠醛，后者能与 3，5- 二羟甲苯缩合形成鲜绿色化合物。

定磷试剂中的钼酸铵在酸性环境中以钼酸形式与样品中的磷酸反应生成磷钼酸。嘌呤碱在弱碱性环境中能与硝酸银作用形成嘌呤银化合物。初为乳白色，稍放久为浅灰褐色絮状物。后者在还原剂氨基萘酚磺酸作用下形成蓝色的钼蓝。

12. 等电点时为什么蛋白质溶解度最低？

答：蛋白质形成胶体二等条件是带电荷，从而在外表面形成水化膜，导致各胶体颗粒不结合，当 pH 等于 PI 时，静电荷为零，蛋白质分子之间不存在排斥，则聚集沉淀，所以在等电点时溶解度最小。

13. 鸡蛋清可以用作铅汞中毒的解毒剂是为什么？

答：因为重金属离子能与蛋白质中带负电基团（如—COOH 等）作用，生成难溶重金属的蛋白质盐，减少机体对重金属的吸收。

16. 血清醋酸纤维薄膜电泳可将血清蛋白依次分为哪几条带？哪条带电泳最快？影响电泳速度的因素有哪些？

答；有血清蛋白、α_1-球蛋白、α_2-球蛋白、β-球蛋白、γ-球蛋白。其中，血清蛋白电泳最快。影响因素包括蛋白质所带电荷数、分子大小与形状以及缓冲液浓度。

15. 离心管如何在天平上平衡？操作离心时应注意什么？

答：把放在小烧杯中的离心管（包括盖子）和管套放在平衡的天平上，用胶头滴管取离心液调平。注意点：配平、等重的试管放在对称的位置；启动时要先盖好盖子，停止后才能开盖；有不正常的声音时应按 stop 键，而不是 power 键；禁止把小而重的东西放在离心机上，以防伤人。

16. 什么是抑制剂？什么是变性剂？区别是什么？

答：凡是能使酶活性降低而不使酶失活变性的物质称为抑制剂；凡是能引起蛋白质变性失活的物质称为变性剂。抑制剂只是抑制蛋白质的特性，变性剂则是破环蛋白质的结构。

17. 制作标准曲线及测定样品时，为什么要将各试管中的溶液纵向倒转混合？

答：（1）因为由于蛋白与考马斯亮蓝 G-250 染料的结合能力不同，纵向倒转混合，充分反应。

（2）因为标准蛋白加入的量与考马斯亮蓝 G-250 的体积相差悬殊，纵向倒转混合，充分反应。

18. 测定蛋白质的浓度的方法有哪几种？说明各自的优缺点。

答：主要有以下几种：

（1）微量凯氏定氮法。优点是测定准确率高，可测定不同形态的样品；缺点是测定过程繁琐。

（2）双缩脲法。优点是较快速，不同的蛋白质产生的颜色深浅相近，且干扰物质少；缺点是灵敏度差。因此，双缩脲法常用于需要快速，但并不需要十分精确的蛋白质测定。

（3）Folin-酚试剂法，此法的显色原理与双缩脲方法是相同的，即Folin-酚试剂，可以增加显色量，从而提高检测蛋白质的灵敏度。这两种显色反应产生深蓝色的原因是在碱性条件下，蛋白质中的肽键与铜结合生成复合物。Folin-酚试剂中的磷钼酸盐-磷钨酸盐被蛋白质中的酪氨酸和苯丙氨酸残基还原，产生深蓝色（钼兰和钨兰的混合物）。在一定的条件下，蓝色深度与蛋白质的含量成正比。

（4）考马斯亮兰法。考马斯亮兰G-250染料在酸性溶液中与蛋白质结合，溶液的颜色也由棕黑色变为蓝色。染料主要是与蛋白质中的碱性氨基酸（特别是精氨酸）和芳香族氨基酸残基相结合。在波长为595 nm下测定的吸光度值为A595，与蛋白质浓度成正比。

优点：①灵敏度高；②测定快速、简便，只需加一种试剂；③干扰物质少。

缺点：①由于各种蛋白质中的精氨酸和芳香族氨基酸的含量不同，考马斯亮兰法用于不同蛋白质测定时有较大的偏差，在制作标准曲线时通常选用G-球蛋白为标准蛋白质，以减少这方面的偏差；②物质干扰此法的测定，主要的干扰物质有去污剂、TritonX-100、十二烷基硫酸钠（SDS）和0.1 N的NaOH；③标准曲线也有轻微的非线性，因而不能用Beer定律进行计算，只能用标准曲线测定未知蛋白质的浓度。

19. 酸性磷酸酯酶在生物体内的作用是什么？

答：酸性磷酸酯酶存在于植物的种子、霉菌、肝脏和人体的前列腺之中，能专一水解磷酸单酯键，如水解磷酸苯二钠生成苯酚和无机磷。

20. 为什么酶活力应该在进程曲线的初速度时间范围内进行？

答：要进行酶的活力测定，先要确定酶的反应时间。酶的反应时间并不是任意规定的，应该在初速度范围内进行选择。随着反应时间的延长，曲线趋于平坦，曲线的斜率不断下降，说明反应速度逐渐降低。反应时间延长以后底物浓度的降低和产物浓度的增高致使逆反应加强。因此，要真实反映出酶活力的大小，就应该在产物生成量与酶反应时间成正比这一段时间内进行初速度的测定。换言之，测定酶活力应该在进程曲线的初速度时间范围内进行。

21. 酶活力测定中为什么各样品与底物测定的时间要严格一致？

答：本实验中用磷酸苯二钠为底物。磷酸苯二钠经过酸性磷酸酯酶作用，水解以后生成酚和无机磷。当有足够量的底物磷酸苯二钠存在时，酸性磷酸酯酶的活力越高，所生成的产物酚和无机磷也越多。反应速率只在反应的最初一段时间范围内保持恒定。随着时间的延长，底物浓度降低和产物浓度升高，逆反应加强。

22. 测定 SDS-PAGE 电泳法用酸性磷酸酯酶分子量时为什么要在样品中加少许溴酚兰和一定浓度的甘油溶液？溴酚兰和甘油的作用分别是什么？

答：加少许溴酚兰的目的是作指示剂，用来反映在电泳的过程中样品蛋白质迁移的长度。加入甘油的作用是甘油的密度较大，对样品中的蛋白质起沉淀作用。

23. SDS-PAGE 电泳中影响迁移率的因素有哪些？

答：（1）SDS 的浓度。溶液中的 SDS 的总量至少要比蛋白质的总量高三倍，一般高达 10 倍以上。

（2）溶液的离子强度。溶液的离子强度应较低，最高不能超过 0.26，在低离子浓度中 SDS 单体具有较高的平衡浓度。

（3）二硫键是否完全被还原，只有在蛋白质分子内的二硫键被彻底还原的条件下才能准确测定。在有些情况下，还需要进一步将形成的巯基烷基化。

（4）每次样品测定必须同时做标准曲线，而不得利用另一块电泳的标准曲线。

24. DNA 提取的原理是什么？

答：真核生物的 DNA 是以染色体的形式存在于细胞核内，提取 DNA 的原则是既要将 DNA 与蛋白质、脂类和糖类等分离，又要保持 DNA 分子的完整。提取 DNA 过程是将分散好的组织细胞在含 SDS（十二烷基硫酸钠）和蛋白酶 K 的溶液中消化分解蛋白质，再用酚和氯仿或异戊醇抽提分离蛋白质，得到的 DNA 溶液经乙醇沉淀从而使 DNA 从溶液中析出。蛋白酶 K 的重要特性是能在 SDS 和 EDTA（乙二胺四乙酸二钠）存在下保持很高的活性。在匀浆后提取 DNA 的反应体系中，SDS 可破坏细胞膜、核膜，并使组织蛋白与 DNA 分离，EDTA 则抑制细胞中 Dnase 的活性，而蛋白酶 K 可将蛋白质降解成小肽或氨基酸，使 DNA 分子完整地分离出来。

25. 试分析 DNA 提取实验中样品不纯的原因是什么？

答：①裂解液要预热，以抑制 DNase，加速蛋白变性，促进 DNA 溶解；②各操作步骤要轻柔，尽量减少 DNA 的人为降解；③取各上清时，不应贪多，以防非核酸类成分干扰；④异丙醇、乙醇、NaAC、KAC 等要预冷，以减少 DNA 的降解，促进 DNA 与蛋白等的分相及 DNA 沉淀。

26. 常用的细胞破碎的方法有哪些？

答：机械法：研磨，高速捣碎机；物理法：反复冻融，超声波破碎；压榨法；化学与生物化学法；自溶，溶胀法；酶解法；有机溶剂处理。

27. 有机溶剂法破碎细胞原理，常用的有机溶剂有哪些？

答：有机溶剂溶解细胞壁并使之失稳。比如，苯、甲苯、氯仿、二甲苯及高级醇等。

28. 什么叫层析技术？

答：层析技术是利用混合物中各组分理化性质的差别（分子亲和力、吸附力、分子的形状和大小、分配系数等），使各组分以不同程度分布在两个相，其中一个是固定相，另一个是流动相，从而使各组分以不同速度移动而使其分离的方法。

29. 按层析过程的机理，层析法分哪几类？按操作形式不同又分哪几类？

答：根据分离的原理不同分类，层析主要可以分为吸附层析、分配层析、凝胶过滤层析、离子交换层析、亲和层析等。

按操作形式不同层析可以分为纸层析、薄层层析和柱层析。

30. 指出常用层析技术的应用范围。

答：凝胶层析法：①脱盐；②用于分离提纯；③测定高分子物质的分子量；④高分子溶液的浓缩。

离子交换层析法：主要用于分离氨基酸、多肽及蛋白质，也可用于分离核酸、核苷酸及其他带电荷的生物分子。

高效液相层析法：①液－固吸附层析；②液－液分配层析；③离子交换层析。

31. SephadexG-100 凝胶柱层析分离蛋白质原理是什么？

答：大小不同的分子经过的路线长短不同而达到分离作用。

32. 相对分子量为 8 万和 10 万的蛋白质能否在 SephadexG-75 柱中分开？为什么？

答：不能，因为分子量差距太小。

33. 将分子量分别为 a（90 000）、b（45 000）、c（110 000）的三种蛋白质混合溶液进行凝胶过滤层析，正常情况下，将它们按被洗脱下来的先后排序。

答：c、a、b。

34. 柱层析时湿装柱的注意事项有哪些？

答：用水灌注，不能有气泡。

35. 说说离子交换层析中洗脱液的选择原则。

答：①阴离子交换剂选用阳离子缓冲液（如氨基乙酸、铵盐、Tris 等），阳离子交换剂选用阴离子缓冲液（如乙酸盐、磷酸盐等），以防缓冲离子参与交换过程，降低交换剂的交换容量；②缓冲液 pH 的选择要使被分离物质的电荷与平衡离子电荷的正负性相同；③选用的缓冲系统对分离过程无干扰。④要确定一定的离子强度。

36. 简要说明离子交换层析的原理。

答：离子交换层析法是以具有离子交换性能的物质作固定相，利用它与流动相中的离子能进行可逆的交换性质分离离子型化合物的一种方法。

37. 简要说明亲和层析的原理。

答：亲和层析是应用生物高分子与配基可逆结合的原理，将配基通过共价键牢固结合于载体上而制得的层析系统。这种可逆结合的作用主要是靠生物高分子对它的配基的空间结构的识别。

38. 简要说明吸附层析的原理。

答：吸附层析固定相是固体吸附剂，各组分在吸附剂表面吸附能力不同从而进行分离。

39. 试述凝胶层析原理，并列出常用凝胶名称。

答：凝胶层析柱装有多孔凝胶，当含有各组分的混合液流经凝胶层析柱时，各组分在层析柱内同时进行两种不同的运动。一种是随着溶液流动而进行的垂直向下的移动，另一种是无定向的分子扩散运动。大分子物质由于分子直径大，不能进入凝胶微孔，只能分布于凝胶颗粒的间隙中以较快速度流过凝胶柱。较小的分子能进入凝胶微孔，不断进出一个个颗粒的微孔内外，因此其流动速度较慢，从而使混合溶液中各组分按照相对分子量由大到小的顺序先后流出层析柱得到分离。

常用凝胶：葡聚糖凝胶、琼脂糖凝胶、聚丙烯酰胺凝胶。

40. 说明纸层析和离子交换层析分离氨基酸混合物的方法是根据氨基酸的什么性质？

答：纸层析是分配层析，利用分配系数不同，即氨基酸在两相中的溶解能力不同。

离子交换层析利用氨基酸是两性物质，在一定pH下不同氨基酸的带电性质和带电量不同，因此其交换能力不同。

41. 简述薄层层析法分离糖类的原理。

答：薄层层析的实质就是吸附层析，也就是在铺有吸附剂的薄层上，经过反复地被吸附剂吸附以及被扩展剂扩展的过程。而吸附剂对不同的物质的吸附力不同，从而使糖在薄层上的涌动速度不同，达到分离的目的。

42. 为什么苯丙氨酸的 RF 值大于赖氨酸？

答：因为水与滤纸的吸附性很强，故扩散得慢，有机溶剂与滤纸吸附性差，故扩散得快。苯丙氨酸是非极性氨基酸，其易随着有机溶剂一起扩散，而赖氨酸正好相反。故最后苯丙氨酸走得更远些，从而使苯丙氨酸 Rf 较大。

43. 氨基酸纸层析实验中，为什么脯氨酸和茚三酮加热后是黄色斑点？

答：脯氨酸等伯胺氨基酸与茚三酮反应可生成黄色化合物。

44. 简要说明纸层析和柱层析的一般操作步骤。

答：纸层析：点样、层析、标记前沿、烘干、显色、得到层析图谱、标记色斑。

柱层析：装柱、平衡、上样、洗脱、收集、检测、测定。

45. 简要说明电泳原理。

答：电泳是指带电颗粒在电场的作用下发生迁移的过程。许多重要的生物分子，如氨基酸、多肽、蛋白质、核苷酸、核酸等都具有可离基团，它们在某个特定的 pH 下可以带正电或负电，在电场的作用下，这些带电分子会向着与其所带电荷极性相反的电极方向移动。电泳技术就是利用在电场的作用下，由于待分离样品中各种分子带电性质以及分子本身大小、形状等性质的差异，使带电分子产生不同的迁移速度，从而对样品进行分离、鉴定或提纯的技术。

46. 常见的凝胶电泳有哪几种？说明其主要用途，并比较其主要优缺点。

答：（1）醋酸纤维素薄膜电泳。用于血清蛋白、血红蛋白、球蛋白、脂蛋白、糖蛋白、甲胎蛋白，类固醇及同工酶等的分离分析中。优点是操作简单、快速、廉价；缺点是它的分辨力不够高。（比聚丙酰胺凝胶电泳低）

（2）凝胶电泳。用于分子生物学、遗传学和生物化学，如大的 DNA 或者 RNA 分子的分离，酶谱法等。优点是操作简便快速，可以分辨用其他方法（如密度梯度离心法）所无法分离的 DNA 片段。

（3）等电聚焦电泳。应用于蛋白质和两性分子的分离等。优点是分辨率高，区带清晰、窄，加样部位自由，重现性好，可测定蛋白或多肽的等电点；缺点是需无盐溶液，不适用于在等电点不溶解或发生变性的蛋白。

47. 从分离原理和实际应用两方面简单说明 SDS-PAGE 和 PAGE 技术方法有何主要区别？

答：非变性凝胶电泳，也称为天然凝胶电泳，与变性凝胶电泳最大的区别就在于蛋白在电泳过程中和电泳后都不会变性。最主要的有以下几点：

（1）凝胶的配置中非变性凝胶不能加入 SDS，而变性凝胶有 SDS。

（2）电泳载样缓冲液中非变性凝胶的不仅没有 SDS，还没有巯基乙醇。

（3）在非变性凝胶中蛋白质的分离取决于它所带的电荷以及分子大小，不像 SDS-PAGE 电泳中蛋白质分离只与其分子量有关。

（4）非变性凝胶电泳中，酸性蛋白和碱性蛋白的分离是完全不同的，不像 SDS-PAGE 中所有蛋白都朝正极泳动。非变性凝胶电泳中碱性蛋白通常是在微酸性环境下进行，蛋白带正电荷，需要将阴极和阳极倒置才可以电泳。

因为是非变性凝胶电泳，所有的电泳时候电流不能太大，以免电泳时产生的热量太多导致蛋白变性，而且步骤都要在 0℃～4℃ 的条件下进行，这样才可以保持蛋白质的活性，也可以降低蛋白质的水解作用。这点跟变性电泳也不一样。所以，与 SDS-PAGE 电泳相比，非变性凝胶大大降低了蛋白质变性发生的机率。

48. 试分析影响电泳的主要因素有哪些。

答：（1）带电颗粒的大小和形状：颗粒越大，电泳速度越慢，反之越快。

（2）颗粒的电荷数：电荷越少，电泳速度越慢，反之越快。

（3）电场强度：电场强度越小，电泳速度越慢，反之越快。

（4）溶液的 pH：影响被分离物质的解离度，离等电点越近，电泳速度越慢，反之越快。

（5）溶液的黏度：黏度越大，电泳速度越慢，反之越快。

（6）离子强度：离子强度越大，电泳速度越慢，反之越快。

（7）电渗现象：电场中，液体相对于固体支持物的相对移动。

（8）支持物筛孔大小：孔径越小，电泳速度越慢，反之越快。

49. 聚丙烯酰胺凝胶电泳分离血清蛋白时，使用的电泳缓冲液 pH=8.3，那么样品应点在哪端？为什么？

答：在负极。因为电泳缓冲液 pH=8.3 时，血清蛋白的几种蛋白电离后都带上负电荷，所以只有点样在负极端，外加电压后，才能向正极移动，彼此才能分开。（pH 大于等电点时带负电荷，小于等电点时带正电）

50. 简述不连续聚丙烯酰胺凝胶电泳中的三个不连续及三种物理效应。

答：三个不连续：①凝胶由上下两层凝胶组成，两层凝胶的孔径不同；②缓冲液离子组成及各层凝胶的 pH 不同；③在电场中形成不连续的电位梯度。

三种物理效应：①电荷效应：酶蛋白按其所带电荷的种类及数量，在电场作用下向一定的电极以一定的速度泳动。②分子筛效应：分子量、形状不同的分子在经过凝胶孔径过程中受到的阻力不同，因此移动速率不等。③浓缩效应：使待分离样品中的各组分在浓缩胶中被压缩成层，使原来很稀的样品得到高度的浓缩。

51. 为什么 SDS-聚丙烯酰胺凝胶电泳可以用来测定未知蛋白质的相对分子质量？

答：在聚丙烯酰胺凝胶系统中，加入一定量的十二烷基硫酸钠（SDS），形成蛋白质-SDS复合物,这种复合物由于结合了大量的SDS,使蛋白质丧失了原有的电荷状态,形成了仅保持原有分子大小为特征的负离子团块,从而减小或消除了各种蛋白质分子之间的天然的电荷差异,此时蛋白质分子的电泳迁移率主要取决于它的分子量大小,而其他因素对电泳迁移率的影响几乎可以忽略不计。当蛋白质的分子量在 15 000～200 000 之间时,电泳迁移率与分子量的对数值呈直线关系,符合下列方程:$\log Mr = ad_e/d_0 + b$,其中,Mr 为分子量,d_e/d_0 为迁移率,a、b 为常数。

52. 连续聚丙烯酰胺凝胶电泳与不连续聚丙烯酰胺凝胶电泳有什么不同?

答:不连续聚丙烯酰胺凝胶电泳包含两种以上的缓冲液成分、pH和凝胶孔径,而且在电泳过程中形成的电位梯度亦不均匀。由此产生的浓缩效应、电荷效应和分子筛效应。

53. 聚丙烯酰胺凝胶电泳的主要优点及用途有哪些?

答:(1)聚丙烯酰胺凝胶是由丙烯酰胺和N,N'-甲叉双丙烯酰胺聚合而成的大分子。凝胶有格子是带有酰胺侧链的碳-碳聚合物,没有或很少带有离子的侧基,因而电渗作用比较小,不易和样品相互作用。

(2)由于聚丙烯酰胺凝胶是一种人工合成的物质,在聚合前可调节单体的浓度比,形成不同程度交链结构,其空隙度可在一个较广的范围内变化,可以根据要分离物质分子的大小,选择合适的凝胶成分,使之既有适宜的空隙度,又有比较好的机械性能。丙烯酰胺的浓度增加可以减少双含丙烯酰胺,以改进凝胶的机械性能。

(3)在一定浓度范围聚丙烯酰胺对热稳定。凝胶无色透明,易观察,可用检测仪直接测定。

(4)丙烯酰胺是比较纯的化合物,可以精制,减少污染。合成聚丙烯酰胺凝胶的原料是丙烯酰胺和甲撑双丙烯酰胺。丙烯酰胺称单体,甲撑双丙烯酰胺称交联剂,在水溶液中,单体和交联剂通过自由基引发的聚合反应形成凝胶。

54. 琼脂糖凝胶电泳的优点。

答:①琼脂液体含量大,可达98%～99%,近似自由电泳,但是样品的扩散度比自由电泳小,对蛋白质的吸附极微。②琼脂作为支持体有均匀、区带整齐、分辨率高、重复性好等优点。③电泳速度快。④透明而不吸收紫外线,可以直接用紫外检测仪做定量测定。⑤区带易染色,样品易回收,有利于制备。然而琼脂中有较多硫酸根,电渗作用大。琼脂糖是从琼脂中提取出来的,是由半乳糖和3,6-脱水-L-半乳糖相互结合的链状多糖,含硫酸根比琼脂少,因而分离效果明显提高。

琼脂(糖)电泳常用缓冲液的pH为6～9,离子强度为0.02～0.05。离子强度过高时，会有大量电流通过凝胶，因而产生热量，使凝胶的水分蒸发，析出盐的结晶，甚至可使凝胶断裂，电流中断。常用的缓冲液有硼酸盐缓冲液与巴比妥缓冲液。为了防止电泳时两极缓冲液槽内 pH 和离子强度的改变，可在每次电泳后合并两极槽内的缓冲液，混匀后再用。

55. PAGE 是现代生物科学研究中主要用来分离分析蛋白质、酶等生物大分子的核心技术之一，该技术分辨率较高的主要因素有哪几种？简要说明。

答：（1）聚丙烯酰胺凝胶是一种透明而不溶于水并有韧性的凝胶，其在电泳中除了具有电泳的分离外，还具有分子筛的作用，故提高了分辨率。

（2）聚合物分子中含有许多酰胺基，所以凝胶具有良好的亲水性，能在水中溶胀，但不溶解。

56. 紫外吸收法与 Folin-酚比色法测定蛋白质含量相比，有何缺点及优点？

答：紫外吸收法优点是简单快速，灵敏度高；缺点是易受核酸干扰。

57. 蛋白质含量测定中若样品中含有核酸类杂质，应如何校正？

答：可利用 280 nm 及 260 nm 的吸收差来计算蛋白质的含量。常用下列经验公式计算：蛋白质浓度 (mg/mL)=$1.45A_{280}-0.74A_{260}$。A_{280} 和 A_{260} 分别为蛋白质溶液在 280 nm 和 260 nm 处测得的吸光度值。

还可以通过下述经验公式直接计算出溶液中的蛋白质的含量：蛋白质浓度 (mg/mL)=$FA_{280}D1/d$。其中，A_{280} 为蛋白质溶液在 280 nm 处测得的吸光度值；d 为石英比色皿的厚度 (cm)；D 为溶液的稀释倍数；F 为校正因子。

58. 试说明考马斯亮蓝 G-250 法的优缺点。

答：优点：考马斯亮蓝 G-250 当该染料与蛋白质结合后为青色，在波长 595 nm 有最大吸收；其吸收值与蛋白质含量成正比；灵敏度高，是常用的微量蛋白质快速测定法。

缺点：大量的去污剂（如 TritonX-100，SDS 等）严重干扰测定；蛋白质与该染料 2 min 反应达平衡，其结合物在室温下 1 h 内稳定，时间太长，结果偏低。

59. 蛋白质的分离常用的方法有哪些？

答：前处理：选择适当的破碎细胞的方法破碎细胞，组织细胞破碎后，选择适当的介质（一般用缓冲液）把所要的蛋白质提取出来。

粗分离：当蛋白质混合物提取液获得后，选用一套适当的方法，将所要的蛋白质与其他蛋白质分离开。一般这一步的分级用盐析、等电点沉淀和有机溶剂分级分离等方法。这种方法的特点是简便、处理量大，既能除去大量杂质，又能浓缩蛋白质溶液。

细分离：也就是样品的进一步提纯，一般使用层析法，包括凝胶过滤层析、离子交换层析、吸附层析以及亲和层析等。必要时还可以选择电泳法。

60. 双缩脲法定量测生物材料中蛋白质是否适合所有样品，如植物块茎等。

答：不是。在生物实验中，双缩脲是用来测蛋白质的，反应时出现紫红色。选材时要注意蛋白质含量要高，材料颜色为白色或接近白色。故并非适用所有样品。

61. 蛋白质沉淀的常用方法有哪些？

答：盐析沉淀法、等电点沉淀法、有机溶剂沉淀法、有机酸或生物碱沉淀法等。

62. 什么是盐析，盐析的原理，列举盐析时常用的盐。

答：盐析一般是指溶液中加入无机盐类使某种物质溶解度降低而析出的过程。

原理：蛋白质在水中的溶解度受到溶液中盐浓度的影响。一般在低盐浓度的情况下，蛋白质的溶解度随盐浓度的升高而增加，这种现象称为盐溶。而在盐浓度升高到一定浓度后，蛋白质的溶解度又随盐浓度的升高而降低，使蛋白质沉淀析出，这种现象称为盐析。在某一浓度的盐溶液中，不同蛋白质的溶解度各不相同，由此可达到彼此分离的目的。

盐析时常用的盐主要有硫酸铵、硫酸镁、硫酸钠、氯化钠、磷酸钠。

63. 简述等电点沉淀及原理。

答：通过调节溶液的 pH 至某种溶质的等电点（pI）时，使其溶解度降低，沉淀析出，而与其他组分分离的方法称为等电点沉淀法。

原理：在等电点时，蛋白质分子以两性离子形式存在，其分子净电荷为零，此时蛋白质分子颗粒在溶液中因没有相同电荷的相互排斥，分子相互之间的作用力减弱，溶解度最小，最易形成沉淀物。等电点时的许多物理性质，如黏度、膨胀性、渗透压等都变小，从而有利于悬浮液的过滤。

64. 什么是有机溶剂沉淀法，列举常用的有机溶剂。

答：利用要分离物质与其他杂质在有机溶剂中的溶解度不同，通过添加一定量的某种有机溶剂，使某种溶质沉淀析出，从而与其他组分分离的方法称为有机溶剂沉淀法。常用的有机溶剂有乙醇、丙酮、异丙醇、甲醇等。

65. 简述酶分离纯化的基本过程。

答：（1）抽提：破碎细胞，动植物组织一般可用组织捣碎器；或者加石英砂研磨，将材料做成丙酮粉或进行冰冻融解；对细菌，常采用加砂或加氧化铝研磨和超声波振荡方法破碎。

（2）浓缩：加中性盐或冷乙醇沉淀后再溶解，胶过滤浓缩以及超过滤浓缩法等。

（3）纯化：利用盐析法、有机溶剂沉淀法、层析纯化法、等电点法、吸附分离法进行纯化。

（4）结晶：浓缩液经过各种方法的纯化，可得到较纯的结晶产品。

66. 常用的酶活力单位

答：1个酶活力单位是指特定条件（25℃，其他为最适条件）下，在1 min 内能转化1微摩尔底物的酶量，或是转化底物中微摩尔的有关基团的酶量。

Kat：在最适条件下，1秒钟能使1摩尔底物转化的酶量。1Kat=6×10^7 U，1 U=16.67n Kat。

比活力用每毫克蛋白所含的酶活力单位数表示。比活力＝酶活力单位数/酶蛋白质量。

酶的比活力在酶学研究中是用来衡量酶的纯度。对于同一种酶来说，比活力愈大，表示酶的纯度愈高。

67. 什么是酶抑制剂？什么是变性剂？区别是什么？

答：凡是能使酶活性降低而不使酶失活变性的物质称为抑制剂；凡是能引起蛋白质变性失活的物质叫变性剂。抑制剂只是抑制蛋白质的特性，而变性剂破坏蛋白质的结构。

68. 如何正确绘制和使用标准曲线？

答：在制备标准曲线时，标准液浓度一般可选择5种浓度梯度，测其吸光度，以浓度为横坐标，以吸光度为纵坐标绘制曲线，需要至少有三个点，标准曲线才可用，绘制好的标准曲线只能供以后相同条件下操作测定相同物质时使用。

69. 如何操作能减小标准曲线结果误差？

答：标准曲线的做法如下。

（1）标准液浓度的选择：在制备标准曲线时，标准液浓度选择应能包括待测样品的可能变异最低值和最高值，一般可选择5种浓度。浓度差距最好是成倍增加或等级增加，并应与被测液在同样条件下显色测定。

（2）标准液的测定：在比色时，读取光密度至少读2～3次，求其平均值，以减少仪器不稳定而产生的误差。

70. 淀粉酶原液和1%的淀粉溶液置于40℃水浴中保温的作用是什么？

答：酶反应需要适宜的温度。酶只有在一定的温度条件下才表现出最大活性，40℃是淀粉酶的最适温度，所以将酶液和底物先分别保温至最适温度，然后再进行酶反应，这样才能使测得的数据更准确。

71. 核酸的含量测定常用的方法有哪些？

答：①紫外分光光度法。②定磷法：钼蓝比色法。③琼脂糖凝胶电泳法。④定糖法：RNA+盐酸-糠醛+地衣酚-A670，鲜绿色；DNA+二苯胺-A595，蓝色化合物。

72. 如何证明提取到的某种核酸是DNA还是RNA？

答：①用定糖法检测。②用紫外分光光度计检测。③用琼脂糖凝胶电泳检测。

73. 粗脂肪的提取和含量测定的基本原理。

答：脂肪是丙三醇（甘油）和脂肪酸结合成的脂类化合物，能溶于脂溶性有机溶剂。本实验用重量法，利用脂肪能溶于脂溶性溶剂这一特性，用脂溶性溶剂将脂肪提取出来，借蒸发除去溶剂后称量。整个提取过程均在索氏提取器中进行。通常使用的脂溶性溶剂为乙醚或沸点为30℃～60℃的石油醚。用此法提取的脂溶性物质除脂肪外，还含有游离脂肪酸、磷酸、固醇、芳香油及某些色素等，故称为"粗脂肪"。

74. 索氏提取器是由哪几部分组成的？

答：由提取瓶、提取管和冷凝管三部分组成。

75. 粗脂肪的提取实验中如何减少误差？

答：①材料和提取瓶充分干燥。②材料尽可能不损失。③提取充分完全。④提取后瓶子还要充分干燥。

76. 普通离心机的使用注意事项有哪些？

答：（1）离心机要置于水平位置，以保证旋转轴垂直于地球水平面。

（2）使用前应检查套环是否平衡。

（3）离心杯及其外套（离心管套）是否平衡。

（4）样品倾入离心杯后应与离心管套一起两两平衡，平衡后把它们放置于转子的对称位置。

（5）盖好盖子，打开电源开关，调整离心时间。

（6）启动离心时转速应由小至大，慢慢提升速度。

（7）达到预定转速后再调整离心时间至预定时间。

（8）离心完成后要调整调速连杆至零位，同时关上电源。

（9）要等到转速为零时才能打开离心机盖，取出样品。

77. 制备离心机有哪几种类型？比较它们的特点和用途。

答：（1）普通离心机：特点是型号很多，容量不同，转速不同，控制不精密；用途是固液沉淀分离。

（2）高速离心机：特点是型号较多，转速不同，有控温装置，控制精密（时间、转速）；用途是菌体、细胞碎片、细胞器等的分离。

（3）超速离心机：特点是控制精密，时间控制、温度控制、转速控制、真空系统；用途是细胞器分级分离，病毒、DNA、RNA、蛋白质分离提纯等。

78. 在离心场中物质沉降的速度与哪些因子有关？

答：颗粒的沉降速度不仅与离心力有关，还与颗粒大小、密度以及介质黏度有关。

79. 差速区带离心法和等密度离心法的区别是什么？

答：差速区带离心法：根据分离样品颗粒的不同沉降速度而分层。等密度区带离心法：根据微粒的不同密度而分层。

80. 常用密度梯度的材料有哪些？

答：糖类（蔗糖）、无机盐（氯化铯）、硅溶胶（Ludox）、有机碘化物。

81. 几种离心技术的特点有哪些？

答：（1）沉淀离心：选定一定的时间、速度进行离心，使样品液中的大的固型物与液体分离，从而获得沉淀或上清液，又称为固液分离法。

（2）差速分级离心：在均匀介质中，利用各种物质粒子沉降速度的不同而分批分离的方法。

（3）区带离心法：利用各种粒子的沉降速度和浮力密度差异，当一定粒子到达与其密度相同的梯度位置时则停止沉降，不同粒子处于不同位置，则得到了分离。

82. 可见分光光度计的使用注意事项。

答：（1）使用过程中比色皿的4个面在槽中保持一定的位置，取用比色皿时手应该捏住4个棱而不能碰到面。比色皿应该避免磨损透光面。

（2）使用过程中不得打开盖子，保持仪器清洁，为避免溶液洒落对仪器造成的腐蚀，所有溶液的配制、倾倒都不要在仪器附近操作。比色皿放进样品池之前必须把外表面擦干。

（3）当（仅当）操作者错误操作或因其他干扰引起微机错误时，应该立即关断主机电源，重新启动，但无须关断灯源电源。

（4）光学器件和仪器运行环境需要保护清洁。清洁仪器外表时，请勿使用乙醇、乙醚等有机溶剂，请勿在工作中清洁，不使用时请加防尘罩。

参考文献

[1] 于国萍.食品生物化学实验[M].北京：中国林业出版社，2012.
[2] 张兴丽，王永敏.生物化学实验指导[M].北京：中国轻工业出版社，2017.
[3] 魏玉梅，潘和平.食品生物化学实验教程[M].北京：科学出版社，2017.
[4] 韦庆益，高建华，袁尔东.食品生物化学实验[M].广州：华南理工大学出版社，2012.
[5] 李关荣，李天俊，冯建成.生物化学实验教程[M].北京：中国农业大学出版社，2011.
[6] 钱鑫萍，余顺火.生物化学实验指导书[M].合肥：合肥工业出版社，2016.
[7] 熊丽，丁叔茂，郑永良.生物化学实验教程[M].武汉：华中师范大学出版社，2011.
[8] 李岩.实用生物化学实验实训教程[M].武汉：华中科技大学出版社，2012.
[9] 周正义.生物化学实验教材[M].北京：科学出版社，2012.
[10] 刘箭.生物化学实验教程[M].北京：科学出版社，2018.
[11] 李敏艳，金徽.生物化学实验教程与学习指导[M].西安：西安电子科技大学出版社，2018.
[12] 高继国，郭春绒.普通生物化学教材实验指导[M].北京：化学工业出版社，2009.
[13] 王林嵩.生物化学实验技术[M].北京：科学出版社，2007.
[14] 董晓燕.生物化学实验[M].北京：化学出版社，2003.
[15] 陈钧辉.生物化学实验技术[M].北京：科学出版社，2003.
[16] 赵永芳.生物化学技术原理与应用（第三版）[M].北京：科学出版社，2002.
[17] 厉朝龙.生物化学与分子生物学实验技术[M].杭州：浙江大学出版社，2000.
[18] 陈均辉.生物化学[M].北京：科学出版社，2002.
[19]] 黄晓钰，刘邻渭.食品化学与分析综合实验[M].北京：中国农业大学出版社，2009.
[20] 李巧枝.生物化学实验技术[M].北京：中国轻工业出版社，2010.
[21] 林宏辉.现代生物学基础实验指导[M].成都：四川大学出版社，2008.
[22] M.R.格林，J.萨姆布鲁克.分子克隆实验指南(第四版)[M].贺福初主译.北京：科学出版社，2017.
[23] 王金亭.生物化学实验教程[M].武汉：华中科技大学出版社，2010.
[24] 赵亚华.生物化学实验技术教程[M].广州：华南理工大学出版社，2000.
[25] 周顺伍.动物生物化学实验指导[M].北京：中国农业出版社，2003.
[26] 王丽燕.生物化学实验指导[M].北京：北京理工大学出版社，2017.